令和6年版

水 産 白 書

水産庁　編

水産白書の刊行に当たって

農林水産大臣

坂本哲志

　令和6（2024）年1月1日に発生した令和6年能登半島地震は、多くの尊い命を奪うとともに、広い範囲において甚大な被害をもたらしました。お亡くなりになられた方々にお悔やみを申し上げますとともに、被災された全ての方々にお見舞いを申し上げます。

　農林水産省としては、「被災者の生活と生業<ruby>生業<rt>なりわい</rt></ruby>支援のためのパッケージ」に基づき、漁港等の早期復旧や事業再開に向けた支援など、被災した漁業者等の一日も早い生業再建に向け、引き続き全力で取り組んでまいります。

　令和5（2023）年度水産白書では、「海業<ruby>海業<rt>うみぎょう</rt></ruby>による漁村の活性化」を特集のテーマとし、海業の取組の具体的な事例や、その推進のための施策等について記述しています。

　近年、消費者のニーズは、モノを購入する「モノ消費」から、体験やサービスを消費する「コト消費」や感動を他の参加者と共有する「トキ消費」へと移行していると言われております。漁村は、漁業体験、独自の風景や歴史など、水産物の「モノ消費」だけでなく、「コト消費」や「トキ消費」のための大きなポテンシャルも有している中で、各地の漁村においては、海や漁村の価値や魅力を活用して、こうした多様化する消費者のニーズに対応する海業の取組が始まっています。

　こうした海業の取組は、地域の所得や雇用機会の確保の観点から重要であることはもちろんですが、海業の取組の中で、未来を担う子どもたちが、海と触れ合う機会を通じて、魚のおいしさや水産業の仕組みを学び、体験し、理解し、共感を得る機会を作ることは、我が国の優れた魚食文化を未来に継承する上でも大変重要と考えています。

　また、近年、世界の水産物の消費量が増加する一方、我が国では逆に消費量は減少傾向にあります。我が国水産業が将来にわたり発展していくためには、輸出拡大を図りつつ、消費の動向の変化に対応しながら国内における水産物の消費拡大を図ることが必要であり、本白書では、「さかなの日」を始めとする消費拡大に向けた取組についても記述しています。

　この白書が多くの国民の皆様に活用され、我が国の水産業の現状と将来の展望についての理解を深めていただける一助となれば幸いです。

令和6年6月

令和 5 年度
水 産 の 動 向

令和 6 年度
水 産 施 策

第213回国会（常会）提出

この文書は、水産基本法（平成13年法律第89号）第10条第1項の規定に基づく令和5年度の水産の動向及び講じた施策並びに同条第2項の規定に基づく令和6年度において講じようとする水産施策について報告を行うものである。

令和5年度
水産の動向

第213回国会（常会）提出

第1部　令和5年度　水産の動向

目　次

令和4年度以降の我が国水産の動向

第3章　水産資源及び漁場環境をめぐる動き　125

事例・コラム目次

○本資料については、特に断りがない限り、令和6（2024）年3月末時点で把握可能な情報を基に記載しています。

○本資料に記載した数値は、原則として四捨五入しており、合計等とは一致しない場合があります。

○本資料に記載した地図は、必ずしも、我が国の領土を包括的に示すものではありません。

○水産とSDGsの関わりを示すため、特に関連の深い目標のアイコンを付けています。なお、関連する目標全てを付けているわけではありません。

QRコード

水産白書（水産庁）：https://www.jfa.maff.go.jp/j/kikaku/wpaper/

※掲載のQRコードは、令和6（2024）年3月末時点のURLで作成しています。

第2部　令和5年度　水産施策

令和5年度に講じた施策

目　　次

第1部

令和5年度　水産の動向

は じ め に

　周囲を豊かな海に囲まれている我が国では、多種多様な水産物に恵まれ、古くから水産物は国民の重要な食料として利用されてきており、地域ごとに特色のある料理や加工品といった豊かな魚食文化が形成され、現在まで継承されてきています。

　また、世界でも有数の長さを誇る我が国の海岸線には多くの漁村が存在し、漁村は、水産業の拠点として重要な役割を果たしているだけでなく、独特の景観を有する漁村集落、豊かな自然環境や親水性レクリエーションの機会等大きな魅力を有しています。

　しかしながら、我が国の水産業においては、海洋環境の変化等による生産量の減少や漁業就業者数の減少に加え、漁村においては、人口減少や高齢化が進展している中、漁村の持つ魅力を活かすことにより、漁村の賑わいを生み出し、漁村の活性化を図ることが課題となっています。

　このような情勢を踏まえ、本書では、「海業による漁村の活性化」を特集のテーマとして、海や漁村の地域資源の価値や魅力を活用する事業である「海業」により地域の所得と雇用機会の確保等を目指す取組やその推進のための施策等について記述しています。

　特集に続いては、「我が国の水産物の需給・消費をめぐる動き」、「我が国の水産業をめぐる動き」、「水産資源及び漁場環境をめぐる動き」、「水産業をめぐる国際情勢」、「大規模災害からの復旧・復興とALPS処理水の海洋放出をめぐる動き」の章を設けています。

　令和 6（2024）年 1 月に発生した令和 6 年能登半島地震は多くの人命を奪うとともに、地盤の隆起により石川県を中心に多くの漁港施設が損傷するなど、水産業に甚大な被害が発生しました。

　このような中、「大規模災害からの復旧・復興とALPS処理水の海洋放出をめぐる動き」の章において、令和 6 年能登半島地震による水産業の被害状況や復旧・復興に向けた取組も記載しています。

　本書を通じて、水産業についての国民の関心がより高まるとともに、我が国の水産業への理解が一層深まることとなれば幸いです。

特　集

海業による漁村の活性化

「海業（うみぎょう）」とは……海や漁村の地域資源の価値や魅力を活用する事業

（水産基本計画及び漁港漁場整備長期計画による）

海業の意義：漁村の人口減少や高齢化等、地域の活力が低下する中で、地域資源を最大限に活用した海業を根付かせることで地域の所得と雇用の機会の確保を目指すもの

海 業 の 例：漁港での水産物の販売や料理の提供、遊漁、漁業体験等

※地域資源の一例……新鮮な水産物、水産加工品、魚市場、漁業・養殖業、漁村景観、釣り、潮干狩り、伝統行事、郷土料理

漁港の食堂
（千葉県保田（ほた）漁港）

水産物直売所
（福岡県鐘崎（かねざき）漁港）

漁業体験
（大阪府田尻（たじり）漁港）

渚泊（なぎさはく）
（北海道歯舞（はぼまい）漁港）

海業ポスター

　我が国の社会全体で少子高齢化が進む中、とりわけ漁村においては人口の減少や高齢化の進行がより顕著となっています。また、我が国の水産業を見ると、海洋環境の変化等による漁獲量の減少のほか、水産物消費量や漁業就業者数の減少等が続いており、水産業が基幹産業である漁村をめぐる状況は厳しい環境にあります。

　一方、漁村は四季折々の新鮮な水産物、豊かな自然環境、親水性レクリエーションの機会等の様々な地域資源を有しており、これらを活用した漁村活性化の取組が増加したこともあり、都市漁村交流人口は約2千万人となっています。くわえて、漁港の水域等を活用した増養殖の取組も増加傾向にあります。

　このような中、令和4（2022）年3月に閣議決定された「水産基本計画」や同月に閣議決定された「漁港漁場整備長期計画」において、「海業」という言葉が盛り込まれました。両計画においては、海業を「海や漁村の地域資源の価値や魅力を活用する事業」と定義し、漁業利用との調和を図りつつ地域資源と既存の漁港施設を最大限に活用し、水産業と相互に補完し合う産業である海業を育成し根付かせることによって、地域の所得と雇用の機会の確保を目指しています。

　さらに、令和5（2023）年5月には、漁港を活用した海業の推進等のため、漁港漁場整備法及び水産業協同組合法の一部を改正する法律[*1]（以下「改正法」といいます。）が成立しました[*2]。

　こうした状況を踏まえ、今回の特集では、「海業による漁村の活性化」をテーマとし、海業の取組を推進・普及していくため、先行的な取組事例や、海業の推進のための制度・施策等について紹介することとします。

特集の概要

第1節　漁村をめぐる現状と役割

・漁業生産、水産物消費等水産業をめぐる状況
・漁村をめぐる現状
・漁村が果たす役割
・漁村が有する地域資源

第2節　海業による漁村活性化の取組

・地域経済の活性化を目指す海業とその取組の現状
・海業の先行的な取組事例
・海業推進のための施策等

第3節　海業の今後の展開

・海業の推進のためのポイント
・海業の推進のための今後の取組

＊1　令和5年法律第34号
＊2　令和6（2024）年4月施行

第1節　漁村をめぐる現状と役割

　本節では、我が国の漁業生産、水産物の消費、漁業就業者等、水産業をめぐる状況と、このような状況における漁村の現状を記述するとともに、地域を支える漁村の役割、漁村が有する地域資源等を記述しています。

（1）漁業生産、水産物消費等水産業をめぐる状況

〈漁業・養殖業の生産量は減少傾向〉

　我が国の漁業・養殖業の生産量は、漁業就業者数の減少等に伴う生産体制の脆弱化に加え、海洋環境の変化や水産資源の減少等により緩やかな減少傾向が続いており、とりわけ、サンマ、スルメイカ、サケの不漁が深刻化しています。令和4（2022）年の我が国の漁業・養殖業生産量は、前年から24万t減少し392万tとなっています。

〈我が国の食用魚介類の消費量は減少傾向〉

　世界では、近年、1人1年当たりの食用魚介類の消費量[*1]が増加傾向にある中、我が国の消費量は減少傾向にあります。我が国の1人1年当たりの食用魚介類の消費量（純食料ベース）は、平成13（2001）年度の40.2kgをピークに減少傾向にあり、令和4（2022）年度には、22.0kg（概算値）となっています。

〈漁業就業者数・漁業経営体数は減少傾向〉

　我が国の漁業・養殖業の生産量及び水産物の消費量が減少傾向で推移する中、我が国の漁業就業者数は一貫して減少傾向にあります。令和4（2022）年は12万3,100人となっており、平成20（2008）年から令和4（2022）年までの間に約10万人減少しました。また、漁業就業者全体に占める65歳以上の割合は約4割となっており漁業者の高齢化に伴い増加傾向となっています。

　海面漁業・養殖業の経営体数は、令和4（2022）年は6万1千経営体となっており、平成5（1993）年から令和4（2022）年までの間に約11万経営体減少しました。また、漁業経営体の後継者[*2]不足も課題となっており、個人経営体のうち、後継者がいる割合は、全体の2割以下となっています。

〈個人経営体（漁船漁業）の漁労収入は横ばい〉

　海面漁業・養殖業の経営体数が減少する中、基幹的漁業従事者[*3]が65歳未満の個人経営体（漁船漁業）の漁労収入は、横ばいで推移しています。

[*1]　農林水産省では、「食料需給表」において、国内生産量、輸出入量、在庫の増減量、人口等から「食用魚介類の1人1年当たり供給純食料」を算出している。この数字は、「食用魚介類の1人1年当たり消費量」とほぼ同等と考えられるため、ここでは「供給純食料」に代えて「消費量」を用いる。
[*2]　満15歳以上で過去1年間に漁業に従事した者のうち、将来、自家漁家の経営主になる予定の者。
[*3]　個人経営体の世帯員のうち、満15歳以上で自家漁業の海上作業従事日数が最も多い者。

図表特－1－1 漁業・養殖業生産量、漁業就業者数等の変化

	平成5（1993）	令和4（2022）年
漁業・養殖業生産量（千t）	8,707	3,917
	平成5（1993）	令和4（2022）年度
1人1年当たりの食用魚介類の消費量（純食料：kg）	37.5	22.0
	平成20（2008）	令和4（2022）年
漁業就業者数（千人）	221.9	123.1
	平成5（1993）	令和4（2022）年
漁業経営体数（千経営体）	172	61
	平成18（2006）	令和4（2022）年
基幹的漁業従事者が65歳未満の個人経営体（漁船漁業）の漁労収入（千円）	23,380	22,893
	平成5（1993）	令和4（2022）年
漁船数（千隻）	267.6	108.7

資料：「漁業・養殖業生産量」：農林水産省「漁業・養殖業生産統計」
　　　「1人1年当たりの食用魚介類の消費量」：農林水産省「食料需給表」
　　　「漁業就業者数」及び「漁業経営体数」：農林水産省「漁業センサス」（平成5（1993）及び20（2008）年）及び「漁業構造動態調査」（令和4（2022）年）
　　　「基幹的漁業従事者が65歳未満の個人経営体（漁船漁業）の漁労収入」：農林水産省「漁業経営統計調査」（組替集計）及び「漁業センサス」に基づき水産庁で作成
　　　「漁船数」：農林水産省「漁業センサス」（平成5（1993）年）及び「漁業構造動態調査」（令和4（2022）年）
注：1）「漁業就業者数」：満15歳以上で過去1年間に漁業の海上作業に30日以上従事した者。平成20（2008）年以降の調査は、雇い主である漁業経営体の側から調査を行うこととしたため、非沿海市町村に居住している者を含んでおり、平成19（2007）年以前の調査とは連続しないため、平成20（2008）年との比較とした。
　　　2）「基幹的漁業従事者が65歳未満の個人経営体（漁船漁業）の漁労収入」：「漁業経営統計調査」（組替集計）の個人経営体調査の漁船漁業の結果を基に、「漁業センサス」の年齢階層毎の経営体数（平成18（2006）年は男子のみ）で加重平均した。「漁業経営統計調査」は、平成17（2005）年以前の調査から大幅な見直しが行われ、平成18（2006）年以後の調査とは連続しないため、平成18（2006）年との比較とした。

→第1章（2）、第2章（1）、（2）、（3）を参照

（2）漁村をめぐる現状

〈漁村は人口が減少傾向にあり、高齢化が進行〉

　我が国の海岸線は、総延長が約3万5千km[*1]に及び、世界でも有数の長さを誇っています。我が国の海岸線には多くの漁村が存在しており、その多くは、漁業には適地であるリアス海岸、半島、離島等に立地しています。漁村のうち漁港の背後に位置する漁港背後集落[*2]の状況を見ると、離島地域にあるものが約18％、半島地域にあるものが約31％となっています（図表特－1－2）。

　また、漁村の多くは背後に崖が迫り、平坦地が少ない狭隘（きょうあい）・高密度な集落を形成し、その地形特性や制約上、集居や密居集落の割合が高い傾向にあります（図表特－1－3）。

　漁村の立地は、交通等においては条件不利地にあるほか、自然災害に対して脆弱であるなど、漁業以外の面では不利な条件下に置かれています。

---

*1　国土交通省「海岸統計」による。
*2　漁港の背後に位置する人口5千人以下かつ漁家2戸以上の集落。

図表特－1－2　漁港背後集落の状況

漁港背後 集落総数	離島地域・半島地域・過疎地域の いずれかに指定されている地域			
		うち 離島地域	うち 半島地域	うち 過疎地域
4,384 （100%）	3,645 （83.1%）	778 （17.7%）	1,353 （30.9%）	3,113 （71.0%）

資料：水産庁調べ（令和5（2023）年）
注：離島地域、半島地域及び過疎地域は、離島振興法、半島振興
　　法及び過疎地域の持続的発展の支援に関する特別措置法に基
　　づき重複して地域指定されている場合がある。

図表特－1－3　漁港背後集落の立地特性

漁港背後 集落総数	集落背後地形		集落立地		集落形態	
	平坦	崖や山が 迫る	平坦地	急傾斜地	散居	集居・ 密居
4,384 （100%）	1,685 （38.4%）	2,699 （61.6%）	3,162 （72.1%）	1,222 （27.9%）	453 （10.3%）	3,931 （89.7%）

資料：水産庁調べ（令和5（2023）年）
注：1）散居は、農地等が多く、宅地と宅地が離れている集落形態。
　　2）集居は、宅地は連続しているが、家屋間にはゆとりがある集落形態。
　　3）密居は、列密居（道路、海岸線等に沿って列状に家屋と家屋が密集している集落
　　　形態）及び塊密居（面的な広がりを持って、家屋と家屋が密集している集落形態）
　　　の合計。

漁村の立地特性

列密居の漁港背後集落

塊密居の漁港背後集落

　このような立地条件にある漁村では、人口は減少傾向にあり、令和5（2023）年3月末時点の漁港背後集落人口は189万人になりました。高齢化率は、全国平均を約11ポイント上回り、41%となっています（図表特－1－4）。

図表特－1－4　漁港背後集落の人口と高齢化率の推移

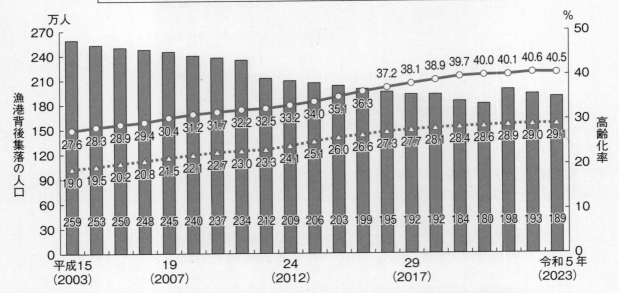

資料：水産庁調べ（漁港背後集落の人口及び高齢化率）及び総務省「人口推計」（国勢調査実施年は国勢調査人口による）
注：1）高齢化率とは、区分ごとの総人口に占める65歳以上の人口の割合。
　　2）平成23（2011）～令和2（2020）年の漁港背後集落の人口及び高齢化率は、岩手県、宮城県及び福島県の3県を除く。

（3）漁村が果たす役割

ア　漁村における水産業の役割
〈水産業は漁村における基幹産業〉

　漁村は、漁業就業者などの住民の生活の場としてのみならず、漁業をはじめとする水産業の拠点として重要な役割を果たしています。漁村の中でも、漁港においては、漁業の操業に必要な物資の供給、漁獲物の陸揚げ、水産物の流通、販売、加工等消費者に新鮮で安全な水産物を安定的に供給する役割のほか、漁船係留や避難基地としての役割も果たしています（図表特－1－5）。

　また、これまでみてきたように、漁村の多くは漁業には適地である一方、交通等においては条件不利地に立地していることから、雇用機会が限られる中、漁業は漁村の基幹産業として重要であり、特に集落の規模が小さいほど漁家世帯の割合が高いことがわかります（図表特－1－6）。

　さらに、漁村に住む人々からなるコミュニティは、基幹産業である漁業を通じ、地域における水産資源や漁場の利用・管理・保全、水産業関連施設等の共同管理等の役割を果たしています。

図表特－1－5　漁港の役割

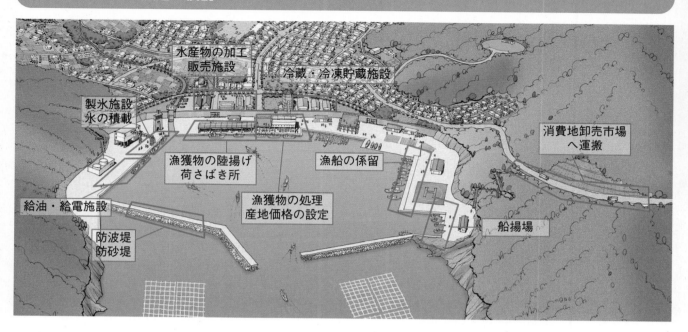

第
1
部

特
集

図表特－1－6　漁港背後集落の規模別の漁家世帯の割合

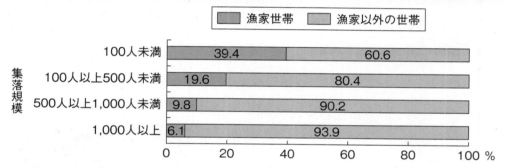

資料：水産庁調べ（令和5（2023）年）
注：1）集落規模は、漁業背後集落の集落人口の規模を分類したもの。
　　2）漁家世帯の割合は、集落毎の漁家世帯数÷集落世帯数により求めたものの平均。

イ　漁村が有する多面的機能

〈水産業・漁村は広く国民一般にも及ぶ多面的機能を有する〉

　水産業・漁村は、国民に水産物を供給する役割だけでなく、1）自然環境を保全する機能、2）国民の生命・財産を保全する機能、3）交流等の場を提供する機能、4）地域社会を形成し、維持する機能、等の多面的な機能も果たしており、その恩恵は、漁業者や漁村の住民にとどまらず、広く国民一般にも及びます（図表特－1－7）。とりわけ、漁村は四季折々の新鮮な水産物、豊かな自然環境、親水性レクリエーションの機会等を有しており、都市と地方の交流の場を提供しています。

図表特−1−7　水産業・漁村の多面的機能

リン・チッソ

③【交流等の場を提供する機能】

④【地域社会を形成し、維持する機能】

②【国民の生命・財産を保全する機能】

海難救助機能
災害救援機能
国境監視機能

漁獲によるリン・チッソ循環の補完機能

伝統漁法等の伝統的文化を継承する機能

干潟

水質浄化機能
生態系保全機能

海域環境モニタリング機能

①【自然環境を保全する機能】

藻場

ブランクトン

海域環境の保全機能

再資源化

① 自然環境を保全する機能

潮流

カキ養殖筏

ブランクトンによって濁っている海水（白っぽく見える）

カキによって浄化された海水（濃く見える）

カキ養殖による水質浄化機能

アマモの栄養株の移植や播種により、アマモ場の維持・回復を図る取組[岡山県]

干潟環境の悪化を防ぐため、貝類の突発的な大量へい死により発生した死骸を除去する取組[福島県]

オニヒトデ等のサンゴを食害する生物を除去し、サンゴ礁を保全する取組[沖縄県]

② 国民の生命・財産を保全する機能

転落者・漂流者の救助訓練の様子[青森県]

流出油を回収する漁業者[神奈川県]

風浪等によるヨシ帯の消失を防ぐため、ヨシ帯前面に木柵等の保護柵を設置する取組[茨城県]

オオカナダモ等の外来植物の駆除活動[愛知県]

③ 交流等の場を提供する機能

川で魚とりを楽しむ人々[宮崎県]

体験乗船[北海道]

干潟観察会[三重県]

潮干狩り客でにぎわう海岸[愛知県]

④ 地域社会を形成し、維持する機能

百余隻に及ぶ大漁旗で飾った奉迎船が織りなす、勇壮な入船・出船の海上神事[山口県祝島神舞]

キビナゴを使った伝統的鍋料理[長崎県五島地方]

たらい舟を用いた磯ねぎ漁[新潟県佐渡島]

資料：日本学術会議答申を踏まえて農林水産省で作成（水産業・漁村関係のみ抜粋）

このような水産業・漁村の多面的機能は、人々が漁村に住み、水産業が健全に営まれることによって発揮されるものですが、漁村の人口減少や高齢化が進めば、漁村の活力が低下し、多面的機能の発揮にも支障が生じます。このため、水産基本法*1において、国は、水産業及び漁村の多面的機能の発揮について必要な施策を講ずるよう規定されているとともに、令和2（2020）年12月に施行された漁業法等の一部を改正する等の法律*2による改正後の漁業法*3（以下「改正漁業法」といいます。）において、国及び都道府県は、漁業・漁村が多面的機能を有していることに鑑み、漁業者等の漁業に関する活動が健全に行われ、漁村が活性化するよう十分配慮するものとすることが規定されています。また、水産基本計画においても、水産業・漁村の持つ多面的機能が将来にわたって適切に発揮されるよう、一層の国民の理解の増進を図りつつ効率的・効果的に取組を促進するとともに、海業に関わる人等の漁業者や漁村住民以外の多様な主体の参画を推進すること、また、国境監視の機能については、漁村と漁業者による海の監視ネットワークが形成されていることから、漁業者と国や地方公共団体の関係部局との協力体制の下で監視活動の取組を推進すること等が明記されています。これらを踏まえて、水産庁は、漁村を取り巻く状況に応じて多面的機能が適切かつ効率的・効果的に発揮されるよう、漁業者をはじめとした関係者に創意工夫を促しつつ、藻場や干潟の保全、内水面生態系の維持・保全・改善、国境・水域監視や海難救助訓練等の漁業者等が行う多面的機能の発揮に資する取組が引き続き活発に行われるよう、国民の理解の増進を図りながら支援していくこととしています。

（コラム）内水面における多面的機能の発揮に資する取組

　森は海の恋人と言いますが、その森と海をつなぐのが川です。森が育んだ栄養塩類が川を通じて海に注ぎ込むことで、豊かな海の恵みがもたらされるのです。また、アユやサケなど多くの魚種が海と川を行き来して生活しています。

　川や湖沼においても内水面漁業が営まれ、漁業協同組合（以下「漁協」といいます。）を中心とした環境保全などの活動により、地域の活性化にも寄与しています。

　兵庫県矢田川漁協では、地元の高校、行政、学識経験者等と連携し、地域一体となって魚やカニ等が遡上・流下しやすい河川環境を整備することを目的として、「清流の郷づくり大作戦」に取り組んでいます。具体的には、魚道機能の維持に努めるとともに、魚道設置の効果を確認するため、高校の生徒と一緒にアユの流下・遡上調査や水生生物の観察会を行っています。

　また、矢田川流域に古くから伝わる「アユのなれずし」や「モクズガニ飯」といった川の恵みを使った料理、「アユのドブ釣り」や「投網」など地元に根付いた漁法は、地域の重要な伝統文化であり、地域住民を対象にした体験会などを通じて、これらの伝承に努めるとともに、水産多面的機能発揮対策事業を活用した河川清掃活動や地元小学生を対象にした環境学習会を実施し、河川の役割や環境問題、生物多様性の重要性等を学ぶ機会を提供しています。

　このような取組により、矢田川の豊かな自然環境や伝統文化などの魅力が維持されることで、アユの釣れる川として多くの釣り人が訪れ、また、川遊びなどを目的とした観光客で地域に賑わいが生まれるなど、漁協による活動が地域の活性化に大きく貢献しています。

---

*1　平成13年法律第89号
*2　平成30年法律第95号
*3　昭和24年法律第267号

地元小学生によるアユの放流体験　　　　　アユのなれずし作り体験会

（4）漁村が有する地域資源

ア　漁村の地域資源

〈漁村は新鮮な水産物や豊かな自然環境など多くの地域資源を有している〉////////////////////////

　漁村は、水産業の拠点として重要な役割を果たしているだけでなく、地域で獲れる四季折々の新鮮な水産物や水産加工品、水産物の市場への水揚げの風景、非日常の漁業体験等他の地域にはみられない様々な特徴を有しています。また、狭隘な土地における高密度な集落は漁業等と一体となった独特の景観・空間を形成しているほか、豊かな自然環境や、それらを含む漁村の景観には独自の魅力があります。さらに、漁村には、釣り、潮干狩り、海水浴等の親水性レクリエーションの機会など地域外の人々を惹きつける楽しみがあります。くわえて、古くから漁村の営みを通じて大漁や航海の安全を祈願した地域の伝統的な行事やそこで獲れる水産物を活用した伝統料理等が育まれてきており、これらは旅行客に対する魅力の一つとなっています（図表特－1－8）。

　漁村の活性化を図っていくためには、それぞれの漁村が有する地域資源を十分に把握し最大限に活用することが重要です。

図表特－1－8　漁村に存在する地域資源の例

分　類	主　な　地　域　資　源
漁業に関するもの	新鮮な魚介類、水産加工品、魚市場、各種漁業・養殖業、伝統漁業、水産加工業
自然・景観に関するもの	漁村景観、舟屋、寺社、海、河川、湖、海岸、砂浜、干潟、生物
レクリエーションに関するもの	海水浴場、マリーナ、フィッシャリーナ、釣り堀、マリンスポーツ全般、釣り、潮干狩り
漁村の文化・伝統等に関するもの	伝統行事、祭り、朝市・定期市、生活習慣、郷土料理、漁師料理、造船技術、海・気象に関する民俗知識、民話・逸話
再生可能エネルギーに関するもの	風、波、太陽光、バイオマス、藻、河川（水力）
その他	海水温浴施設、藻塩風呂、海水療法、深層水

伝統的な郷土料理の例*

いかめし（北海道）

イカナゴのくぎ煮（兵庫県）

ふかの湯ざらし（愛媛県）

あぶってかも（福岡県）
（画像提供：松隈 紀生氏（元中村学園大学短期大学部教授））

*画像：農林水産省Webサイト「うちの郷土料理」

イ　漁村の地域資源のニーズをめぐる状況
〈漁村の交流人口は約2,000万人〉

　漁村の賑わいの創出のため、全国の漁村には、水産物直売所等の交流施設が整備されており、近年その施設数は増加傾向で推移しています。このような施設の増加等もあり、都市漁村交流人口は、近年は増加傾向で推移しており2千万人前後となっています（図表特－1－9）。

図表特－1－9　全国の漁港及びその背後集落における水産物直売所等の交流施設及び漁村の交流人口

	平成29 （2017）	30 （2018）	令和元 （2019）	2 （2020）	3 （2021）	4年度 （2022）
水産物直売所等の 交流施設（箇所）	1,371	1,390	1,451	1,490	1,458	1,473
漁村の交流人口 （千人）	19,854	20,024	20,222	18,558	20,108	23,420

資料：水産庁調べ

〈国民の旅行に対するニーズは高い〉

　国民のレジャーに対するニーズは高く、今後の生活においてどのような側面に力を入れたいかという調査では、レジャー・余暇生活は、食生活、住生活、耐久消費財等を上回っています（図表特−1−10）。

　また、自由時間が増えた場合にしたいことの調査では、旅行と回答した者は約48％と最も多く、旅行に対するニーズは高いことがわかります（図表特−1−11）。国内の延べ旅行者数の推移を見ると、令和2（2020）及び3（2021）年は新型コロナウイルス感染症の影響により一時的に減少したものの現在は回復基調にあり、令和4（2022）年は約4億2千万人となっています（図表特−1−12）。

図表特−1−10　今後の生活の力点

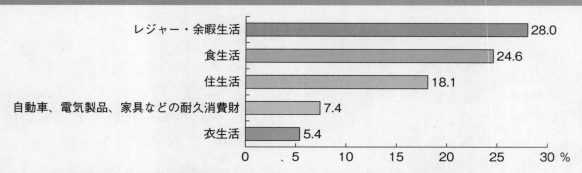

資料：内閣府「国民生活に関する世論調査」（令和元（2019）年6月（複数回答可））
注：1）回答には、図に記載の項目のほか「健康（66.5％）」、「資産・貯蓄（30.9％）」、「所得・収入（27.1％）」、「自己啓発・能力向上（16.6％）」、「その他（0.7％）」、「ない（3.9％）」及び「わからない（0.5％）」がある。
　　2）同調査のうち、令和3（2021）年9月及び令和4（2022）年10月の調査においては、新型コロナウイルス感染症の感染者数が増加する中、「食生活」が「レジャー・余暇生活」を上回っている。

図表特−1−11　自由時間が増えた場合にしたいこと

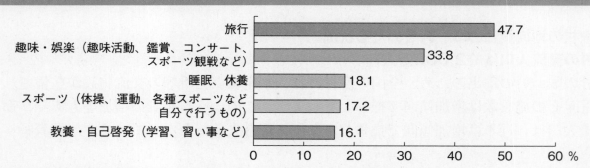

資料：内閣府「国民生活に関する世論調査」（令和元（2019）年6月（複数回答可））
注：回答には、図に記載の項目のほか「家族との団らん（13.9％）」、「ショッピング（10.4％）」、「テレビやDVD、CDなどの視聴（10.3％）」、「友人や恋人との交際（8.5％）」、「社会参加（7.0％）」、「インターネットやソーシャルメディアの利用（4.6％）」、「その他（3.4％）」及び「わからない（5.3％）」がある。

図表特－1－12　国内の延べ旅行者数の推移

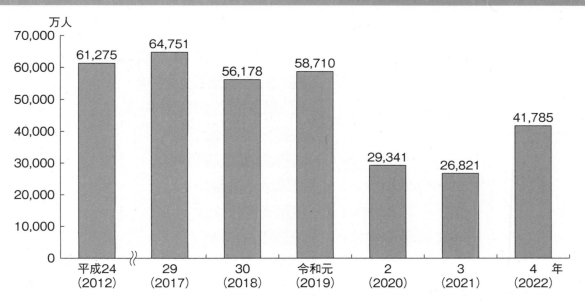

資料：観光庁「旅行・観光消費動向調査」
注：旅行とは、出かけた先における活動内容に関わらず、日常生活圏を離れたところ（目安として、片道の移動距離が80km以上、宿泊を伴う、所要時間（移動距離と滞在時間の合計）が8時間以上）に出かけること。ただし、交通機関の乗務、通勤や通学、転居のための片道移動、出稼ぎ、1年を超える滞在を除く。

〈旅行の目的として食や自然・景観に対するニーズが高い〉

　漁村に来訪する旅行者はどのようなものを求めているのでしょうか。農山漁村に行ったことのある人・行ってみたい人に対する調査では、農山漁村における旅行先で楽しみにしていることは、地元の素材を使ったおいしいものを食べるなど食に対するニーズが約83％と最も高く、漁村等の景観を見ることや自然の豊かさの体験などの自然・景観に対するものが約49％、歴史・文化的なものが約47％とニーズが高く、新鮮な魚介類を食べることや漁村の景観を眺めるために漁村に来訪するニーズがあることがわかります（図表特－1－13）。

　また、国内旅行における消費額の内訳では、飲食費及び買物代がそれぞれ約15％、娯楽等サービス費が約7％を占めています。買物代の内訳を見ると、水産物が約5％となっています（図表特－1－14）。

図表特－1－13　旅行において楽しみにしていること

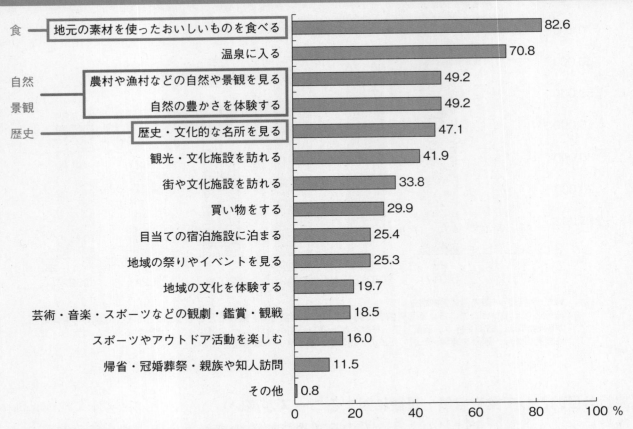

資料：株式会社JTB　令和2（2020）年9月30日〜10月2日のインターネットアンケート調査
注：東京都23区・愛知県・大阪府在住の20〜69歳の男女で、旅行で農山漁村に行ったことがある、又は行ってみたい人1,000人を対象。

図表特－1－14　国内旅行の旅行消費額の内訳

国内旅行の旅行消費額の内訳（宿泊旅行）

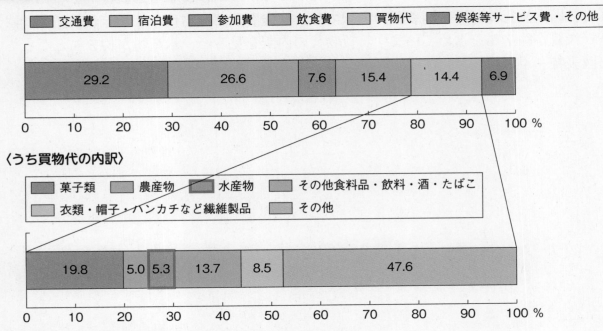

資料：観光庁「旅行・観光消費動向調査」（令和4（2022）年）
注：国内旅行のうち、宿泊旅行の旅行中における消費額を基に割合を作成。

〈釣り人口は約870万人〉

　釣り等の親水性レクリエーションは、漁村に多くの来訪者をもたらします。釣りは従来から人気のあるレクリエーションであり、令和3（2021）年の調査では、調査期間の1年間に釣りを行った者は約870万人とされています（図表特−1−15）。また、釣り具の市場規模は1,970億円[*1]と推計されています。

図表特−1−15　釣り人口の推移

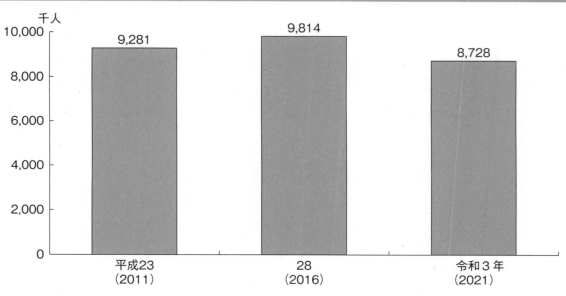

資料：総務省「社会生活基本調査」
注：1）調査期間（平成23（2011）年調査は平成22（2010）年10月20日〜23（2011）年10月19日の間、平成28（2016）年調査は平成27（2015）年10月20日〜28（2016）年10月19日の間、令和3（2021）年調査は令和2（2020）年10月20日〜3（2021）年10月19日の間）に釣りの活動を行った人（10歳以上）の数。
　　2）数値は母集団における行動者数の推定値である。

　プレジャーボートを利用したレクリエーション活動は、高度経済成長期には急速に拡大し、プレジャーボートの隻数は同様に急増の後、減少したものの、近年は横ばい傾向で推移しており、令和4（2022）年度末のプレジャーモーターボート、特殊小型船舶及びプレジャーヨットの合計は、約21万隻となっています（図表特−1−16）。

[*1]　公益財団法人日本生産性本部「レジャー白書2023」令和4（2022）年の市場規模の推定値。

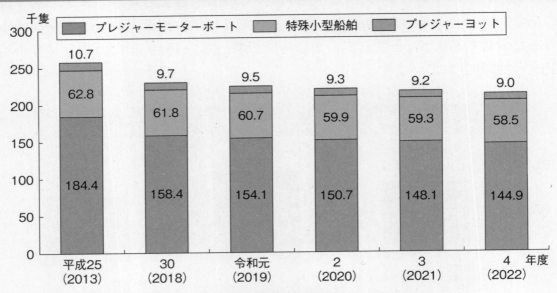

図表特－1－16　プレジャーボートの隻数の推移

資料：日本小型船舶検査機構「年度末における在籍船（都道府県別・用途別）」
注：1）各年度末時点で日本小型船舶検査機構が保有する検査データ及び登録データから作成。
　　2）「プレジャーモーターボート」はレジャー用のモーターボート（釣船も含む）、「特殊小型船舶」は水上オートバイ・エンジン付サーフライダー等、「プレジャーヨット」はエンジン付の帆船又は沿海区域を超えて航行する帆船。

〈漁村は増加するインバウンド需要を満たす可能性がある〉

　我が国の人口は減少傾向で推移する一方、訪日外国人旅行者数は、近年増加傾向で推移しています。新型コロナウイルス感染症の影響により令和2（2020）年以降急減したものの、現在は回復傾向にあり、増加するインバウンド需要を地域に取り込むことで地域の活性化が期待されます（図表特－1－17）。また、観光・レジャー目的で訪日し、訪日回数が2回以上の「訪日リピーター」の割合は年々上昇傾向にあり、令和元（2019）年は約6割となっています。訪日リピーターは、東京都、大阪府・京都府、愛知県等の三大都市圏以外の地方に訪問する割合が高く、地方へ訪れる観光客の潜在的な需要が期待されます（図表特－1－18）。

　観光・レジャー目的で訪日する外国人の1人1回当たり旅行消費単価は約15万5千円であり、買物代が約5万6千円、飲食費が約3万3千円、娯楽等サービス費が約6千円となっています（図表特－1－19）。また、日本の滞在中にしたことでは、「日本食を食べること」、「自然・景勝地観光」、「ショッピング」等の割合が高くなっており、次回日本を訪れたときにしたいことでは、「温泉入浴」、「自然体験ツアー・農漁村体験」等の割合が今回したことの割合を上回っていることなどから、漁村がそれらのニーズを満たす可能性は十分に考えられます（図表特－1－20）。

図表特－1－17　訪日外国人旅行者数の推移

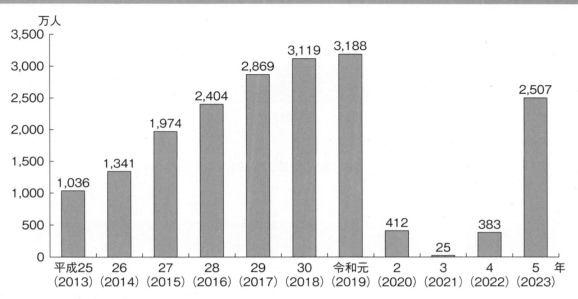

資料：日本政府観光局（JNTO）「訪日外客統計」
注：訪日外国人旅行者数は、外国人正規入国者から、日本を主たる居住国とする永住者等の外国人を除き、これに外国人一時上陸客等を加えた入国外国人旅行者のことである。

図表特－1－18　訪日リピーターの推移と訪問先の変化

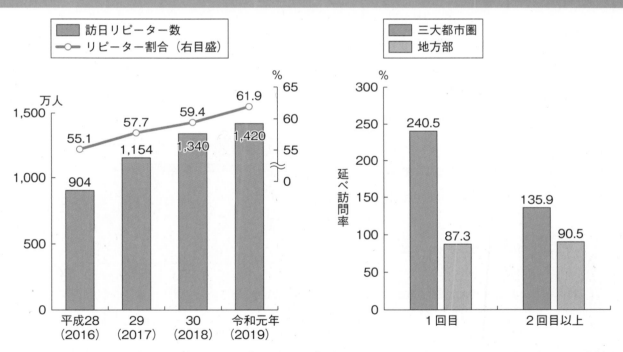

資料：観光庁「令和元年訪日外国人消費動向調査【トピック分析】訪日外国人旅行者（観光・レジャー目的）の訪日回数と消費動向の関係について」
注：1）訪日リピーター数は、日本政府観光局（JNTO）「訪日外客統計」の訪日外客数（クルーズ客を除く）に、観光庁「訪日外国人消費動向調査」の観光・レジャーが主な来訪目的の割合と日本への来訪回数が2回以上の割合を乗じて算出した推計値。
　　2）延べ訪問率は、各都道府県の訪問率を足し上げた値。また、令和元（2019）年調査による。
　　3）三大都市圏とは、千葉県、埼玉県、東京都、神奈川県、愛知県、京都府、大阪府及び兵庫県の8都府県、地方部とは、三大都市圏以外の39道県を指す。

図表特－1－19　訪日外国人の１人１回当たり旅行消費単価の内訳

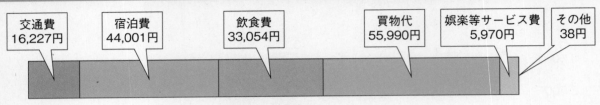

| 交通費 16,227円 | 宿泊費 44,001円 | 飲食費 33,054円 | 買物代 55,990円 | 娯楽等サービス費 5,970円 | その他 38円 |

合計：155,281円

資料：観光庁「訪日外国人消費動向調査」（令和元（2019）年）
注：1）観光・レジャー目的に限る。
　　2）日本滞在中にかかる支出のうち、我が国の航空会社及び船舶会社に支払われる国際旅客運賃、帰国後に自国で販売する目的で購入したものを含まない。

図表特－1－20　訪日外国人が日本滞在中にしたこと、次回したいこと

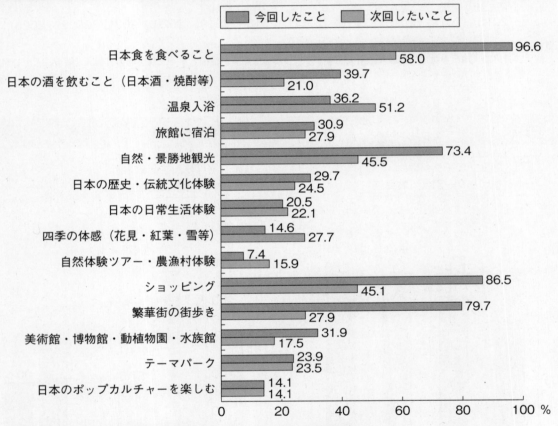

凡例：今回したこと　次回したいこと

項目	今回したこと	次回したいこと
日本食を食べること	96.6	58.0
日本の酒を飲むこと（日本酒・焼酎等）	39.7	21.0
温泉入浴	36.2	51.2
旅館に宿泊	30.9	27.9
自然・景勝地観光	73.4	45.5
日本の歴史・伝統文化体験	29.7	24.5
日本の日常生活体験	20.5	22.1
四季の体感（花見・紅葉・雪等）	14.6	27.7
自然体験ツアー・農漁村体験	7.4	15.9
ショッピング	86.5	45.1
繁華街の街歩き	79.7	27.9
美術館・博物館・動植物園・水族館	31.9	17.5
テーマパーク	23.9	23.5
日本のポップカルチャーを楽しむ	14.1	14.1

資料：観光庁「訪日外国人消費動向調査」（令和元（2019）年（複数回答可））
注：1）観光・レジャー目的に限る。
　　2）表記の回答のほか、「スキー・スノーボード」、「その他スポーツ（ゴルフ等）」、「舞台・音楽鑑賞」、「スポーツ観戦（相撲・サッカー等）」、「映画・アニメ縁の地を訪問」、「治療・健診」、「上記には当てはまるものがない」がある。

第2節　海業による漁村活性化の取組

　前節で見たように、我が国の漁業・養殖業の生産量、食用魚介類の消費量、漁業就業者数等が減少傾向にある中、漁村における高齢化の進行等により、漁村の活力が低下している現状があります。一方、漁村は新鮮な水産物や豊かな自然環境等の多くの地域資源を有しており、これらの価値や魅力を活かした海業の推進により、漁村の賑わいを生み出し、地域の所得向上と雇用機会の確保を図ることが重要です。本節では、海業の先行的な取組や海業推進のための施策等を紹介していきます。

（1）地域経済の活性化を目指す海業とその取組の現状

〈海や漁村に関する地域資源を活かした「海業」〉

　漁業をはじめとする水産業が基幹産業である漁村においては、これまで水産物の生産、加工、流通、販売等の直接的な水産業の活動が主眼でしたが、漁村には、四季折々の新鮮な水産物、豊かな自然環境、親水性レクリエーションの機会等の様々な地域資源があることから、それらを十分に把握し最大限に活用することが漁村の経済的な活性化を図る上で重要となっています。

　また、国民が、漁港を訪れて水産物を食し、漁業に触れ合うことで水産業との関わりを持ち、海に親しむ取組を進めることは、水産業に対する国民の理解醸成にも繋がり、我が国の水産業の持続的な発展に寄与するものです。

　このような考え方の下、水産基本計画及び漁港漁場整備長期計画において、「海業」という言葉が盛り込まれました。この言葉は、昭和60（1985）年に神奈川県三浦市により提唱されたもので、「海の資質、海の資源を最大限に利用していく」ことをコンセプトに、漁業や漁港を核として地域経済の活性化を目指すものです。

　両計画において、海業は「海や漁村の地域資源の価値や魅力を活用する事業」と定義されています。漁村の人口減少や高齢化等、地域の活力が低下する中で、漁業利用との調和を図りつつ地域資源を最大限に活用し、水産業と相互に補完し合う産業である海業を育成し、根付かせることによって、地域の所得と雇用の機会の確保を目指しています。

　特に漁港は、地域を支える基幹的なインフラとして様々な事業活動を受け入れる能力を有し、静穏な水域が確保され海洋資源にアクセスしやすく、漁業そのものが持つ魅力を直接国民が享受することができる利点を有することから、海業の展開に適しており、漁港の用地、水域等を活用した多くの事業が実施されています。

漁港における海業推進のイメージ

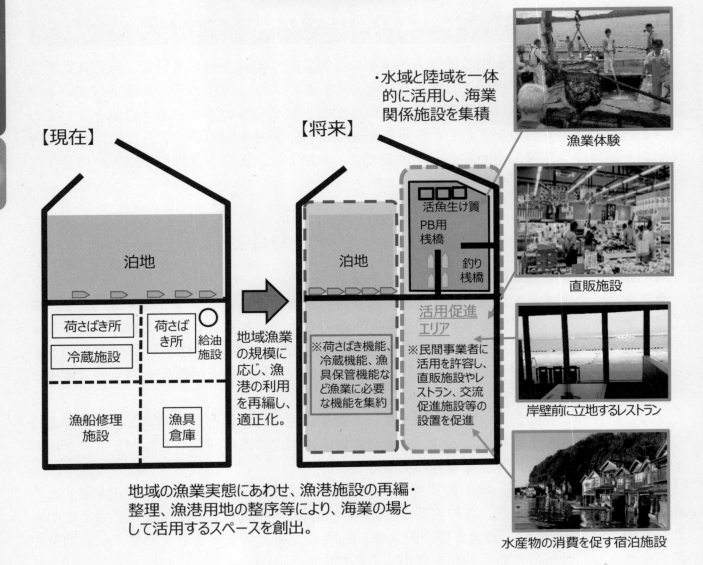

【現在】

泊地

荷さばき所
冷蔵施設
荷さばき所
給油施設
漁船修理施設
漁具倉庫

地域漁業の規模に応じ、漁港の利用を再編し、適正化。

【将来】

泊地

※荷さばき機能、冷蔵機能、漁具保管機能など漁業に必要な機能を集約

活魚生け簀
PB用桟橋
釣り桟橋

活用促進エリア

※民間事業者に活用を許容し、直販施設やレストラン、交流促進施設等の設置を促進

・水域と陸域を一体的に活用し、海業関係施設を集積

漁業体験

直販施設

岸壁前に立地するレストラン

水産物の消費を促す宿泊施設

地域の漁業実態にあわせ、漁港施設の再編・整理、漁港用地の整序等により、海業の場として活用するスペースを創出。

〈漁港用地を活用した陸上養殖の数は増加傾向〉

　漁港は、流通関連施設の集積や取水・排水等の事業環境が整っていること、防波堤等により静穏域が確保されていることなどから、漁港施設の再編・整理、漁港用地の整序等により、漁港の用地を活用した陸上養殖や水域を活用した増養殖・蓄養の取組を行いやすい環境にあります。漁港の用地を活用した陸上養殖の取組は増加傾向にあり、令和2（2020）年3月時点で136漁港において陸上養殖の取組が行われています（図表特－2－1）。

図表特－2－1　漁港の用地を活用した陸上養殖の取組

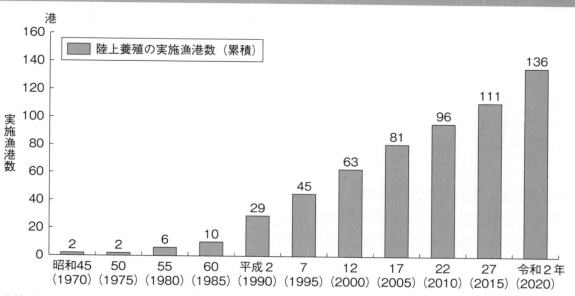

資料：水産庁調べ
注：令和2（2020）年の実施漁港数（136漁港）の内容は、魚類養殖35漁港、藻類養殖36漁港、その他（ウニ・アワビ等）65漁港。

〈多様化する消費者のニーズに向けて期待される漁港の役割〉//

　近年、消費者のニーズは、モノを購入する「モノ消費」から、体験やサービスを消費する「コト消費」や感動を他の参加者と共有する「トキ消費」へと移行していると言われています。漁港は、漁場に近く、水揚げの根拠地であり、鮮度の高い水産物をはじめ、漁業体験、独自の風景や歴史など、水産物の「モノ消費」だけでなく、「コト消費」や「トキ消費」のための大きなポテンシャルも有しており、これらの多様なニーズから多くの方が漁港を訪れています。水産物消費の減少等の課題に対して、漁港において、海や漁村の価値や魅力を活かす海業の取組により、都市など他の地域との交流を促進しつつ、多様化する消費者のニーズに対応することにより、水産業の持続的な発展に寄与していくことが求められます。

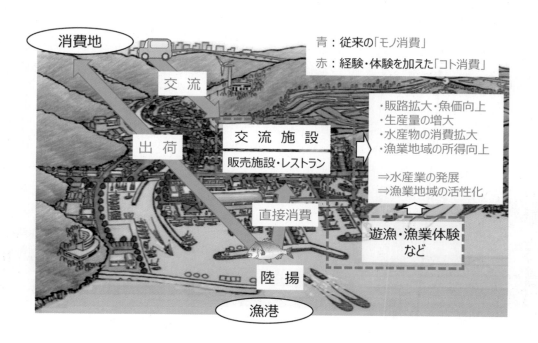

（2）海業の先行的な取組事例

　各漁村では、漁業生産活動の状況、集落の人口、地理的状況等それぞれ置かれている状況や漁村が有する地域資源等が異なる中、それぞれが持つ強みを活かし、多様なニーズを有する来訪者を受け入れ、新鮮な水産物を販売する、飲食や漁業体験等の機会を提供することにより、地元の水産物の消費拡大に成功した事例や、地域に所得と雇用を生み出す事例など、水産業を取り巻く課題の解決に繋がる海業の取組が行われている事例があります。ここではこれらの取組をいくつか紹介します。

〈水産物直売所・食堂等の取組事例〉

　我が国の食用魚介類の消費が減少傾向で推移する中、漁村で獲れる四季折々の新鮮な水産物の魅力を活かし水産物の消費増進に寄与する取組は重要です。また、農山漁村への旅行では地元の素材を使った食に対するニーズが最も高いことからわかるように、新鮮でおいしい水産物は漁村に来訪者を惹き付ける貴重な地域資源でもあります。くわえて、漁村の景観や市場の水揚げ等の非日常の環境での食事や買物、その土地ならではの伝統料理を味わうこと自体が漁村の来訪者に楽しみをもたらします。このように水産物の販売や食堂等での食の提供は、漁村への交流人口の増加に貢献しており、各地域の特色を活かした多くの取組が行われています。

【事例】海業を提唱した三浦市による複合的な海業の取組（神奈川県三崎漁港）

　「海業」は、昭和60（1985）年に神奈川県三浦市により提唱されたもので、同市においては海業を市の総合計画等に位置付けるとともに、平成3（1991）年には、株式会社三浦海業公社を設立し、同社を中心に海業の事業化の推進が図られてきました。

　平成13（2001）年には、三崎フィッシャリーナ・ウォーフ（現在は愛称「うらりマルシェ」）を開設し地元の水産物等の販売が行われているほか、ゲストバース、フィッシャリーナの整備・運営によるプレジャーボートの受入れ、水中観光船、隣接する魚市場でのマグロの取引の見学、海上釣り堀、漁協直営の食堂等、市内で漁港を核とした様々な取組が行われており、令和4（2022）年度の「うらりマルシェ」の来訪者が約124万人に達するなど観光客数の大幅な回復が見られました。

　また、漁港区域内の用地を水産関連施設用地と多目的活用事業用地に分け、水産関連施設用地には、加工場や冷蔵施設が設置されるとともに、令和5（2023）年には、学校法人水野学園が魚について総合的、専門的に学べる日本初の専門学校である「日本さかな専門学校」を開校しました。

　多目的活用事業用地では、ホテルやヴィラ等の宿泊施設、商業施設、プレジャーボート等の係留の浮桟橋等からなる富裕層向けのリゾート施設を公民連携で整備することとしており、令和4（2022）年には浮桟橋の供用が開始されています。三浦市では、本プロジェクトの推進により、新たな観光客層の創出や水産物の消費を拡大させることで、市の主要産業である水産業、観光業の活性化に繋げていくこととしています。

うらりマルシェ

海上釣り堀

日本さかな専門学校

【事例】漁協による食堂等の整備や道の駅との連携（千葉県保田漁港）

　千葉県鋸南町の保田漁協では、魚価の低迷等により漁協の経営が厳しくなる中、漁協が消費者へ水産物を直接提供する取組として、平成7（1995）年に漁協直営の食堂「ばんや」を開設しました。同施設が話題を呼び、首都圏近郊を始めとした来客数が増加する中、町有地の占用許可や町有地と補助用地の交換により確保した用地において、平成12（2000）年には「第二ばんや」、平成20（2008）年には「第三ばんや」を開設し、食堂へ地元で水揚げされた魚を提供することにより、少量多種の水産物の利用拡大や付加価値向上が図られました。

　また、漁協が営む定置網を観光定置網として活用することや、温泉宿泊施設、プレジャーボート用のビジターバースの設置等の事業を積極的に展開しています。これらの取組により、雇用の増加が図られるなど、地域水産業の活性化に大きく寄与しました。

　さらに、平成27（2015）年には、鋸南町が、漁港近くの廃校となった小学校を道の駅として再生し、小学校の施設を活かした宿泊施設、直売所、食堂等を整備しました。この道の駅も話題となる中、更に令和5（2023）年に小学校に隣接し、廃園となっていた幼稚園を活用した保田小附属ようちえんがオープンしたことで、町内に大きな賑わいが創出されています。保田漁協としても、これらの施設との連携により、更なる集客数の増加がみられています。

ばんや内観

観光定置網

道の駅「保田小学校」

【事例】離島の漁協における直売所等の開設や漁業見学の取組（兵庫県妻鹿漁港）

　瀬戸内海の坊勢島にある坊勢漁協では、産地の知名度が低いことによる販売力の弱さ、魚価の低迷等が課題である中、本土の水揚げ拠点としていた妻鹿漁港の用地を活用し、水産物の消費拡大等を目的に「JFほうぜ・姫路まえどれ市場」を設け、地元水産物の直売所や食堂（まえどれ食堂やバーベキューコーナー）を整備しました。この取組により同市場への来場者数や水揚げの増加、それに伴う地元水産物の消費拡大が図られるとともに、おいしいものが食べられる施設として知名度も向上しました。

　また、同市場において、家島諸島への観光客の誘致促進のため観光情報の発信を行っており、特に小中学生を中心とした観光客の増加を目的に、令和元（2019）年から漁業体験・見学等の取組を推進しています。漁業体験・見学のツアーは、本土の同市場から出入港し、漁船の操業の見学だけでなく、家島諸島のクルージングや島の散策、自然体験等、島の魅力を伝えるプログラムとなっています。また、種苗生産施設の見学や種苗の放流体験により資源を増やす取組について学習するほか、獲れた魚をさばき、その場で料理して食べるなど、食育にも資する取組としています。漁業体験・見学の開催回数の増加に伴い、参加する漁業者も増加しており、漁業者の収入の増加に貢献しています。

まえどれ市場

漁業見学

【事例】日曜朝市から複合的な事業への展開（大阪府田尻漁港）

　大阪府田尻町の田尻漁港では、刺網等の沿岸漁業を中心とする漁業が営まれており、昭和62（1987）年から開始された関西空港開設のための埋め立て工事により、漁場が縮小し、漁獲量が大幅に減少しました。

　一方、工事に伴い、ランドマーク的な田尻スカイブリッジの建設、空港開設による宿泊施設や来訪者が増加する中、田尻漁協は、漁港を活用し観光客を対象とした事業を行うこととし、平成6（1994）年には、日曜朝市の開設、漁業体験、海鮮バーベキュー、マリーナ、水上バイク艇庫の事業を相次いで開始しました。

　日曜朝市は、漁港において漁業者が水産物を直接販売するもので、当初はテントの設置から始まり、来客数の増加に伴い建物等を建設するなど発展していきました。漁業体験は、日曜朝市の利用客からの要望を踏まえ開始し、下船後に漁獲物を食べられるよう海鮮バーベキュー場も整備しました。また、漁業体験では、体験後の空港周辺のクルージングや、海上からの航空機の発着の見学などが好評となっています。マリーナや水上バイクの事業は、著名な競技者と連携することで、自主ルールが遵守されるなど漁業者とのトラブルの回避が図られています。

　その後には、冬期や荒天時における漁業体験に代わる事業としての海上釣り堀や、冬期に休業していた海鮮バーベキュー場を全天候型の施設とし、カキ小屋を開設するなどの取組を行っています。

　これらの複合的な事業は、町の重要な観光資源となっており、漁協組合員の所得の増加に加え、地域の発展においても重要な存在となっています。

日曜朝市の様子

漁業体験の様子

【事例】漁港における直売所等の開設や民間企業と連携したバーベキュー場の整備（和歌山県箕島漁港）

　和歌山県有田市の箕島漁港では、これまで一般の観光客が水産物を購入する施設がない中、平成23（2011）年に、バスツアー等との協力によりプレハブでの簡易直売所を試験的に開設したところ、好評を得て、水産物直売所の常設が望まれました。このため、漁港の野積場用地等を活用し、令和2（2020）年に漁協直営の水産物直売所「新鮮市場浜のうたせ」を開設し、地元水産物に加え、農林畜産物や特産物を販売するほか、食堂では地元水産物を使った食事を提供しています。

　直売所では、漁業者自身が水産物を出荷することとし、オリジナルのラベルを作成する取組等、販売に向けた漁業者の創意工夫も見られるようになりました。また、施設の運営に当たっては地元スーパーマーケットから経営面や労務管理等施設運営のサポートが得られています。

　これらの取組により、来場者数は令和4（2022）年に約27万人となり、魚価の安定化や漁業者の所得向上等、地域活性化に大きく寄与しています。

　また、令和5（2023）年には、浜のうたせに併設して新たにバーベキュー場を開設しました。開設に当たり、バーベキュー場の経営のノウハウを持つ民間企業が参画し、運営が行われています。バーベキュー場は、食堂の来場者の増加により待ち時間が長くなる中、来訪者のつなぎ止めにもつながっているほか、浜のうたせで販売している食材を使用することから、売上増加に貢献しています。

浜のうたせ

バーベキュー場

【事例】まちづくりと連携した直売所、食堂の整備（福井県高浜漁港）

　福井県高浜町は、漁業等の一次産業や海水浴を中心とした観光業が盛んでしたが、漁獲量の減少や漁業者の減少・高齢化、海水浴客の減少や高速道路開通による宿泊客の減少等が見られる中、地域水産業の発展と町の活性化を図るため、高浜漁港を含む中心市街地の整備方針としてコンパクトシティ構想を策定し、魚の高付加価値化、漁業者、加工業者、販売業者等の連携による多様な事業と賑わいづくり、漁師・経営の後継者育成といった方向性のもと、漁港の再整備を推進することとしました。

　同構想に基づき、まちづくりの一環として、同町は、道路用地及び漁具保管修理施設用地を活用し、水産物直売所や食堂等の複合施設「UMIKARA」を令和3（2021）年7月に開設するとともに、既存の魚市場を移転改修し、衛生管理型荷さばき施設を整備しました。

　また、令和元（2019）年には、高付加価値で魅力のある水産加工品や低・未利用魚を活用した加工品の開発を目的として、漁協所有の加工場を改修し、民間事業者が運営する「はもと加工販売所」を開設しました。

　これらの取組により、地域産物の販売額の増加や、交流・定住人口の増加等の波及効果がもたらされました。

UMIKARA　　　　　　　　　　　　　荷さばき施設

〈漁業活動等の体験、渚泊、釣り等の取組事例〉//

　都市からの来訪者にとって、市場への水揚げや漁業活動の風景を観ることで非日常を体験することができますが、漁業者とともに漁船に乗船し、網を引く体験をして獲った魚介類を食べることは更に楽しい体験になります。また、このような体験により、水産物の生産現場に対する関心や理解が深まるとともに、食生活が自然の恩恵の上に成り立っていることや食に関わる人々の様々な活動に支えられていること等について理解が深まることが期待されます。農林水産省の調査[*1]では、農林漁業体験へ興味があると回答した人は約6割であり、参加の目的は、おいしいものを食べたい、食に対する理解を深めたい、自然を満喫したい等の理由が多く、このようなニーズが高いことがわかります。

　また、農林水産省においては、農山漁村に宿泊・滞在しながら我が国ならではの伝統的な生活体験や地域の人々との交流を楽しめる「農泊」（農山漁村滞在型旅行）を推進しています。このうち、漁村地域においては「渚泊」として推進しており、実施体制の整備や漁業体験等の観光コンテンツとしての磨き上げ、滞在施設の整備等、漁村の所得向上と関係人口の創出を図る取組を一体的に支援しています。また、釣りをはじめする親水性レクリエーションは、漁村に多くの来訪者をもたらしてきました。約870万人の人口を有する釣りのほか、漁村の豊かな自然環境を楽しむ海水浴、ダイビング、プレジャーボート等は、漁村に来訪者をもたらすだけでなく、漁村との交流のきっかけとなり、地域水産物の消費拡大に寄与している側面もあります。

　漁港は、漁業の根拠地であることから漁業活動による利用が優先されますが、海との触れ合いの場を提供し、国民の親水性レクリエーションの要請に応える機能も有しており、その適正な利用を通じ、各地域において漁村への交流人口を増加させる多くの取組が行われています。

---

*1　農林水産省「食生活及び農林漁業体験に関する調査（令和元（2019）年度）」

【事例】水産と観光の融合を目指した多様な取組（宮城県気仙沼漁港）

　宮城県気仙沼市では、平成23（2011）年の東日本大震災以前から水産業とともに観光業が主要産業の一つと位置付けられ、年間約250万人の観光客の来訪がありましたが、震災により主要観光施設等が甚大な被害を受け、観光客数は大幅に減少しました。

　こうした中、同市は、平成24（2012）年には水産と観光の融合を図ることとし、漁港等の関係施設の復旧に当たっては、観光の観点も含めた施設整備を行いました。新設した魚市場では、見学スペースを設置するほか、魚食普及を推進するための「クッキングスタジオ」や遠洋まぐろ漁船などの操業風景や遠洋漁船船室の再現施設を展示した「水産情報等発信施設」を併設しています。

　また、震災以前からある三陸の海の幸が楽しめるショッピングやグルメのコーナー、氷の中に約450匹の魚が展示された「氷の水族館」、サメの不思議を紹介する「シャークミュージアム」を含む複合的な施設である「海の市」をブラッシュアップして再建しました。さらに、「ちょいのぞき気仙沼」として、氷屋、魚箱等の梱包資材の商店、漁具屋等の水産業の関連事業者の職場を見学、体験できるコンテンツを提供しています。

　くわえて、気仙沼湾奥のエリアは気仙沼の顔として発展してきた歴史があり、魅力的なウォーターフロントの形成を目的として復興に取り組んできた中、同地区にある市役所庁舎の移転を見据え、同地区の賑わいを創出するためのまちづくりが進められているところです。その一環として、令和4（2022）年には漁港の水域において、水上自転車、ハンドパドルボート等のアクティビティや、遊覧船を利用した海上レストラン等の社会実験を行い、事業化に向けた取組が行われています。

海の市

漁具屋での見学・体験

ハンドパドルボートのアクティビティ

【事例】直売所の開設とアプリを活用した釣り人の漁港利用（静岡県仁科漁港・田子漁港）

　静岡県西伊豆町は、漁業者の高齢化や海洋環境の変化等により漁獲量が減少している一方、町内には堂ヶ島をはじめとした観光資源が多く、首都圏からの来訪者も多いことから、西伊豆町役場が中心となり、海や漁業を活かした観光振興に力を入れてきました。

　同町の仁科漁港では、近隣に水産物の直売所がない中、魚価の向上や近隣の観光地を訪れる観光客の来訪の増加を目的に、漁港内に農水産物直売所の「はんばた市場」を令和2（2020）年に開設しました。同市場の開設前は、漁港で水揚げされた漁獲物は陸路で消費地市場等に出荷していたため、輸送費の高騰に伴う所得の減少や輸送費に見合わないため出荷できない低・未利用魚等がありましたが、同市場の開設により、経費の削減や出荷の増加が図られ漁業者の所得の増加につながっています。低・未利用魚の販売の促進のため、同市場では加工して販売することに力を入れており、小骨の多いウツボは丁寧に骨を取り、唐揚げや煮付け等に調理され、人気の商品となっています。また、磯焼けの原因となるニザダイやアイゴ等を積極的に仕入れ、ユニークな

名前の惣菜に加工することで販売が促進されています。

また、同町の田子漁港では、過去に釣り人と漁業者との間のトラブルにより漁港内での釣りを禁止していたところ、アプリで予約と支払いをする者に限り漁港内で釣りを楽しめる「海釣りGO‼」のサービスの実証事業を開始しました。釣り人を責任ある漁港利用者として位置付ける本取組によって、釣り人のマナー向上が図られるとともに、得られた収益を漁協等に還元できることに加え、家族連れの釣り客が増え、地元住民と釣り客との距離感が近くなったという声も挙がっています。

はんばた市場の外観（左）及び売り場（右）

未利用魚を加工した「酒樽デストロイヤー」　　　海釣りGO‼のサービスイメージ

【事例】企業による漁業参入と海業の取組（三重県尾鷲市須賀利町、熊野市）

　東京都で居酒屋を営んでいた株式会社ゲイトは、漁村を視察したことをきっかけに、後継者不足に直面する漁村の現状に危機感を抱き、漁業への参入を決意しました。同社は、平成28（2016）年に三重県の水産加工場を事業承継するとともに、平成30（2018）年には同県において定置漁業を開始しました。

　同社での漁獲物は、少量多種であり市場において高値で取引されるものが少ない中、その特徴をとらえ、無駄なく提供できる商品を研究開発しています。新型コロナウイルス感染症の影響が生じる前は、自社の都市部の飲食店向けの加工を中心に、同感染症により飲食店の売上が消滅する中では、無添加で常温保存可能な食品[*1]やペットフードに加工しEC[*2]サイトで直接販売する取組を行い、近年飲食店の人材が不足する中では、解凍して袋から出すだけで提供できる漬けに加工し販売するなど、提供する商品を社会環境の変化に合わせて柔軟に更新しています。

　また、定置漁業とともに体験プログラムを提供しています。日常の操業に併せて乗船し、体験者自らが漁師とともに獲った魚を自分でさばいて食べるプログラムが中心であり、体験者は、企業の経営者や教育旅行を検討している学校の教員が多く、地域における企業や学校のサテライト

の設置等のリジェネラティブ・ツーリズム*3の促進とともに、漁業の教育産業化を目指しています。

　くわえて、ペットフードの販売に併せて、定置漁業体験にペットと一緒に乗船し、ペットフードを自ら作る体験は、農林水産省の「食かけるプライズ2022」の「食かける賞」を受賞しました。

　さらに、このような漁業体験等の漁村での観光を推進し、都市との交流の拡大を図るため、同社のほか漁協、行政、地域の企業等で構成される協議会（「須賀利渚泊推進協議会」及び「くまの渚泊推進協議会」）が発足し、これらの協議会を通じた地域の将来についての議論や、他経営体での定置漁業体験の実現、遊休漁場の活用等を行っており、これらの取組は地域の経済に貢献しています。

＊1　本商品は令和6年能登半島地震の際に、非常食として災害支援者の要請を受け提供された。
＊2　Electronic Commerce：電子商取引
＊3　再生型観光。旅行先に着いたときよりも、去るときのほうが環境がより良く改善されている状況を目指す観光（株式会社JTB）

定置網体験

魚のペットフード

令和6年能登半島地震の際に
非常食として提供された商品

【事例】教育旅行実施のための漁業体験施設の整備（福井県内外海漁港）

　福井県小浜市の内外海漁港の周辺は、漁業と民宿を兼ねる「漁家民宿」が多く、海水浴客を中心に平成初期までは利用客が伸びていたものの、レジャーニーズの変化に伴う海水浴客の減少や漁業不振、少子高齢化に伴う後継者不足等の要因が重なり、年々民宿を廃業する軒数が増えつつありました。

　こうした中、民宿の新たな宿泊層の開拓と、漁業を活かした地域活性化を図るため民宿の閑散期である春と秋に行われることが多い教育旅行の取組を開始することとし、平成18（2006）年に漁家民宿で構成される「小浜市阿納体験民宿組合」を設立し、同組合は、平成19（2007）年には、漁港施設を活用した体験交流施設「ブルーパーク阿納」を開業しました。

　同施設は、漁港内の泊地に海上釣り堀施設を設置するとともに、漁港用地に魚さばき体験施設と食べるスペースを整備し、交流・体験型の教育旅行の受入れを行っています。また、漁港内での体験実施のほか、漁船クルージングや養殖魚餌やり体験、シーカヤック、寺院での座禅体験等の地域内での様々な活動の拠点として活用されています。

　このような取組により、教育旅行の利用者数は年々増加し、雇用の確保や収益が地域内で循環するなど地域の活性化に貢献しています。また、教育旅行の受入れは漁業の閑散期を中心に行っているため、漁業の収益を補完するとともに、漁業者の所得の安定化に大きく寄与しています。

ブルーパーク阿納

【事例】 クジラを核とした観光との連携 （和歌山県太地漁港）

　紀伊半島の南部にある熊野灘に面した和歌山県内で最も行政面積の小さな町である和歌山県太地町は、我が国の古式捕鯨発祥の地であり、捕鯨業をはじめとする漁業が町の中心的役割を担っています。そこでクジラを中心に町全体を公園化するために平成18（2006）年に「太地町くじらと自然公園のまちづくり構想」を策定し、これを基に町の玄関口に位置する森浦湾において、「森浦湾鯨の海構想」を推進してきました。

　「森浦湾鯨の海構想」では、湾口に仕切り網を設置し、海面いけす・湾内で小型鯨類を蓄養・放養しています。湾内ではシーカヤック等のマリンレジャー施設を太地町漁協が運営しており、クジラと間近で触れ合うことができます。また、森浦湾に入る太地町の入り口に「道の駅たいじ」を整備し、同漁協が鯨肉等の地元の水産物を活用したメニューの提供や販売等の運営、鮮魚等を取り扱う朝市を開催しています。

　同町がクジラを核とした同構想に沿ったまちづくりを行い、町の都市漁村交流人口の増加を図り、同漁協が同構想に基づき整備された各施設の運営・サポートを行うことで、効果的な地元水産物の消費増進や観光誘客による地域における雇用や所得の創出を実現しています。

　今後は、教育旅行の受入れを進めることによるさらなる都市漁村交流人口の増加や、クジラを学術的に活用していくことで世界屈指の鯨類学術研究都市を目指すなど、「くじらと海のエコミュージアム太地」をコンセプトとしたまちづくりを図っていくこととしています。

シーカヤック
（画像提供：太地町立くじらの博物館）

道の駅たいじ

【事例】漁業者による海上ツアー等による海の学びの提供（長崎県三浦湾漁港）

　長崎県対馬市にある有限会社丸徳水産では、水産加工業や養殖業を営んでいるほか、「私たちの宝物であるこの海を後世にも残したい」という思いから、漁船を使った地元漁業者のガイドによる海上ツアー「海遊記」を実施しています。

　対馬市では、植食性魚類の食害等による磯焼けや対馬暖流に乗って流れてくる海洋ゴミの漂着等が問題となっていました。さらに、磯焼けと並行して沿岸漁業の不漁が進行するなど、漁業の操業に影響が出ていました。そこで「海遊記」では、海の問題を地域資源の一つとする逆転の発想から、地元漁協と連携し、釣り、魚類養殖や藻類養殖の見学に加え、漂着ゴミや防波堤の台風被害の見学、藻場と磯焼け水域の比較等環境問題に関するメニューを盛り込んだ内容となっており、楽しく海を体験しながら様々な学びを得ることができます。また、釣り具やライフジャケット、長靴等を借りることができ、必要な身支度が容易であることもあり、企業内研修や家族連れ、教育旅行等の環境学習としての利用も増加しています。

　「海遊記」以外にも、同社は、磯焼けを引き起こす植食性魚類のイスズミを、臭みを抑える下処理方法を開発して製品化し、「そう介」の呼称で販売することで磯臭い・厄介といったイメージを覆す取組を行っています。

　漁業者による「海遊記」や「そう介」の取組を通じ、漁業者の所得向上を図りながら、藻場の保全も行っています。

漁船から磯焼け水域を観察　　　　　　　　イスズミの活用取組のそう介プロジェクト

〈増養殖の取組事例〉

　海洋環境の変化等により漁業による安定的な漁獲量の確保が困難になっている中、養殖業は計画的で安定的に生産できるメリットがあります。また、漁業者にとって、養殖業は漁獲と同様の魚介類の生産活動であり、取り組みやすい事業であると言えます。くわえて、漁業と兼業で取り組むことができたり、養殖業で生産した魚介類を新たな特産品としたり、漁村で営む直売所や食堂に提供することができたりするなど養殖業と他の事業を組み合わせた取組が期待できます。

　また、漁獲量が減少している地域等において、水産資源・漁獲量の回復のため、漁港用地や水域等を活用して、種苗生産や中間育成等のほか、藻場造成や魚類の保護育成、産卵といった水産資源の増殖を行う取組もみられます。

【事例】 未利用の漁港用地を活用したスジアオノリの陸上養殖（広島県走漁港）

　広島県福山市走島の走漁港は、以前は県内１位の漁獲量を誇るとともに、カタクチイワシやノリの加工が盛んでしたが、漁獲量や漁業者の減少が進み、加工場用地が利用されない状況が続いていました。

　一方、同県内の食品製造業の三島食品株式会社では、平成29（2017）年頃から数年間スジアオノリの記録的な不漁により、一時販売を停止するなど原材料の調達が課題となっていました。

　このような中、広島県は同漁港の加工場用地の活用を図るとともに、地元水産業の活性化を図るため、当該用地を利用する事業者を公募した結果、三島食品株式会社が陸上養殖施設を設置し、スジアオノリの陸上養殖を令和２（2020）年６月から開始しました。

　本事業により、スジアオノリの計画的な生産が図られ生産量が増加するとともに、雇用が限られる離島地域で新たに18人の雇用が増加しました。また、遊休化していた漁港用地の活用により、漁港の施設利用料収入の増加が図られました。

陸上養殖施設（屋内施設）

陸上養殖施設（屋外のタンク）

【事例】 防波堤の整備により生まれた漁港水域に藻場を造成（北海道元稲府漁港）

　北海道雄武町の元稲府漁港は、ホタテガイの小型底びき網漁業を主体にサケ定置漁業や、コンブ・ウニ等の採貝・採藻漁業の生産拠点ですが、港内静穏度が悪化し漁業活動に支障を来しており外来船等の避難が困難という課題がありました。また、採貝・採藻漁業については、遠方の漁場での操業による漁業者の負担が大きいという課題もあったことから、北海道開発局は、平成14（2002）年度に策定した計画から港内静穏度対策として防波堤（二重堤）を整備するとともに、港内水域の拡張を行うこととなりました。

　二重堤の整備に当たっては、二重堤間の静穏域に港内の浚渫工事から発生する破砕された岩を投入し、コンブ・ウニの継続的な漁獲が可能な藻場として有効活用することとしました。二重堤内の整備により、コンブ・ウニの漁獲量が増加するとともに、ウニの身入り等の向上が図られました。また、静穏水域で操業が可能となることで、漁労作業の安全性の向上等労働環境の改善が図られるとともに藻場によるCO_2吸収にも寄与しています。

整備前（平成14年）
元稲府漁港

コンブ操業状況

整備後（令和3年11月）

約3.4haの藻場を創出

二重堤の整備後の状況

コンブ着生状況

（3）海業推進のための施策等

〈水産基本計画及び漁港漁場整備長期計画において海業の振興を位置付け〉

　水産庁では、水産基本計画及び漁港漁場整備長期計画において、「海業の振興」を位置付け、漁港を海業等に利活用しやすい環境を整備することを明記し、地域の理解と協力の下、海や漁村に関する地域資源を活かした海業の取組を促進しています（図表特－2－2、図表特－2－3）。

　また、水産基本計画では、浜ごとの漁業所得向上を目標としてきた「浜の活力再生プラン」（以下「浜プラン」といいます。）において、海業等の漁業外所得確保の取組の促進や、地域の将来を支える人材の定着と漁村の活性化についても推進していけるよう見直しを図ること、漁港漁場整備長期計画では、海業等の多様な取組による活性化を目指す浜プランの実践を推進することが位置付けられています。

　さらに、漁港漁場整備長期計画では、令和8（2026）年度を目途に、漁港における新たな海業等の取組をおおむね500件展開するとした成果目標を設定しています。

図表特－2－2　水産基本計画における「海業」に関する主な記載

○「水産基本計画」（令和4年3月閣議決定）

第1　水産に関する施策についての基本的な方針

Ⅲ　地域を支える漁村の活性化の推進

　　漁村の活性化を図るため、漁業実態に応じた漁港施設の再編整備を進めるとともに、拠点漁港等を核として、複数漁協間の広域合併や連携強化を進める。その際、<u>海業などを行う漁協等と民間事業者間の連携により、漁業以外の産業の取り込みを推進するなど、漁村地域の所得向上に向けた具体的な取組を進めていく。</u>

第2　水産に関し総合的かつ計画的に講ずべき施策

Ⅲ　地域を支える漁村の活性化の推進

1　浜の再生・活性化

（1）浜プラン・広域浜プラン

　　これまで浜ごとの漁業所得の向上を目標としてきた浜プランにおいて、今後は、海業や渚泊等の漁業外所得確保の取組の促進や、関係府省や地方公共団体の施策も活用した漁村外からのUIターンの確保、次世代への漁ろう技術の継承、漁業以外も含めた活躍の場の提供等による地域の将来を支える人材の定着と漁村の活性化についても推進すべく見直しを図る。また、「浜の活力再生広域プラン」（以下「広域浜プラン」という。）に基づき、複数の漁村地域が連携して行う浜の機能再編や担い手育成等の競争力を強化するための取組への支援を通じて、漁業者の所得向上や漁村の活性化を主導する漁協の事業・経営改善を図るとともに、拠点漁港等の流通機能の強化と併せて、関連する海業を含めた地域全体の付加価値の向上を図る。

（2）海業等の振興

　　<u>漁村の人口減少や高齢化など地域の活力が低下する中で、地域の理解と協力の下、地域資源と既存の漁港施設を最大限に活用した海業等の取組を一層推進することで、海や漁村の地域資源の価値や魅力を活用した取組を根付かせて水産業と相互に補完し合う産業を育成し、地域の所得と雇用機会の確保を図る。</u>このため、地域の漁業実態に合わせ、漁港施設の再編・整理、漁港用地の整序により、漁港を海業等に利活用しやすい環境を整備する。

図表特−2−3　漁港漁場整備長期計画における「海業」に関する主な記載

○「漁港漁場整備長期計画」（令和4年3月閣議決定）
　第1　漁港漁場整備事業についての基本的考え方
　　　漁村に目を向ければ、人口減少や高齢化、漁獲量の低迷に伴う漁業所得の減少等により地域の活力が低下している。このため、地域水産業の活性化の取組と併せて、人々のライフスタイルや価値観が多様化する中で、豊かな自然や漁村ならではの地域資源の価値や魅力を活かした海業等の取組により、人々が豊かさを実感し、地域の所得向上と雇用機会の確保に繋げていく必要がある。
　第2　実施の目標及び事業量
　　3　「海業」振興と多様な人材の活躍による漁村の魅力と所得の向上
　　（1）実施の目標
　　　ア　「海業」による漁村の活性化
　　（目指す姿）
　　　　海や漁村に関する地域資源を活かした海業等を漁港・漁村で展開し、地域のにぎわいや所得と雇用を生み出す。
　　（具体の施策）
　　（ア）漁港の多様な利活用の促進
　　　　地域の漁業実態に即した施設規模の適正化と漁港施設、用地の再編・整序による漁港の利活用環境の改善を行い、地域の理解と協力のもと、漁港と地域資源を最大限に活かした増養殖、水産物の販売や漁業体験の受入れなど海業等の振興を図る。また、防災施設、防犯安全施設等、漁業者や民間事業者の事業活動に必要な施設整備を実施するとともに、漁港における海業等の関連産業を集積させていくための仕組みづくりを進める。あわせて、漁港における釣りやプレジャーボート等の適正利用に当たっては、駐車場等の受入環境の整備や関係団体との連携によるマナー向上やルールづくり等を進める。
　　（イ）地域活性化の取組との連携による相乗効果の発揮
　　　　地域の特性を活かした漁獲物の鮮度向上やブランド化等の漁業所得向上のための取組に加えて、海業等の多様な取組による活性化を目指す「浜の活力再生プラン」の実践、インバウンドを含む観光需要の回復に向けてのポストコロナを見据えた渚泊やワーケーション等による交流人口や関係人口を創出する取組、漁村の町並みや伝統・文化の保全等の漁村の魅力向上に必要な施設整備及び地域のまちづくりの取組との連携を推進する。また、地域おこし協力隊や特定地域づくり事業協同組合等の制度の活用等による地域活性化のための人材の確保・育成を図る。
　　（2）目指す主な成果
　　　ア　成果目標
　　　（ア）漁村の活性化により都市漁村交流人口を、おおむね200万人増加させる。
　　　（イ）漁港における新たな海業等の取組をおおむね500件展開する。

〈海業の推進に必要な調査、活動、施設整備等を支援〉

　農林水産省においては、海業の推進に当たり、地域人材の育成や漁港機能の有効活用に関する調査等の海業の展開に必要な調査等、地域資源を魅力ある観光コンテンツとして磨き上げる取組等の海業に係る活動支援及び漁港施設・用地の再編・整序や地域水産物普及施設の整備等の漁港の利活用環境整備・海業支援施設の整備といった支援事業を実施しています。

　また、海業の推進や漁港の活用促進を着実に実施するため、水産庁の組織を見直し、海業推進に向けた体制を強化することとしています。

海業の推進に係る農林水産省の主な支援事業

①海業の展開に必要な調査等

○浜の活力再生・成長促進交付金（水産業強化支援事業）【20億円の内数】
・海業支援施設等の効果を促進するための情報発信等及びこれに係る調査
・地域の活性化を図る地域人材の育成等及びこれに係る調査
・漁村における交流面での活性化のための計画調査、外部人材招聘　等

○漁港機能増進事業【4.5億円の内数】
・漁港の機能の再編分担及び有効活用に関する調査、総合整備計画の策定　等

②海業にかかる活動支援

○農山漁村振興交付金（農山漁村発イノベーション推進事業）【83.9億円の内数】
・農林漁業者、商工業者等が連携した新商品開発・販路開拓等の取組
・渚泊ビジネスの実施体制の整備や経営の強化、地域資源を魅力ある観光コンテンツとして磨き上げる取組【拡充】　等

○漁協経営基盤強化対策支援事業【2.6億円の内数】
・海業に取り組む漁協へのコンサルタント派遣・金融支援

○離島漁業再生支援等交付金【13.52億円の内数】
・離島地域の漁業集落が共同で行う漁業の再生のための取組
・特定有人国境離島地域における漁業・海業による雇用機会の推進のための取組

③漁港の利活用環境整備、海業支援施設の整備

○水産基盤整備事業【730億円の内数】
・漁港施設・用地の再編・整序等

○浜の活力再生・成長促進交付金（水産業強化支援事業）【20億円の内数】
・地域水産物普及施設、漁業体験施設等の整備
・漁船以外の船舶の簡易な係留施設、陸上保管施設等の整備

○農山漁村振興交付金（農山漁村発イノベーション整備事業）【83.9億円の内数】
・農林水産物の加工施設、販売促進（販売・貯蔵用）施設等の整備
・釣り、潮干狩り、磯遊びの施設・休憩所等の整備
・遊漁、ダイビング等に利用される係留施設、増殖施設等の整備
・古民家等を活用した滞在施設や農林漁業・農山漁村体験施設など渚泊を推進するために必要な施設の整備　等

○漁港機能増進事業【4.5億円の内数】
・漁港の有効活用促進のための、陸上養殖に必要な用水・排水施設、水産種苗生産施設、養殖用作業施設等の整備
・漁港の機能再編のための、用地の区画整理・整備・嵩上げ・舗装、支障物件の撤去　等

海業支援パッケージ

・海業に取り組む民間企業や漁協、海業を推進する地方公共団体等の参考となるよう、関係府省庁の協力の下、海業に取り組む際に関連する施策をまとめた「海業支援パッケージ」を作成。（令和4年12月作成、令和5年6月更新）
・求められる支援内容に応じて、「海業の展開に必要な調査」、「ビジネス導入・創出・継続」、「経営改善、人材育成」、「デジタル化」などに分類。
・水産庁に総合相談窓口を開設し、相談内容に応じて関係府省庁にも確認しつつ、一元的に対応。

〈海業支援パッケージの作成、海業振興総合相談窓口の設置〉

　海業に係る支援は多岐の分野に渡ることから、水産庁では、海業の取組をより一層推進するため、関係府省庁の協力の下、これから海業に取り組む民間企業や個人、海業を推進する地方公共団体等の参考となるよう、海業に取り組む際に関連する施策をまとめた「海業支援パッケージ」を令和4（2022）年12月に作成しました。本資料は、海業自体を目的として実施するものだけではなく、漁村がある沿岸市町村で、海や漁村の地域資源を活用した取組を支援する施策や、そのような取組を推進する市町村等が活用可能な施策を幅広く掲載しており、関連する施策やその担当部署等を速やかに調べられるようにすることを目指しています。

　また、海業支援パッケージの一環として、関係府省庁の協力の下、海業振興に取り組む方々に向けて海業振興に係る相談を総合的に受け付ける「海業振興総合相談窓口（海業振興コンシェルジュ）」を開設しました。

海業支援パッケージ（水産庁）：
https://www.jfa.maff.go.jp/
j/keikaku/attach/pdf/23071
8-110.pdf

海業振興コンシェルジュ（水産庁）：
https://www.jfa.maff.go.jp/
j/keikaku/attach/pdf/23071
8-109.pdf

〈漁港における海業の取組事例集等を作成・公表〉

　水産庁では、海業に関する各地の取組がより一層進められるよう、これまでに行われている取組事例を集めた事例集等を作成し、公表しています。

　令和3（2021）年8月には、漁港を活用した地域水産業の活性化及び漁村の賑わい創出に向け、漁港施設の有効活用に関する制度、留意すべきプロセス、全国の取組事例等を取りまとめた「漁港施設の有効活用ガイドブック」及び「有効活用事例集」を作成しました。

　また、令和5（2023）年8月には、これまで行われている海業に関する各地の取組のうち一定の効果が発揮されている取組や、更に効果の発現が期待される取組について取りまとめた「海業の取組事例集」を作成しました。

　渚泊については、令和3（2021）年7月に公表した「渚泊推進対策取組参考書」や「渚泊取組事例集」の作成により取組を推進しています。

　くわえて、漁港機能の再編・集約等により生じた空いた漁港の水域や用地等が増養殖に活用されている事例も多く、この一層の利用促進を図るため、水産庁では、令和2（2020）年9月に「漁港水域等を活用した増養殖の手引き」を作成し、公表しました。

漁港施設の有効活用ガイドブック
（水産庁）：
https://www.jfa.maff.go.jp/
j/press/keikaku/attach/pdf/
210803-1.pdf

有効活用事例集（水産庁）：
https://www.jfa.maff.go.jp/
j/keikaku/attach/pdf/23071
8-65.pdf

海業の取組事例集（水産庁）：
https://www.jfa.maff.go.jp/
j/keikaku/attach/pdf/23071
8-70.pdf

渚泊の推進（水産庁）：
https://www.jfa.maff.go.jp/
j/bousai/nagisahaku/

漁港水域等を活用した増養殖の
手引き（水産庁）：
https://www.jfa.maff.go.jp/j/
seibi/zouyousyoku_tebiki.html

〈海業振興モデル地区の選定〉

　水産庁では、5年間でおおむね500件の漁港における新たな海業等の取組実施に向け、海業振興の先行事例を創出し広く普及を図っていくため、海業振興のモデル形成に取り組む意

欲のある地区を募集しました。この応募があった地区の中から海業振興モデル地区公募要領の選定基準等に基づき審査を行った結果、令和5（2023）年3月に12件の海業振興モデル地区を選定しました。

　本モデル地区において、調査支援や関係者協議支援、計画策定支援等を行うことにより、当該地区と協力して海業の事業化を目指すこととしています。本支援により得られた成果や情報については、今後、海業振興に取り組む自治体等の参考となるよう、普及のための資料や講演、ホームページ等において幅広く提供していく予定です。

海業振興モデル地区（水産庁）：
https://www.jfa.maff.go.jp/
j/keikaku/attach/pdf/23071
8-30.pdf

〈漁港等における適切な釣り利用に向けたガイドラインを策定〉

　釣り等の親水性レクリエーションを通じた漁村への交流人口の増加を図るに当たり、漁業と調和のとれた水面等の利用の促進が必要です。特に、漁港における釣りにおいては、一部の釣り人の垂らした釣り糸が航行する漁船に巻き付き航行の障害になり、漁業活動への支障になっているほか、立ち入り禁止区域への侵入による危険行為等のトラブルが発生しています。また、水産資源管理の観点からは、遊漁により採捕されている魚は漁業にとっても重要な資源であり、漁業と一貫性のある資源管理が求められます。

　このような状況において、水産庁では、令和5（2023）年6月に、漁港における釣り利用について、利用ルール、マナー確保対策、釣り人の安全確保対策、漁港の釣り利用による所得・雇用の創出方策等の考え方を示すため、「漁港における釣り利用・調整ガイドライン」を作成しました。

漁港における釣り利用・調整ガイドライン（水産庁）：
https://www.jfa.maff.go.jp/
j/press/keikaku/attach/pdf/
230612-3.pdf

第3節　海業の今後の展開

　本節では、海業の推進のためのポイントについて、前節の先行取組事例を踏まえつつ紹介するとともに、海業推進のための制度等今後の取組を記述しています。

（1）海業の推進のためのポイント

ア　漁村の特徴を活かした取組

〈地域条件や地域資源等の活用〉

　漁村の活性化を推進するためには、漁村の置かれた条件や地域が持つ地域資源の強み・弱み等を分析の上実施することが重要です。例えば多くの人口を抱える都市部とのアクセスの良さ、周辺の観光地や集客施設等の地域条件を踏まえ、利用可能な漁港用地等のインフラ等に加え、漁港施設の改修等を実施した結果、漁村への交流を加速化させた事例があります。

　前節の千葉県保田漁港の事例では、首都圏から近距離であることを活かし、首都圏からの来訪者を増やす取組により多くの来訪者をもたらすとともに、鋸南町が廃校となった小学校等を改築して賑わいの拠点とするなど水産業関係以外の地域資源を活用することで賑わいをもたらしています。福井県内外海漁港の事例では、夏季の海水浴客を受け入れる多くの漁家民宿がある中、教育旅行による来訪者の取り込みを図ることで閑散期の収入の増加をもたらしました。また、離島地域においても、兵庫県妻鹿漁港の事例では、坊勢漁協が水産物直売所を本州の妻鹿漁港に設置し都市部の消費者を取り込む取組が、長崎県三浦湾漁港の事例では、磯焼けや漂着ゴミ等の環境問題を教育旅行のテーマとしている取組が行われています。大阪府田尻漁港の事例では、関西空港の開港により地域外からの交流人口の変化が見込まれる中、新たに増加する漁村への交流人口を取り込むことを目的として取り組まれています。

イ　地域における関係者との連携体制の構築

　漁村の課題解決のための取組の立ち上げには、地域の問題を特定し、関係者間で意識を醸成し、問題意識を共有するきっかけづくりとその問題解決に向けた取組を立ち上げていくプロセスが必要です。このようなプロセスにおいては、行政、民間の組織や所属にかかわらず中核となる組織や人が存在することが重要です。

〈漁業関係者の役割〉

　水産業は漁村における基幹産業であり、漁業関係者は地域における水産資源や漁場の利用・管理・保全、水産業関連施設等の共同管理等漁村において大きな役割を果たしており、海業の推進に当たっては漁業関係者の役割が重要になります。また、漁港は漁業活動を営むための根拠地であることから、その利用に当たっては、漁業上の利用を阻害しないことが前提になります。さらに、漁協には、漁業者による協同組織として、漁村の活性化を主導する役割を果たすことが期待されます。

　前節の千葉県保田漁港、兵庫県妻鹿漁港、大阪府田尻漁港及び和歌山県箕島漁港の事例では、魚価の低下等が続く中、漁協が水産物直売所等を設けたことをきっかけとして、また、長崎県三浦湾漁港の事例では、漁業者が主体となった取組により地域に漁港の来訪者の増加

や賑わいの創出をもたらしました。

〈行政関係者の役割〉

　漁村のまちづくり構想や計画には行政が主体的な役割を果たしています。とりわけ漁港用地等の利活用や再編整備に当たっては行政の役割が重要であり、行政の漁港管理者としての立場や、その中立性から関係者の調整等を含め行政が取組を推進しやすいケースもあります。

　前節の神奈川県三崎漁港の事例では、公民連携により市の主導で民間が進出しやすい条件を整え、投資を呼び込むことで海業の推進を図る等様々な取組が行われています。福井県高浜漁港の事例では、漁港再整備を中心として高浜町が主導的な役割を果たしています。また、静岡県仁科漁港・田子漁港の事例では、西伊豆町が中心となり漁業者をはじめとする関係者への働き掛けにより直売所の開設等の複数の取組が実現しました。

〈地域内外の民間企業との連携〉

　海業の取組の推進に当たり、漁村内の関係者のみならず、地域内外の民間企業の参加が有効なケースもあります。民間企業には、漁村の地域資源に対する気づきや活用方法の提案のほか、広報や管理のノウハウの提供等それぞれ優位性のある分野があり、漁村と民間企業との連携が大きな効果がもたらす場合があるためです。

　前節の和歌山県箕島漁港の事例では、水産物直売所を漁協が運営するに当たり地元のスーパーマーケットの協力が得られたほか、バーベキュー場の開設に当たり、バーベキュー施設の管理運営を行う民間企業と連携し多くの観光客の来訪をもたらしました。三重県尾鷲市須賀利町・熊野市の事例では、東京都で外食業を営んでいた民間企業が小型定置漁業に参入し、ペットフードの加工販売やペットとともに参加できる漁業体験等新たなアイディアによる取組が行われています。また、広島県走漁港の事例では、漁港用地にて民間企業が陸上養殖に参入することにより、地域の雇用の増加等の効果がありました。

〈協議会等の設置〉

　海業の取組の推進のためには、漁業関係者、行政関係者、必要に応じ地域外の民間企業など多くの関係者を巻き込んだ協議会を設置し、関係者合意の下、地域内でより幅広い経済波及効果を狙った取組とすることも重要であり、観光・地域づくりプラットフォームが主導する事例もみられます。協議会は、任意団体のものから法人格を持つものまで多様な形態があります。また、観光庁は、観光地域づくりの司令塔としての役割を果たす観光地域づくり法人（DMO）[※1]を核とした観光地域づくりが行われることが重要であるため、「多様な関係者の合意形成」等の要件を満たした法人を観光地域づくり法人として登録する制度を設けています。

　前節の神奈川県三崎漁港の事例では、地方自治体、漁協、商工会議所等の団体、関連企業が出資する株式会社三浦海業公社を設立し、同社を中心に海業の事業化の推進が図られてきました。宮城県気仙沼漁港の事例では、気仙沼市が観光を推進するに当たり、マーケティングを実施する既存の組織がなかったことから、DMOとして一般社団法人気仙沼地域戦略を設立しマーケティングの実施や観光戦略の立案等が行われています。三重県尾鷲市須賀利町・

※1　観光地域づくり法人（DMO：（Destination Management / Marketing Organization））

熊野市の事例では、株式会社ゲイトの取組により地域の協議会が発足し、地域の関係者が協力し、地域の将来についての議論が行われ、定置漁業体験を行う経営体の増加につながっています。また、福井県内外海漁港の事例では、漁家民宿の経営者で構成される民宿組合が事業を実施しています。

ウ　地域全体の将来像等を踏まえた海業の計画づくりと実践

　漁村の活性化を目的とする海業の推進、とりわけ水産業を基幹産業とした漁村の交流の促進のためには、1）地域全体の将来像を描くとともに、目的を明確にし、解決すべき地域の課題等を整理し計画を立てること、2）取り組む関係者の役割分担を明らかにし、地域の実情に即して実践・継続可能な推進体制をつくること、3）取組の実践と継続を意識し、地域の問題解決を目指すことが重要です。

　くわえて、交流においても持続可能性の視点が重要であり、交流を通じて、地域の水産業を中心とした経済活動や、地域の生活・歴史・文化、自然環境等を保全していくことが求められます。

〈地域全体の将来像等を踏まえた海業の計画づくり〉

　漁業者の所得向上と地域の雇用を創出し、海業を推進するためには、漁村における現状を踏まえ、地域住民が主体的な意識を持ち、地域の将来像を描くことが重要です。その上で、関係者の適切な役割分担のもと、地域の将来像を踏まえた実践・継続可能な海業の計画を作ることが必要です。なお、将来像の策定には、行政が主導しつつ住民参加の下に検討、策定される地域まちづくり構想や計画だけでなく、住民等が主体となって作成するものもあります。

　前節の和歌山県太地漁港の事例では、太地町が「太地町くじらと自然公園のまちづくり構想」を策定し、それを基にした事業を推進しているほか、福井県高浜漁港の事例では、高浜町が高浜漁港を含む中心市街地の整備方針を策定し、漁港の再整備を推進する一環で水産物直売所等の複合施設を整備しました。また、宮城県気仙沼漁港の事例では、気仙沼市が東日本大震災からの復興に当たり、水産と観光の融合の観点を踏まえ水産業関係施設の復興を図ってきました。

〈関係者の役割分担、実践・継続可能な推進体制〉

　漁村には水産業の関係者をはじめとした多くの関係者が存在する中、海業の推進の取組を実施するに当たり、食事や体験活動等のサービスの提供のほか、窓口や広報、企画や関係者の調整等、取組の推進に向けた様々な役割が必要になります。漁業者は、新鮮でおいしい水産物の提供はもちろん、漁船漁業・養殖業の生産過程や魚介類のおいしい食べ方等の情報提供で貢献できるかもしれません。また、行政は漁港地域の活用、許認可や関係者の調整、観光協会等は他産業との連携やノウハウ、さらに、地域外の者も昔ながらの漁村集落の風景等地域内の者には見えにくい魅力に対する気づき等、それぞれが得意とする分野があり、それらを活かした適切な役割分担と実践・継続可能な推進体制が重要です。

　また、海業は、海が持つ本来の魅力を子供から大人まで再認識してもらえる自然学習としての役割や、海業を通じ、水産業が水産資源の持続的な利用や海洋環境保全など持続可能な開発目標（SDGs）への貢献や社会課題解決等の側面を持つことについて国民の理解を深めることが期待されます。くわえて、インバウンドが増加する中、これらの需要を漁村に取り

込むことで実践・継続可能な取組になることが期待されます。

〈実践と継続による地域の問題解決〉 ////////////////////////////////

　漁村において人口減少や高齢化等により活力が低下する中、地域の所得向上と雇用機会を確保していくためには、地域内で経済循環させることが重要であり、また、一過性で終わることなく継続を意識した取組が重要です。そのため、地域内での経済循環分析等で取組効果を確認しつつ、参加者からの意見を踏まえた事業の見直しのほか、関係者間の更なる連携強化や新たな関係者の参加、新たな取組の実施等により更に効果的な事業の展開を図る必要があります。

　前節で挙げた事例の中では、小規模な水産物直売所等の取組から漁村への交流人口の増加に伴う規模の拡大や、販売や飲食からレクリエーションの事業への多角化等の方法で事業の更なる発展を図っているものもあります。

エ　漁港施設等の利活用環境の改善
〈漁港施設等の再編等による利活用環境の改善〉 ////////////////////////////

　海業の取組の推進に当たっては、地域の理解と協力の下、漁村が持つ地域資源とともに、漁港施設を最大限に利活用することが重要です。漁業上の利用を阻害しないことや水産業の健全な発展及び水産物の安定供給に寄与する取組とすることに留意しつつ、地域の漁業実態に即した施設規模の適正化や、漁港施設、用地の再編・整序など、漁港を海業に利活用しやすい環境を整備することが必要です。

　前節の神奈川県三崎漁港や広島県走漁港の事例は、整備された漁港用地を海業に活用した取組であり、北海道元稲府漁港のように漁港施設の改修に併せ取り組んだ事例もあります。

〈漁村への来訪者の安全確保〉 ////////////////////////////

　海に面しつつ背後に崖や山が迫る狭隘な土地に形成された漁村は、地震や津波、台風等の自然災害に対して脆弱な面を有しており、人口減少や高齢化に伴って、災害時の避難・救助体制にも課題を抱えています。

　また、漁港施設、漁場の施設や漁業集落環境施設等のインフラは、老朽化が進行しています。

　このような中、海業の推進により漁村へ人を呼び込んでいくに当たり、漁村への来訪者の安全が十分に確保されている必要があります。

（2）海業の推進のための今後の取組

〈海業の推進に向けて〉 ////////////////////////////

　漁村は、漁業をはじめとする水産業の拠点として重要な役割を果たしているとともに、自然環境の保全や国民の生命・財産の保全等の多面的機能を果たしています。しかしながら、人口減少や高齢化、漁獲量の低迷に伴う漁業所得の減少等による地域の活力の低下等厳しい状況に直面しています。

　一方で、漁村は、食、体験、交流、自然環境等多くの魅力的な地域資源を有しており、このような地域資源に対しては都市住民やインバウンド等による高いニーズがあります。

　これまで見てきた先行事例のように、各漁村の課題の解決に向け、既に地域が持つ地域資

源等を活かして取り組まれている多くの事例があり、このような取組により、地域の所得向上と雇用機会の確保が期待されます。

　今後、漁港漁場整備長期計画に成果目標として設定された、令和8（2026）年度までに漁港における新たな海業等の取組のおおむね500件の展開に向けて、各地で漁業者や漁協など漁業関係者が海業の取組を始められるよう、地方公共団体や民間企業等との連携の枠組みづくりや、子どもたちが海とふれあう機会を通じて、魚のおいしさや水産業の仕組みを学び、体験する機会の創出、多くの人々に海業が浸透するよう世界にも通じる海業のコンセプトや魅力の国内外への発信、国や世代等によって異なる多様化した消費者ニーズへの対応など、海業の普及啓発の取組を推進していく必要があります。

〈海業の推進に向け漁港漁場整備法等を改正〉

　水産基本計画等を踏まえ、漁業上の利用に支障を与えないことを前提に、漁港の有する価値や魅力を活かし、海業を推進し、水産物の消費増進や交流人口の拡大を図るとともに、漁港において陸上養殖の展開等の漁港機能の強化を図るため、令和5（2023）年5月に改正法が成立しました。

　同法では、漁港漁場整備法[*1]の法目的に漁港の活用促進が追加され、法律名が「漁港漁場整備法」から「漁港及び漁場の整備等に関する法律」に変更されたほか、漁業上の利用を確保した上で、漁港施設、水面等を活用した水産物の消費増進や交流促進に寄与する事業（漁港施設等活用事業）の推進に関する計画の策定や、当該計画が策定された漁港において、漁港管理者の認定を受けて漁港施設等活用事業を実施する者に対し、当該事業を安定的に実施するための新たな権利・地位として、1）行政財産である漁港施設の貸付け（最大30年）、2）漁港水面施設運営権（みなし物権、最大10年）の設定、3）水面等の長期占用（最大30年）が可能となりました。

　また、同法の成立に併せ、同年12月には「漁港漁場整備事業の推進に関する基本方針」を改正し、漁港施設等活用事業についての記述の追加等を行いました。

　今後は、漁港施設等活用事業を普及するなど、漁港を十分に活かした海業の取組を推進することとしています。

[*1]　昭和25年法律第137号

漁港施設等活用事業制度の創設

- 漁港について、漁業上の利用を前提として、その有する価値や魅力を活かし、水産業・漁村を活性化する制度を創設。
- 地域の理解と協力の下、漁業上の利用を確保した上で、漁港施設・水域・公共空地を有効活用し、水産物の消費増進や交流促進に資する事業を計画的に実施。

■ 漁港施設等活用事業 (※1) の実施スキーム

基本方針【農林水産大臣】
・地域水産業の発展に資する漁港の役割や漁業上の利用の確保の考え方等を記載

活用推進計画【漁港管理者（地方公共団体）】
・地域水産業の実態を踏まえ、事業の内容や区域等を決定
　漁業利用に支障を及ぼさないための措置
　漁業者等の意見聴取等地域の合意プロセス

本来機能を発揮しつつ安定的な事業環境を整備

申請 ⇒　⇐ 認定

漁港活用の実施計画【事業者】
・漁港管理者の計画の下、創意工夫を活かして事業計画（地域水産業の消費増進や交流促進）を策定
・漁港管理者の認定を受けた計画に基づき、長期安定的に事業を実施

【長期安定的な事業環境の確保のための特別措置】
① 漁港施設（行政財産）の貸付け　　　（最大30年）
② 漁港区域内の水域・公共空地の長期占用　（最大30年）
③ 漁港水面施設運営権（みなし物権）(※2)の取得　（最大10年、更新可）

※1　漁港施設等活用事業：漁港の漁業上の利用の確保に配慮しつつ、漁港施設、漁港区域内の水域、公共空地を利用し、当該漁港に係る水産業の発展及び水産物の安定に寄与する事業（水産物の消費増進、交流促進）

※2　漁港水面施設運営権：漁港施設等活用事業のうち、水面固有の資源を利用する遊漁や漁業体験活動、海洋環境に関する体験活動等の機会の提供を行うため、水面を占用して施設を設置し、運営する権利

■ 事業イメージ

漁業利用と海業利用の軋轢を避けつつ、漁業生産活動と消費増進に資する取組が相乗的に地域水産業の発展を後押し。

交流促進

遊漁、漁業体験活動又は海洋環境に関する体験や学習の機会の提供その他交流促進に資する事業

消費増進

販売施設又は飲食店の設置及び運営その他水産物の消費増進に資する事業

長期安定的な事業環境の確保に向けた特別措置のうち、
漁港水面施設運営権について

- ○ 漁港水面施設運営権とは、①漁港の区域内の一定の水域における水面固有の資源を利用する漁港施設等活用事業を実施するために、②当該水面の占用をして必要な施設を設置し、運営する権利。
- ○ 当該権利は物権とみなされ、土地に関する規定を準用。

【漁港水面施設運営権の性質】
- ○ 最大10年間設定可能
　（事業期間内で更新可）
- ○ 事業者自ら、妨害排除請求権を行使可能
- ○ 施設整備の資金調達に際し、抵当権を設定可能

① 一定の水域の水面固有の資源※を利用
　（※水面固有の資源：魚類、海藻類等の水産動植物及びこれらを含めた海洋環境そのもの）
② 水面を占用して事業※に必要な施設を設置し、運営
　（※遊漁、漁業体験活動又は海洋環境に関する体験活動若しくは学習の機会の提供を行う事業に限る。）

釣り等の遊漁体験

海洋観察

〈遊漁者の安全確保等に向け遊漁船業の適正化に関する法律を改正〉

釣りによる海業の推進に当たり、遊漁船業の役割も重要です。特に遊漁船業は漁業との兼

業割合が多く、漁業者にとって重要な兼業業種の一つとなっています。一方、遊漁船業において近年死傷事故が増加傾向にあることから、利用者の安全性の確保が課題となっています（図表特－3－1）。

　このような中、これまでより更に安全に遊漁船で魚釣りができるよう、令和5（2023）年5月に、遊漁船業の適正化に関する法律の一部を改正する法律[*1]が成立[*2]し、遊漁船業の登録・更新制度の厳格化、遊漁船業者の安全管理体制の強化等により遊漁船業における安全性の向上を図ることとされました。

　また、漁場や水産資源をめぐり遊漁と漁業との間の競合等によるトラブルがある中、遊漁が地域の水産業と調和のとれたものにしていくため、同法により、都道府県知事が地域の遊漁船業者や漁協等を構成員とする協議会を組織できる制度を創設し、この仕組みを活用して漁場の安定利用のためのルール作り等を推進していくこととしています。

図表特－3－1　遊漁船業における死傷者数の推移

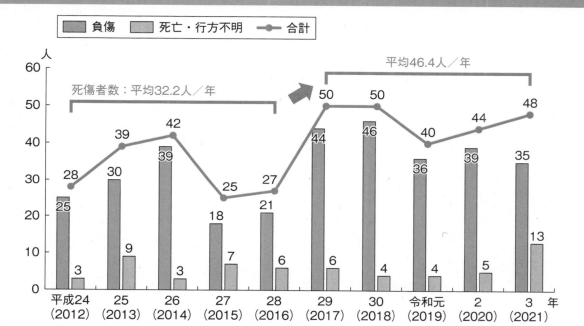

資料：水産庁調べ

〈海業の推進に取り組む地区〉

　海業を普及・推進するため、水産庁では、「海業の推進に取り組む地区」を募集し、応募のあった地区のうち、「『海業の推進に取り組む地区』公募要領」記載の内容に該当する54地区を、令和6（2024）年3月に「海業の推進に取り組む地区」として決定しました。

　今後、必要に応じて、個別に助言や海業の推進に関する情報提供等を行うとともに、横展開を図る必要がある取組を中心に、各地区と連携して、実証的に新たな海業の取組計画策定に取り組んでいきます。

　同地区のうち、同公募要領に記載の事例等、海業を普及・推進するに当たっての新たな知見として横展開を図る必要がある取組を中心に、「実証的に海業の計画策定に取り組む地区」

[*1]　令和5年法律第39号
[*2]　令和6（2024）年4月施行

を抽出し、水産庁において、同地区と連携し、現地調査や関係者による協議会の設置、運営等を通じて、実証的に新たな海業の取組計画策定を推進することとしています。

「海業の推進に取り組む地区」の決定について（水産庁）：
https://www.jfa.maff.go.jp/j/press/keikaku/240326.html

〈海業推進全国協議会の開催〉

水産庁は、令和5（2023）年12月、地方公共団体、漁協・漁業関係者、民間企業、民間団体等の海業に関心を持つ幅広い関係者の皆様を対象に、情報共有を図るとともに、優良な取組事例の発表等により海業への理解の促進と取組の普及、全国展開を推進するため、「海業推進全国協議会」を開催しました。同協議会では、地方公共団体、漁協、NPO[*1]法人及び民間企業の6名の講演者から取組事例の紹介等があり、465人が参加するなど関係者の関心の高さがうかがえました。

〈漁村における海業推進に向けた環境整備〉

海業の推進に当たり、漁村への来訪者にも安心して漁港を利用してもらえるよう、南海トラフ地震、日本海溝・千島海溝周辺海溝型地震等の大規模地震・津波や激甚化・頻発化する自然災害による甚大な被害に備えて、引き続き、漁港・漁村における事前の防災・減災対策や災害発生後の円滑な初動対応等を推進していく必要があります。このため、政府は、東日本大震災の被害状況等を踏まえ、防波堤と防潮堤による多重防護、粘り強い構造を持った防波堤や漁港から高台への避難経路の整備とともに、避難・安全情報伝達体制の構築等の避難対策を推進しています。

また、漁港施設、漁場の施設や漁業集落環境施設等のインフラは、老朽化が進行して修繕・更新すべき時期を迎えているものが多いことから、中長期的な視点から戦略的な維持管理・更新に取り組むため、予防保全型の老朽化対策等に転換し、ライフサイクルコストの縮減及び財政負担の平準化を実現していくことが必要となっています。

これらのことから、令和2（2020）年12月に閣議決定された「防災・減災、国土強靱化のための5か年加速化対策」に基づき、甚大な被害が予測される地域等の漁港施設の耐震化・耐津波化・耐浪化等の対策や漁港施設の長寿命化対策、海岸保全施設の津波・高潮対策等を推進しています。

なお、漁村では、その多くは伝統文化を受け継ぎ、良好な自然環境を有していることから、地域特有の自然条件、社会条件等を活かしつつ、生活様式等に配慮した施設、良好な漁村の景観形成に資する施設等の整備を推進していくことが求められます。

また、狭い土地に家屋が密集している漁村では、自動車が通れないような狭い道路もあり、汚水処理人口普及率も低く、生活基盤の整備が立ち後れています。生活環境の改善は、若者や女性の地域への定着を図るだけでなく、漁村への来訪者向けにも重要です。このような状

＊1　NPO（Non Profit Organization）：非営利団体

況を踏まえ、農林水産省は、漁業の生産性向上や漁村生活を支える集落道の整備、漁業集落排水施設の整備や広域化・共同化等を推進しています。

　さらには、漁港施設や用地の再編・整除や、地域水産物普及施設、漁業体験施設のほか、漁船以外の船舶の簡易な係留施設、陸上保管施設等の整備を推進することで、漁村・漁港において、海業に取り組みやすくするための環境づくりを行っています。

令和 4 年度以降の我が国水産の動向

第1章

我が国の水産物の需給・消費をめぐる動き

（1）水産物需給の動向

ア　我が国の魚介類の需給構造

〈国内消費仕向量は643万t〉

　令和4（2022）年度の我が国における魚介類の国内消費仕向量[*1]は、643万t（原魚換算ベース、概算値）となり、そのうち505万t（79%）が食用国内消費仕向量、138万t（21%）が非食用（飼肥料用）国内消費仕向量となっています。国内消費仕向量を平成24（2012）年度と比べると、国内生産量が85万t（20%）、輸入量が81万t（18%）減少し、輸出量が25万t（46%）増加したことから、187万t（23%）縮小しています（図表1-1）。

図表1-1　我が国の魚介類の生産・消費構造の変化

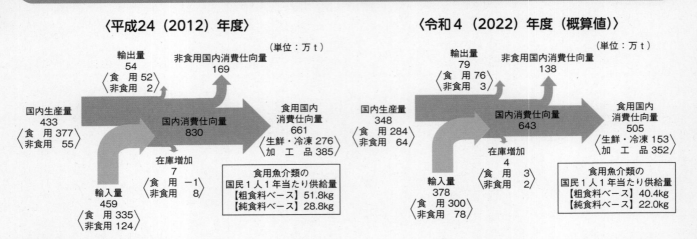

〈平成24（2012）年度〉　　〈令和4（2022）年度（概算値）〉

資料：農林水産省「食料需給表」
注：1）数値は原魚換算したものであり（純食料ベースの供給量を除く。）、海藻類、捕鯨業により捕獲されたもの及び鯨類科学調査の副産物を含まない。
　　2）原魚換算とは、輸入量、輸出量等、製品形態が品目別に異なるものを、製品形態ごとに所定の係数により原魚に相当する量に換算すること。
　　3）粗食料とは、廃棄される部分も含んだ食用魚介類の数量であり、純食料とは、粗食料から通常の食習慣において廃棄される部分（魚の頭、内臓、骨等）を除いた可食部分のみの数量。

イ　食用魚介類の自給率の動向

〈食用魚介類の自給率は56%〉

　我が国の食用魚介類の自給率[*2]は、昭和39（1964）年度の113%をピークに低下傾向で推移し、平成12（2000）～14（2002）年度の3年連続で最も低い53%となりました。その後は、微増から横ばい傾向で推移し、令和4（2022）年度における我が国の食用魚介類の自給率（概算値）は、前年度から3ポイント低下して56%となりました（図表1-2）。これは、国内生産量が減少するとともに、輸入量が増加したこと等によるものです。

　食用魚介類の自給率は、近年横ばい傾向にありますが、自給率は国内消費仕向量に占める国内生産量の割合であるため、国内生産量が減少しても、国内消費仕向量がそれ以上に減少すれば上昇します。このため、自給率の増減を考える場合には、その数値だけでなく、算定の根拠となっている国内生産量や国内消費仕向量にも目を向けることが重要です。

[*1]　国内消費仕向量＝国内生産量＋輸入量－輸出量±在庫の増減量。

[*2]　自給率（%）＝（国内生産量÷国内消費仕向量）×100。

図表1−2　食用魚介類の自給率の推移

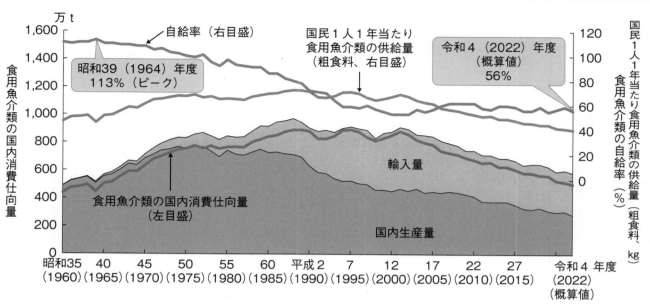

資料：農林水産省「食料需給表」
注：自給率（％）＝（国内生産量÷国内消費仕向量）×100。
　　国内消費仕向量＝国内生産量＋輸入量−輸出量±在庫の増減量。

（2）水産物消費の状況

ア　水産物消費の動向

〈食用魚介類の１人１年当たりの消費量は22.0kg〉

　我が国の食用魚介類の１人１年当たりの消費量（純食料ベース）は平成13（2001）年度の40.2kgをピークに減少傾向にあり、令和４（2022）年度には、前年度より0.7kg少ない22.0kg（概算値）となりました。一方、肉類の１人１年当たりの消費量は増加傾向にあり、平成23（2011）年度以降の食用魚介類の１人１年当たり消費量は、肉類の１人１年当たりの消費量を下回っています（図表１−３）。

　なお、年齢階層別の魚介類摂取量を見てみると、平成11（1999）年以降はほぼ全ての層で摂取量が減少傾向にあります（図表１−４）。

図表1−3　食用魚介類の１人１年当たり消費量の変化（純食料ベース）

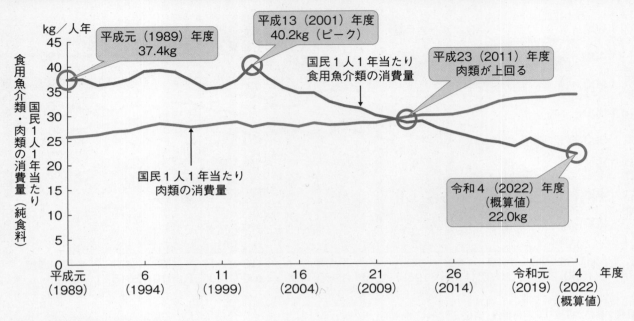

資料：農林水産省「食料需給表」

図表1−4　年齢階層別の魚介類の１人１日当たり摂取量の変化

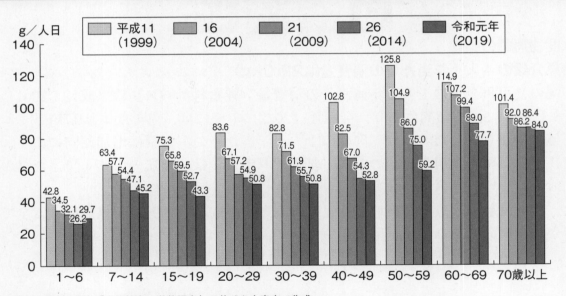

資料：厚生労働省「国民健康・栄養調査」に基づき水産庁で作成
注：令和元（2019）年の70歳以上の摂取量は、70〜79歳の摂取量と80歳以上の摂取量をそれぞれの調査対象人数で加重平均して算出した。

〈よく消費される生鮮魚介類は、イカ・エビからサケ・マグロ・ブリへ変化〉

　我が国の1人1年当たり生鮮魚介類の購入量が減少し続けている中で、よく消費される生鮮魚介類の種類は変化しています。平成元（1989）年頃にはイカやエビが上位を占めていましたが、近年は、サケ、マグロ及びブリが上位を占めるようになりました（図表1－5）。

　また、かつては、地域ごとの生鮮魚介類の消費の中心は、その地域で獲れるものでしたが、流通や冷蔵技術の発達により、以前はサケ、マグロ及びブリがあまり流通していなかった地域でも購入しやすくなったことや、調理しやすい形態で購入できる魚種の需要が高まったこと等により、これらの魚が全国的に消費されるようになっています。特にサケは、平成期にノルウェーやチリの海面養殖による生食用のサーモンの国内流通量が大幅に増加したこともあり、地域による大きな差が見られなくなっています。

図表1－5　生鮮魚介類の1人1年当たり購入量及びその上位品目の購入量の変化

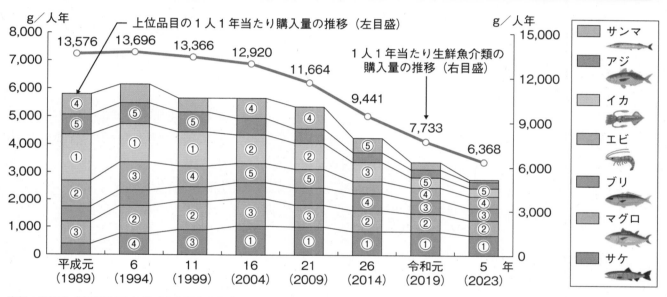

資料：総務省「家計調査」に基づき水産庁で作成
注：1）対象は二人以上の世帯（平成11（1999）年以前は、農林漁家世帯を除く。）。
　　2）グラフ内の数字は、各年における購入量の上位5位までを示している。
　　3）平成30（2018）年に行った調査で使用する家計簿の改正の影響による変動を含むため、時系列比較をする際には注意が必要。

〈生鮮魚介類購入量は長期的には減少傾向〉

　生鮮魚介類の1世帯当たりの年間購入量は、令和元（2019）年まで一貫して減少してきましたが、令和2（2020）年には、新型コロナウイルス感染症拡大の影響で、家での食事（内食）の機会が増加したことにより、スーパーマーケット等での購入が増えた結果、年間購入量が増加しました。しかし、令和3（2021）年から再び減少し、令和5（2023）年は前年より5％減の18.5kgとなりました。一方、年間支出金額については、価格の上昇等により令和5（2023）年には前年より2％増の41.1千円となりました（図表1－6）。

図表1－6　生鮮魚介類の1世帯当たり年間支出金額・購入量の推移

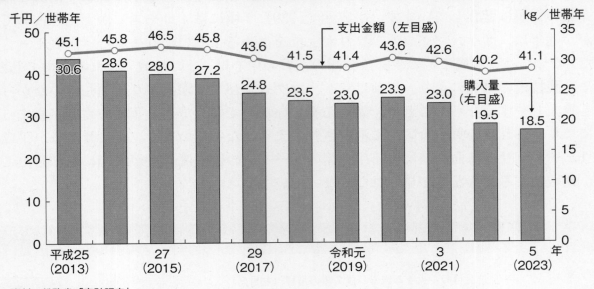

資料：総務省「家計調査」
注：1）対象は二人以上の世帯。
　　2）平成30（2018）年に行った調査で使用する家計簿の改正の影響による変動を含むため、時系列比較をする際には注意が必要。

　平成27（2015）年以降、食料品全体の価格が上昇しており、特に生鮮魚介類及び生鮮肉類の価格が大きく上昇しています。とりわけ、令和4（2022）年以降生鮮魚介類の消費者物価指数は大幅に上昇しており、令和5（2023）年の同指数は前年より9％上昇しました（図表1－7）。これは、新型コロナウイルス感染症拡大による世界的な経済活動の停滞からの回復、急速な円安等による水産物の輸入価格の上昇、国内生産の減少等の影響によるものと考えられます。

　生鮮魚介類の1人1年当たり購入量は令和5（2023）年においては前年より4％減少しました。価格の上昇による購入量への影響について、日本生活協同組合連合会が令和5（2023）年5月に行った調査によると、「より安い商品に切り替えたもの」に魚と回答した人は約6％である一方、「購入頻度や量が減ったもの」に魚と回答した人は約18％であり、肉（約13％）や野菜（約8％）を上回っています（図表1－8）。生鮮魚介類の1人1年当たり購入量は、価格上昇に反比例して減少する傾向にあることから、価格の大幅な上昇は購入量減少の一因と考えられます（図表1－9）。

図表1-7　食料品の消費者物価指数の推移

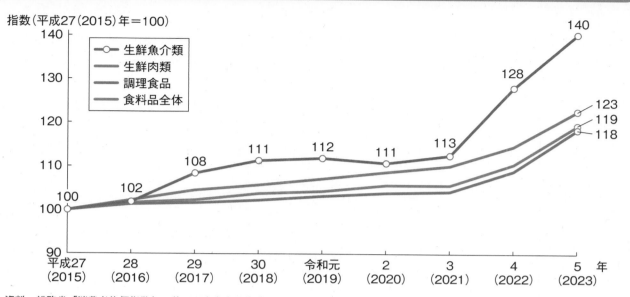

資料：総務省「消費者物価指数」に基づき水産庁で作成

図表1−8　日本生活協同組合連合会による「節約と値上げ」の意識についてのアンケート調査結果

「食品・飲料・日用品で、値上がりにより、より安い商品に切り替えたもの、購入頻度や量が減ったものがあれば教えてください。」との質問に対する回答（複数回答可）

〈より安い商品に切り替えたもの〉

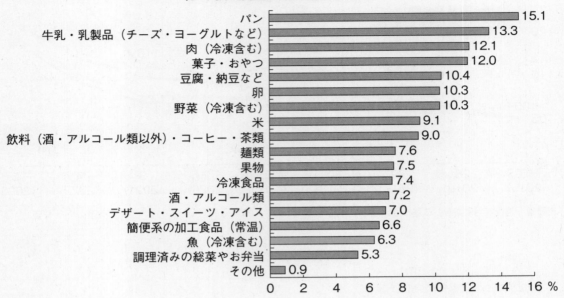

〈購入頻度や量が減ったもの〉

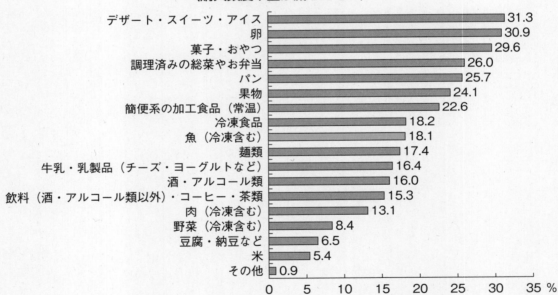

資料：日本生活協同組合連合会「節約と値上げ」の意識についてのアンケート調査（令和5（2023）年7月公表）に基づき水産庁で作成（食品のみを抽出し、「無回答」及び「特にない」については表示していない。）

注：1）「購入頻度や量が減ったもの」には、購入をやめたものも含む。
　　2）簡便系の加工食品（常温）には、レトルト、パックご飯、カップ麺等が当てはまる。
　　3）上記の項目以外に「特にない」及び「無回答」がある（より安い商品に切り替えたもの：27.6％、20.7％。購入頻度や量が減ったもの：19.3％、5.2％。）。

図表1-9　生鮮魚介類の消費者物価指数と1人1年当たり購入量の推移

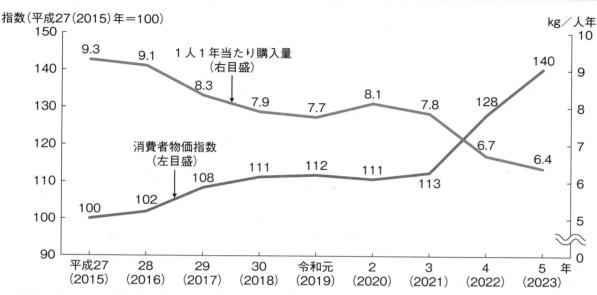

資料：総務省「消費者物価指数」及び「家計調査」に基づき水産庁で作成
注：1）対象は二人以上の世帯（「家計調査」）。
　　2）平成30（2018）年に行った調査で使用する家計簿の改正の影響による変動を含むため、時系列比較をする際には注意が必要（「家計調査」）。

イ　水産物に対する消費者の意識

〈消費者の食の簡便化志向が高まる〉

　水産物の消費量が減少し続けている理由を考えるに当たり、消費者の食の志向の変化は重要な要素です。株式会社日本政策金融公庫による「食の志向調査」を見てみると、令和6（2024）年1月には健康志向、経済性志向及び簡便化志向の割合が上位を占めています。平成20（2008）年以降の推移を見てみると、経済性志向の割合が横ばい傾向となっている一方、簡便化志向の割合は長期的に見ると上昇傾向となっており、健康志向も微増傾向が継続しています。他方で、安全志向と手作り志向は緩やかに低下しており、国産志向は比較的低水準で横ばいとなっています（図表1-10）。

図表1−10　消費者の食の志向（上位）の推移

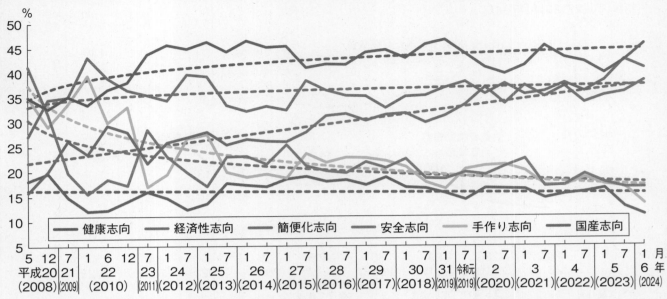

資料：株式会社日本政策金融公庫　農林水産事業本部「食の志向調査」（インターネットによるアンケート調査、全国の20～70歳代の男女2,000
　　　人（男女各1,000人）、食の志向を二つまで回答）に基づき水産庁で作成
注：破線は近似曲線又は近似直線。

〈消費者が魚介類をあまり購入しない要因は価格の高さや調理の手間等〉 ////////////////////

　肉類と比較して魚介類を消費する理由及びしない理由について見てみると、農林水産省による「食料・農業及び水産業に関する意識・意向調査」においては、消費者が肉類と比べ魚介類をよく購入する理由について、「健康に配慮したから」と回答した割合が75.7％と最も高く、次いで「魚介類の方が肉類よりおいしいから」（51.8％）となっています。他方、肉類と比べ魚介類をあまり購入しない理由については、「肉類を家族が求めるから」と回答した割合が45.9％と最も高く、次いで「魚介類は価格が高いから」（42.1％）、「魚介類は調理が面倒だから」（38.0％）の順となっています（図表1−11）。

　また、一般社団法人大日本水産会の「子育て世代の水産物消費嗜好動向調査」における魚介類を購入する際の優先順位では、価格や調理の簡便さを重視していること、同調査における魚料理を食べたり料理したりする事が嫌いな理由では、「骨をとるのが面倒」、「ゴミ処理が面倒」等の回答が多くなっています（図表1−12）。

　これらのことから、肉類と比較して、魚介類の健康への良い効果の期待やおいしさが強みとなっている一方、魚介類の価格が高いこと、調理の手間がかかること、調理後の片づけが大変なこと、調理方法を知らないことが弱みとなっていると考えられます。

　このため、料理者・購入者の負担感やマイナス特性の解消、手軽でおいしい調理方法や新製品の開発・普及、健康増進効果や旬のおいしさといったプラスの商品特性を活かした情報発信等が必要となっています。

図表1−11　魚介類をよく購入する理由及びあまり購入しない理由

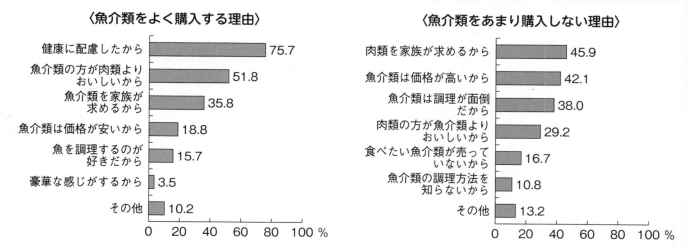

〈魚介類をよく購入する理由〉

理由	%
健康に配慮したから	75.7
魚介類の方が肉類よりおいしいから	51.8
魚介類を家族が求めるから	35.8
魚介類は価格が安いから	18.8
魚を調理するのが好きだから	15.7
豪華な感じがするから	3.5
その他	10.2

〈魚介類をあまり購入しない理由〉

理由	%
肉類を家族が求めるから	45.9
魚介類は価格が高いから	42.1
魚介類は調理が面倒だから	38.0
肉類の方が魚介類よりおいしいから	29.2
食べたい魚介類が売っていないから	16.7
魚介類の調理方法を知らないから	10.8
その他	13.2

資料：農林水産省「食料・農業及び水産業に関する意識・意向調査」（令和元（2019）年12月〜2（2020）年1月実施、消費者モニター987人が対象（回収率90.7％）、複数回答可）
注：回答者数について、「魚介類をよく購入する理由」は313人、「魚介類をあまり購入しない理由」は582人。なお、無回答を含まない。

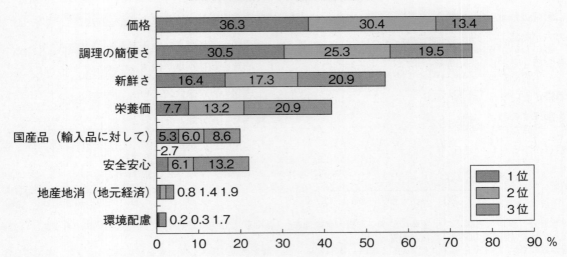

図表1-12　魚介類を購入する際の優先順位・魚料理を食べたり料理したりする事が嫌いな理由

〈魚介類を購入する際の優先順位〉

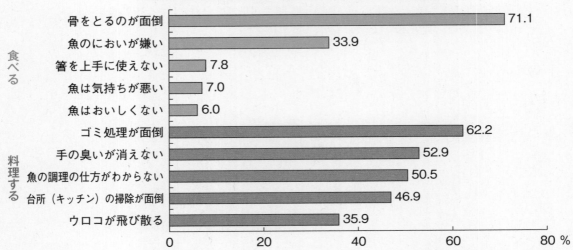

〈魚料理を食べたり料理したりする事が嫌いな理由〉

資料：一般社団法人大日本水産会「子育て世代の水産物消費嗜好動向調査～家庭と学校給食での水産物消費について～」（令和5（2023）年6月、1,201人を対象としたWebアンケートにより実施）に基づき水産庁で作成
注：調査対象は、末子の学齢が中学生以下の子供を持つ母親。

ウ　水産物の消費拡大に向けた取組
〈「さかなの日」の水産物の消費拡大に向けた取組を推進〉

　我が国の水産物の消費量が長期的に減少傾向にある中、水産物の消費拡大に向けた官民の取組を推進するため、水産庁は、令和4（2022）年10月から、毎月3～7日を「さかなの日」とし、11月3～7日は「いいさかなの日」として、水産物の消費拡大に向けた活動の強化週間と位置付けています。

　水産資源は元来持続可能な資源であり、我が国では水産資源の管理の高度化に取り組んでおり、また養殖業においても持続可能な生産を推進しています。このため、このように適切に漁獲・生産された魚を選択して食べることは、SDGsにおける持続可能な消費行動であるため、「さかな×サステナ」を「さかなの日」のコンセプトとしています。

　令和6（2024）年3月末時点で、「さかなの日」の賛同メンバー数は844にのぼり、その業

態は、小売、コンビニエンスストア、百貨店、食品メーカー、外食、水産関係（漁業者・卸・仲卸・鮮魚店等）、料理教室、メディア、地方公共団体、民間団体、個人等多岐にわたっています。各賛同メンバーは、例えば大手量販店による低・未利用魚や認証取得水産物の販売、コンビニエンスストアでの「さかなの日」のロゴを活用した魚総菜の販売、飲食店等による国産天然魚のフェアの開催、これまで価値がないとされてきた魚や加工段階で捨てられてきた部位のEC^{＊1}サイトによる商品化、食品メーカーによる魚介類に合う調味料の開発、水産卸売市場でのイベント等、水産物消費拡大に向けて、様々な取組を実施しています。

　また、「さかなの日」アンバサダーであるさかなクンに魚や魚食の魅力に関する情報発信を行っていただいているほか、新たに「ハロー！プロジェクト」所属タレントの中からさかな好きメンバー6名を「さかなの日」応援隊に任命し、魚食に関する情報発信に取り組んでいただいています。

「さかなの日」アンバサダー　さかなクン

「さかなの日」応援隊

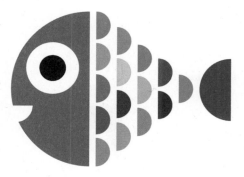

「さかなの日」のロゴ

＊1　Electronic Commerce：電子商取引

【事例】もっと美味しく！もっと楽しく！「さかなの日」の取組

　水産庁では「さかなの日」の取組の一環として、消費者向け「さかなの日」Webサイトにおいて、水産関係団体のほか、市場、食品メーカー、水産物卸売業者等のWebサイトにおける簡単でおいしい、健康に配慮した魚料理のレシピ等の紹介や、豊富な動画により丁寧に解説された魚のさばき方等のコンテンツを掲載しています。全国漁業協同組合連合会（以下「JF全漁連」といいます。）のWebサイトでは、「第24回シーフード料理コンクール」の入賞作品のレシピが掲載されています。

　また、水産庁では、自分で作った魚料理を紹介したい個人のほか、食品メーカーや料理教室等の企業に「#さかな料理部」のハッシュタグをつけてSNS※で発信してもらい、「#さかな料理部」を通じて魚料理の輪を広げる取組を行っています。このようなSNSでの魚料理の投稿には多くの人の注目を集めたものもあり、投稿を見て自身で魚料理を作って投稿するなどSNSを通じた広がりも見られているところです。

　さらに、「さかなの日」賛同メンバーの取組として、雑誌において「さかなの日」に関連して魚料理等に関する情報発信をする出版社の取組、簡単に作れる魚料理のレシピの特集をWebサイト上で公開するレシピプラットフォームの取組、魚料理を中心とするメニューの料理教室を開催する取組等、自宅での魚料理を促す様々な取組が行われています。

※　Social Networking Service：登録された利用者同士が交流できるWebサイトの会員制サービス。

「第24回シーフード料理コンクール」（主催：JF全漁連）
テーマ：みんなでうお活

農林水産大臣賞（プロを目指す学生部門）
海のAkashi 浜風 ポキちらし寿司

農林水産大臣賞（魚活チャレンジ部門）
サワランチム

#さかな料理部で紹介された料理

 水産庁「さかなの日」Webサイト：
https://www.jfa.maff.go.jp/
j/kakou/sakananohi1137.
html

 消費者向け「さかなの日」Web
サイト：
https://sakananohi.jp/

第1部

第1章

〈消費者のニーズに合わせた商品提供や流通効率化の取組〉

　水産物の消費拡大には、簡単においしく魚を調理する方法を知らないこと、魚の調理自体が煩雑であること、下処理やごみ処理などの後処理に時間と手間がかかること等の課題がある中、近年、鮮度の良さや品揃えの多さ、消費者との対面販売により注文に応じて調理を行うことを売りにした特色ある売場づくりを目指す地域のスーパーマーケットや鮮魚店等が注目を浴びています。

　水産庁は、調理の手間等の課題に対し、簡便性に優れた商品や提供方法等を開発・実証する取組を支援しています。また、マーケットインの発想[*1]に基づく「売れるものづくり」を促進するため、生産、加工、流通、販売の関係者が連携し、先端技術の活用等による物流改善やコスト削減を図る取組及び鮮度保持による高付加価値化等のためのバリューチェーンの構築の取組を支援しています。

　これらの取組により、消費者の潜在的な魚食のニーズを掘り起こし、水産物の消費拡大や多様な魚介類の価値向上につながることが期待されます。

【事例】消費者のニーズに対応した簡便性に優れた商品開発等

　青森県はワカサギやホタテガイなどの水産物の産地として知られていますが、同県では、新型コロナウイルス感染症拡大の影響で小売・外食などへの販売先が縮小し在庫化した十和田湖産及び小川原湖産のワカサギの販路拡大、ホタテガイの養殖過程で間引かれ安価でしか取り扱われない陸奥湾のベビーホタテの有効活用などの課題解消が求められていました。

　このような中、県下の冷凍食品メーカーである株式会社LOCO・SIKIと老舗水産加工品メーカーである有限会社進藤水産は「青森冷凍水産加工新生活様式対応協議会」を立ち上げ、これら水産物のアップサイクル（創造的再利用）を図るとともに消費者の内食需要に対応した中食・外食向けの水産加工品の開発に着手しました。

　まず、アンケートにより、消費者の生の声を聞き取ったところ、1）美味しさ、2）栄養バランス・安全安心、3）時短で手間を要しない等の観点を重視する傾向が判明しました。これらのニーズを踏まえつつ、商品の方向性を「一から作る手料理感のあるミールキット」や「半調理済みの食材を活用した商品」とし、冷凍商品とは思えないおいしさと優れた簡便性を兼ねそろえた冷凍食品の開発を目指すことになりました。

　商品開発に当たっては、有限会社進藤水産が主に原材料である青森県産のワカサギやベビーホタテの調達・一次加工（浅煮を含む）等を、株式会社LOCO・SIKIが主にレシピ開発・二次加工・冷凍加工・販売等を担いました。元イタリアンシェフ等の経歴を有する株式会社LOCO・SIKIの開発責任者が腕を振るい、青森県産のワカサギやベビーホタテを、幅広い世代に人気のイタリア料理やスペイン料理にアレンジして

---

*1　消費者や顧客の要求、困りごとを突き止め、それらに応える商品やサービスを提供しようとする考え方（令和2
（2020）年度水産白書）。

1）ミールキット：青森のにんにくアヒージョ（ワカサギ）
2）ミールキット：青森のにんにくアヒージョ（ベビーホタテ）
3）ミールキット：ワカサギのスパイシーフリット
4）ミールキット：ベビーホタテのアラビアータ
5）ベビーホタテと玄米おにぎりの出汁茶漬け
の計5品を開発しました。

これら商品は、株式会社LOCO・SIKIのオンラインショップで販売されており、また一部商品は青森県のふるさと納税の返礼品にも採用されているほか、県外でも幅広く取引され、大阪や東京等の大都市圏の大手スーパーマーケットや百貨店などでも販売されるなど販路が拡大されています。全ての製品が加熱等の手を加えるだけで、簡単にプロの味が再現されると消費者からも高い評価を得ているところです。

このように、地元・青森県産のこだわりの水産物を有効活用し、消費者の内食ニーズにも対応した商品の開発・販売を行うことにより、地域活性化にも貢献しています。

1）青森のにんにくアヒージョ（ワカサギ）　　2）青森のにんにくアヒージョ（ベビーホタテ）

3）ワカサギのスパイシーフリット　　　　　4）ベビーホタテのアラビアータ

〈学校給食等での食育の重要性〉

食の簡便化志向等が高まり、家庭において魚食に関する知識の習得や体験等の食育の機会を十分に確保することが難しくなっており、若年層の魚介類の摂取量減少の一因になっていると考えられる中で、若いうちから魚食習慣を身に付けるためには、学校給食等を通じ、水産物に親しむ機会を作ることが重要です。

令和3（2021）年3月に策定された「第4次食育推進基本計画」においては、「学校給食における地場産物の活用は、地産地消の有効な手段であり、地場産物の消費による食料の輸送に伴う環境負荷の低減や地域の活性化は、持続可能な食の実現につながる」、「地域の関係者の協力の下、未来を担う子供たちが持続可能な食生活を実践することにもつながる」という考えに基づき、学校給食における地産地消の取組が推進されています。同計画では地場産物の使用割合を現状値（令和元（2019）年度）から維持・向上した都道府県の割合を90%以上とすることを目標としています。

一方、一定の予算の範囲内での安定的な提供やあらかじめ献立を決めておく必要がある学校給食における地場産の水産物の利用には、水揚げが不安定な中で規格の定まった一定の材料を決められた日に確実に提供できるのかという供給の問題、加工度の低い魚介類は調理に

一定の設備や技術が必要になるという問題があります。

　これらの問題を解決し、おいしい地場産の水産物を給食で提供するためには、地域の水産関係者と学校給食関係者が連携していくことが必要です。

　近年では、児童に漁業への理解を深めてもらうとともに、学校給食等による低・未利用魚の活用を図るため、漁業者が小学校に出向き、地元の漁業や魚に関する授業を行った後、児童と一緒に地場産の魚を使った給食を味わうといった取組も行われています。

【事例】「おさかな学習会」による出前授業

　一般社団法人大日本水産会魚食普及推進センターでは、子どもたちに水産業や魚について関心を持ってもらうため、漁業者や関係者等による出前授業として「おさかな学習会」を開催しています。同学習会では、おさかなゼミ、鮮魚タッチ、料理教室、模擬漁体験等小学生等に関心を持ってもらうための様々な授業・体験を考案し、これらを組み合わせたプログラムを、小学校等を対象に実施しています。

　おさかなゼミでは、漁業者等が本物の漁具や動画などを用いて座学で漁業、魚の栄養、資源、環境等について説明しています。遠隔地からの依頼に対しては、リモートでの説明を活用するなど幅広い依頼に対応しています。

　また、魚に触れたことがない子供が増えている中、鮮魚タッチのプログラムにおいては氷の上に並んだ色、形が様々な鮮魚を自由に触って形や色の違いがある理由を考えることとしています。また、同プログラムや料理教室では、魚の解体を行い、いつも食べる魚の身の部分や骨の位置などを勉強するとともに、魚が食品に変わっていく過程を見て解体した魚を食べるプログラムとなっています。

　模擬漁体験では、体育館等で実際の網や釣り具を用いて、投網や釣り等の体験を行っています。実際の魚と同じ重さの模型を用いた釣り等の体験により、漁業活動の苦労を体験することで食べ物を大切にするようになったとの声も多く聞かれています。

　これらのプログラムは、総合的な学習の一環として活用されており、海や魚だけでなく、漁業という職業や魚の流通、食の大切さ等に対する興味・関心を高めるものとして、小学校等の先生から好評であり多くの依頼があります。一方、授業の時間は就業の時間と重複し人的な制約等があることから、動画をはじめとするWebサイト等のコンテンツの充実を図っており、同センターのWebサイトの閲覧数は近年大幅に増加し、年間300万件に達しています。

おさかなゼミの様子

鮮魚タッチの様子

（写真提供：一般社団法人大日本水産会魚食普及推進センター）

一般社団法人大日本水産会魚食普及推進センター「出前授業 おさかな学習会」Webサイト：https://osakana.suisankai.or.jp/demaejugyo

エ　水産物の健康効果

〈オメガ3脂肪酸や魚肉たんぱく質等、水産物の摂取は健康に良い効果〉////////////////

　水産物の摂取が健康に良い効果を与えることが、様々な研究から明らかになっています[1]（図表1-13）。

1）DHA、IPA（EPA）

　魚肉や鯨肉の脂質に多く含まれているn-3（オメガ3）系多価不飽和脂肪酸であるドコサヘキサエン酸（DHA）やイコサペンタエン酸（IPA）[2]は、他の食品にはほとんど含まれていない脂肪酸です。DHAは、胎児期の網膜等の発達に必要であるほか、加齢に伴い低下する認知機能の一部である記憶力、注意力、判断力や空間認識力を維持することが報告されており、広く胎児期から老年期に至るまでの脳、網膜や神経の発達・機能維持に重要な役割があることが分かっています。また、双方とも血小板凝集抑制作用があることや抗炎症作用、血圧降下作用のほか、血中のLDLコレステロール（悪玉コレステロール）や中性脂肪を減らす機能があることが分かっており、脂質異常症、心筋梗塞、その他生活習慣病の予防・改善に期待され、医薬品にも活用されています。

2）たんぱく質

　魚肉たんぱく質は、畜肉類のたんぱく質と並び、人間が生きていく上で必要な9種類の必須アミノ酸をバランス良く含む良質なたんぱく質であるだけでなく、大豆たんぱく質や乳たんぱく質と比べて消化されやすく、体内に取り込まれやすいという特徴もあり、「フィッシュプロテイン」という名称で注目されています。また、離乳食で最初に摂取することが勧められている動物性たんぱく質は白身魚とされているほか、血圧上昇を抑える作用等の健康維持の機能を有している可能性も示唆されています。

3）アミノ酸（タウリン）

　貝類（カキ、アサリ等）やイカ、タコ等に多く含まれるタウリンは、肝機能の強化や視力の回復に効果があること等が示されています。

---

[1]　島一雄・關文威・前田昌調・木村伸吾・佐伯宏樹・桜本和美・末永芳美・長野章・森永勤・八木信行・山中英明編『最新　水産ハンドブック』（2012）、鈴木平光・和田俊・三浦理代編『水産食品栄養学―基礎からヒトへ―』（2004）等を参考に水産庁において記述した。
[2]　エイコサペンタエン酸（EPA）ともいう。

4）カルシウム、ビタミンD

カルシウムについては、不足すると骨粗鬆症、高血圧、動脈硬化等を招くことが報告されています。また、カルシウムの吸収はビタミンDによって促進されることが報告されています。ビタミンDは、水産物では、サケ・マス類やイワシ類等に多く含まれています。

5）食物繊維（アルギン酸、フコイダン等）

食物繊維は、便通を整える作用のほか、脂質や糖等の排出作用により、生活習慣病の予防・改善にも効果が期待されています。また、腸内細菌のうち、ビフィズス菌や乳酸菌等の善玉菌の割合を増やし、腸内環境を良好に整える作用も知られています。さらに、善玉菌を構成する物質には、体の免疫機能を高め、血清コレステロールを低下させる効果も報告されています。海藻類には、ビタミンやミネラルに加え、食物繊維が含まれています。モズクやヒジキ、ワカメ、コンブ等の褐藻類に含まれるアルギン酸やフコイダン等をはじめとする海藻類の食物繊維は一般的に水溶性です。

このように、水産物は優れた栄養特性と機能性を持つ食品であり、様々な魚介類や海藻類をバランス良く摂取することにより、健康の維持・増進が期待されます。

図表1−13　水産物に含まれる主な機能性成分

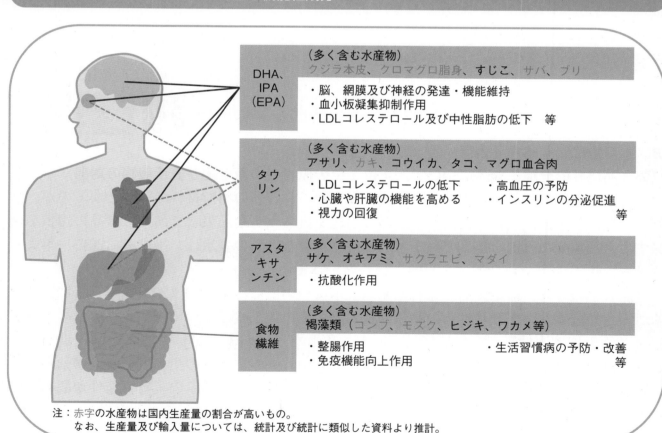

注：赤字の水産物は国内生産量の割合が高いもの。
　　なお、生産量及び輸入量については、統計及び統計に類似した資料より推計。

資料：各種資料に基づき水産庁で作成

図表1−14　主な食品の100g当たりのたんぱく質・脂質含有量

食品群	食品例	たんぱく質（g）	脂質（g）	
魚介類	くろまぐろ	26.4	1.4	魚介類の脂質には*n*-3（オメガ3）系多価不飽和脂肪酸を多く含む
	かつお	25.8	0.5	
	しろさけ	22.3	4.1	
	まいわし	19.2	9.2	
	まだら	17.6	0.2	
肉類	牛肉（ばら）	11.0	50.0	肉類の脂質には飽和脂肪酸やコレステロールが多い
	牛肉（もも）	21.3	10.7	
	豚肉（ばら）	13.4	40.1	
	豚肉（ロース）	20.6	13.6	
	鶏肉（もも）	16.6	14.2	
	鶏肉（むね）	23.3	1.9	
乳類	牛乳	3.3	3.8	乳類の脂質には飽和脂肪酸が多い
豆類	大豆（乾）	33.8	19.7	
	大豆（水煮缶詰）	12.9	6.7	

資料：文部科学省「日本食品標準成分表2020年版（八訂）」及び厚生労働省「食生活改善指導担当者研修テキスト」
注：「くろまぐろ」は天然・赤身・生、「かつお」は春獲り・生、「しろさけ」は生、「まいわし」は生、「まだら」は生、「牛肉（ばら）」は和牛肉・脂身つき・生、「牛肉（もも）」は和牛肉・赤肉・生、「豚肉（ばら）」は中型種肉・脂身つき・生、「豚肉（ロース）」は中型種肉・皮下脂肪なし・生、「鶏肉（もも）」はにわとり・若どり・皮つき・生、「鶏肉（むね）」はにわとり・若どり・皮なし・生、「牛乳」は普通牛乳、「大豆（乾）」は、全粒・黄大豆・国産、「大豆（水煮缶詰）」は黄大豆。

（3）消費者への情報提供や知的財産保護のための取組

ア　水産物に関する食品表示

〈輸入品以外の全加工食品について、上位1位の原材料の原産地が表示義務の対象〉

　消費者が店頭で食品を選択する際、安全・安心、品質等の判断材料の一つとなるのが、食品の名称、原産地、原材料、消費期限等の情報を提供する食品表示であり、食品の選択を確保する上で重要な役割を担っています。水産物を含む食品の表示は、平成27（2015）年より食品表示法[*1]の下で包括的・一元的に行われています。

　食品表示のうち、加工食品の原料原産地表示については、平成29（2017）年9月に同法に基づく食品表示基準が改正され、輸入品以外の全ての加工食品について、製品に占める重量割合上位1位の原材料が原料原産地表示の対象となっています[*2]。さらに、国民食であるおにぎりのノリについては、重量割合としては低いものの、ノリの生産者の意向が強かったこと、消費者が商品を選ぶ上で重要な情報と考えられること、表示の実行可能性が認められたこと等から、表示義務の対象とされています。

　また、水産物の原産地表示については、1）国産品にあっては水域名又は地域名（主たる養殖場が属する都道府県名）、2）輸入品にあっては原産国名、3）2か所以上の養殖場で

---

*1　平成25年法律第70号
*2　消費者への啓発及び事業者の表示切替えの準備のための経過措置期間は、令和4（2022）年3月31日で終了。

養殖した場合は主たる養殖場（最も養殖期間の長い場所）が属する都道府県名[*1]となっており、出荷調整用その他の目的のため貝類を短期間一定の場所に保存する「蓄養」は養殖期間の算定に含まれないこととなっています[*2]。

イ　機能性表示食品制度の動き

〈機能性表示食品として、7件の生鮮食品の水産物の届出が公表〉

機能性を表示することができる食品には、国が個別に許可した特定保健用食品（トクホ）と国の規格基準に適合した栄養機能食品のほか、機能性表示食品があります。

食品が含有する成分の機能性について、安全性と機能性に関する科学的根拠に基づき、食品関連事業者の責任で表示することができる機能性表示食品制度では、生鮮食品を含め全ての食品[*3]が対象となっており、令和6（2024）年3月末時点で、生鮮食品の水産物としては、カンパチ1件（「よかとと　薩摩カンパチどん」）、イワシ2件（「大トロいわしフィレ」及び「大阪産マイワシ」）、マダイ1件（「伊勢黒潮まだい」）、サーモン1件（「薬膳サーモン」）及びクジラ2件（「凍温熟成鯨赤肉」及び「鯨本皮」）の7件[*4]の届出が消費者庁Webサイトで公表されています。消費者庁Webサイトでは、これらの届出の安全性や機能性の根拠等の情報についても確認することができます。

ウ　水産エコラベルの動き

〈令和5（2023）年度は新たに71件が国際水準の水産エコラベルを取得〉

水産エコラベルは、水産資源の持続性や環境に配慮した方法で生産された水産物に対して、消費者が選択的に購入できるよう商品にラベルを表示する仕組みです。国内では、一般社団法人マリン・エコラベル・ジャパン協議会による漁業と養殖業を対象とした「MEL」（Marine Eco-Label Japan）、英国に本部を置く海洋管理協議会による漁業を対象とした「MSC」（Marine Stewardship Council）、オランダに本部を置く水産養殖管理協議会による養殖業を対象とした「ASC」（Aquaculture Stewardship Council）等の水産エコラベル認証が主に活用されており、それぞれによる漁業と養殖業の認証実績があります（図表1−15）。

[*1]　ただし、サケ・マス類やブリ類等、養殖を行った2か所の養殖場のうち、第2段階の育成期間が短いものの、重量の増加が大きい場合には、当該養殖場における育成により水産物の品質が決定されることから、重量の増加が大きい養殖場が属する都道府県が原産地となる。（第1段階は種苗の育成期間であり養殖期間には含まれないものと考える。）

[*2]　輸入したアサリの原産地は蓄養の有無にかかわらず輸出国となるが、例外として、輸入した稚貝のアサリを区画漁業権に基づき1年半以上育成（養殖）し、育成等に関する根拠書類を保存している場合には、国内の育成地を原産地として表示することができる。

[*3]　特別用途食品、栄養機能食品、アルコールを含有する飲料、並びに脂質、飽和脂肪酸、コレステロール、糖類（単糖類又は二糖類であって、糖アルコールでないものに限る。）及びナトリウムの過剰な摂取につながるものを除く。

[*4]　届出後に、販売終了等により撤回届出があったものは含まない。

図表1−15　我が国で主に活用されている水産エコラベル認証

海外発の認証

MSC認証　＜英国＞
【日本での認証数】
26漁業
・ホタテガイ（北海道）
・カツオ（宮城県、静岡県）
・ビンナガ（宮城県、静岡県）
・カキ（岡山県）等
370事業者（流通加工）

漁業

＜日本＞　　　　　　　　　　MEL認証
【日本での認証数】
24漁業
・アキサケ（北海道）
・マサバ、ゴマサバ（福島県）
・ヤマトシジミ（青森県）
・ベニズワイガニ（鳥取県）等

64養殖業
・カンパチ（愛媛県、鹿児島県等）
・ブリ（熊本県、高知県、鹿児島県等）
・マダイ（三重県、愛媛県、鹿児島県等）
・ギンザケ（宮城県、鳥取県）
・ヒラマサ（愛媛県、鹿児島県）等

156事業者（流通加工）

日本発の認証

ASC認証　＜オランダ＞
【日本での認証数】
18養殖業（48養殖場）
・カキ（宮城県）
・ブリ（宮崎県、大分県、鹿児島県）
・カンパチ（鹿児島県）等
194事業者（流通加工）

養殖業

※2023年4月1日以降、認証単位の定義が変更
（ASCニュースレター3月号12ページ：https://jp.asc-aqua.org/newsletter/）

＊認証数は令和6（2024）年3月31日時点（水産庁調べ）

　水産エコラベルは、国際連合食糧農業機関（FAO）水産委員会が採択した水産エコラベルガイドラインに沿った取組に対する認証を指すものとされています。しかし、世界には様々な水産エコラベルがあることから、水産エコラベルの信頼性確保と普及改善を図るため、「世界水産物持続可能性イニシアチブ（GSSI：Global Sustainable Seafood Initiative）」が平成25（2013）年に設立され、GSSIから承認を受けることが、国際的な水産エコラベル認証スキームとして通用するための潮流となっています。令和5（2023）年度末時点で、MSC、ASC、MEL等八つの水産エコラベル認証スキームがGSSIの承認を受けています[1]。なお、国内では、令和5（2023）年度に、新たに国際水準の水産エコラベル71件（MSC29件、ASC10件、MEL32件）が認証されました。水産庁は、引き続き水産エコラベルの認証取得の促進や水産エコラベルの認知度向上のための周知活動を推進していくこととしています。

　また、我が国の水産物が持続可能で環境に配慮されたものであることを消費者に情報提供し、消費者が水産物を購入する際の判断の参考とするための取組として、国立研究開発法人水産研究・教育機構が「SH"U"N（Sustainable, Healthy and "Umai" Nippon seafood）プロジェクト」を行っており、令和5（2023）年度末時点で、44種の水産物について、魚種ごとに資源や漁獲の情報、健康と安全・安心といった食べ物としての価値に関する情報をWebサイトに公表しています。

水産エコラベルの推進について（水産庁）：
https://www.jfa.maff.go.jp/j/kikaku/budget/suishin.html

SH"U"N プロジェクト（国立研究開発法人水産研究・教育機構）：
https://sh-u-n.fra.go.jp/

＊1　ASCは、サーモン、エビのみがGSSI承認の対象。

（コラム）水産エコラベル等に対する消費者の付加価値の評価

　MSC等の水産エコラベルの認証取得に当たり審査費用や認証維持コストが課題である中、農林水産省農林水産政策研究所により、水産エコラベル等の取得による付加価値を分析する研究が行われました。

　同研究では、セーシェル産のメバチ刺身商品を対象に、消費者に対するアンケート調査を実施し、MEL及びMSCのエコラベルのある商品とラベルのない商品とを比較しどの程度高く評価されるか分析したものです（なお、同研究では他にも漁業改善プロジェクト（FIP）[1]との比較、国産と外国産との比較及び解凍と生鮮の比較分析も行われました。）。

　水産エコラベルのある商品は、ラベルのない商品と比べ、MELで32円、MSCで13円高く評価されました[2]。

　MELの付加価値である32円は、基準価格（ラベルのない商品の価格）の5.3％に相当します（MSCでは2.2％）。これは、消費者が持続可能性への取組に対し5.3％高く買ってもよいと考えていることを示しており[3]、エコラベルに経済的インセンティブがあることが示唆されました。

[1]　漁業改善プロジェクト（FIP）とは、漁業者、企業、流通、NGO等の利害関係者が協力し、漁業の持続可能性の向上に取り組む民間ガバナンスに基づく自主的なプロジェクトであり、認証制度ではありません。
[2]　なお、FIPでは17円、国産は外国産と比べ鹿児島県で76円、静岡県で83円、宮城県で72円、高知県で91円高く、生鮮は解凍と比べ67円高く評価されました。
[3]　一方、持続可能性の購買要因は、産地や解凍の有無に比べ高く評価されない結果となりましたが、同研究では、FIPを他のエコラベルと比較できるようにするため、エコラベルのイメージを表示しなかったためと考えています。

（出典）若松宏樹・丸山優樹「『持続可能な漁業管理』は日本で付加価値となり得るか？メバチマグロを例に」農林水産政策研究所レビューNo.116

選択実験に使われたメバチ

エ　地理的表示保護制度
〈これまで水産物、水産加工品17産品が地理的表示に登録〉

　地理的表示（GI）保護制度は、その地域ならではの自然的、人文的、社会的な要因の中で育まれてきた品質、社会的評価等の特性を有する産品の名称を地域の知的財産として保護する制度です。我が国では、農林水産物・食品等のGIの保護については、特定農林水産物等の名称の保護に関する法律[1]（地理的表示法）に基づいて、平成27（2015）年から開始されました。この制度により、生産者にとっては、模倣品排除とともに、産品の持つ品質、製法、評判、ものがたり等の潜在的な魅力や強みを見える化し、GIマーク[2]とあいまって、

[1]　平成26年法律第84号
[2]　登録された産品の地理的表示と併せて付すことができるもので、産品の確立した特性と地域との結び付きが見られる真正な地理的表示産品であることを証するもの。

効果的・効率的なアピール、取引における説明や証明、需要者の信頼の獲得を容易にするツールとして活用することができ、また、消費者にとっても、真正のGI産品を容易に選択できるという利点があります。

我が国のGI産品の保護のため、国際約束による諸外国とのGIの相互保護に向けた取組、GIに対する侵害対策等、海外における知的財産侵害対策の強化を図ることで、農林水産物・食品等の更なる輸出促進が期待されます。

GI産品登録状況については、令和5（2023）年度に新たに「長崎からすみ」、「浜中養殖うに」及び「淡路島3年とらふぐ」の3産品の水産物、水産加工品が登録され、同年度末現在で水産物の登録は17産品となりました。また、日EU経済連携協定[*1]により、日本側11産品の水産物がEUで保護されており、日英包括的経済連携協定[*2]により、日本側8産品の水産物が英国で保護されています。さらに、輸出品目について海外でのGI登録も推奨されており、ベトナムにおいて、「みやぎサーモン」が登録されています。

第132号　長崎からすみ

第135号　浜中養殖うに

第144号　淡路島3年とらふぐ

地理的表示（GI）保護制度（農林水産省）：
https://www.maff.go.jp/j/shokusan/gi_act/

（4）水産物貿易の動向

ア　水産物輸入の動向

〈水産物輸入額は2兆160億円〉

我が国の水産物輸入量は、国際的な水産物需要の高まりや国内消費の減少等に伴って緩やかな減少傾向で推移してきました。

令和5（2023）年は、輸入量（製品重量ベース）は前年から3％減少の216万tとなり、輸入額は前年から3％減少の2兆160億円となりました（図表1-16）。

主な輸入先国・地域は中国、チリ、米国となりました。輸入額の上位を占める品目は、サケ・マス類、カツオ・マグロ類、エビ等となっています（図表1-17）。輸入先国・地域は品目に応じて様々であり、サケ・マス類はチリ、ノルウェー等、カツオ・マグロ類は台湾、

---

*1　経済上の連携に関する日本国と欧州連合との間の協定
*2　包括的な経済上の連携に関する日本国とグレートブリテン及び北アイルランド連合王国との間の協定

中国、マルタ等、エビはインド、ベトナム、インドネシア等から多く輸入されています（図表1－18）。

図表1－16　我が国の水産物輸入量・輸入額の推移

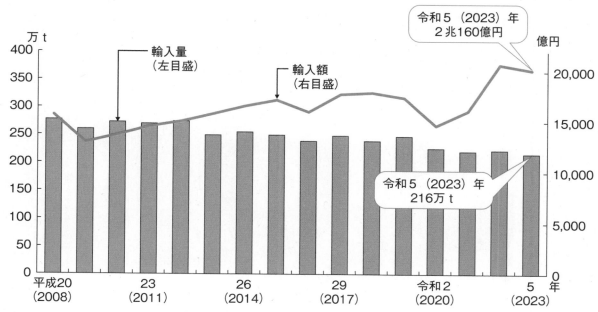

資料：財務省「貿易統計」に基づき水産庁で作成

図表1－17　我が国の水産物輸入先国・地域及び品目内訳

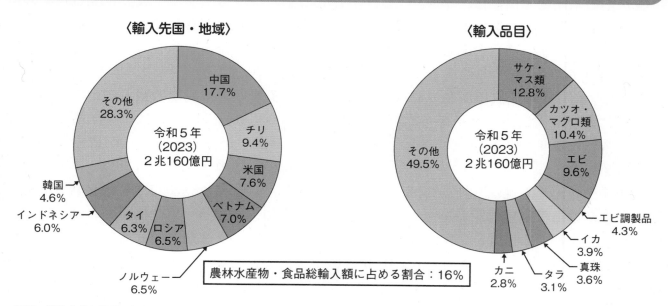

資料：財務省「貿易統計」（令和5（2023）年）に基づき水産庁で作成

77

図表1-18　我が国の主な輸入水産物の輸入先国・地域

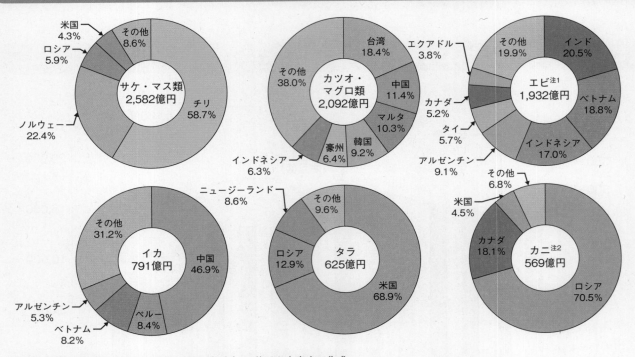

資料：財務省「貿易統計」（令和5（2023）年）に基づき水産庁で作成
注：1）エビについては、このほかエビ調製品（867億円）が輸入されている。
　　2）カニについては、このほかカニ調製品（96億円）が輸入されている。

イ　水産物輸出の動向
〈水産物輸出額は3,901億円〉

　我が国の水産物輸出額は、平成20（2008）年のリーマンショックや平成23（2011）年の東京電力福島第一原子力発電所の事故による諸外国の輸入規制の影響等により落ち込んだ後、平成24（2012）年以降はおおむね増加傾向で推移してきました。令和5（2023）年においては、1月から6月までの輸出額は前年から約255億円増加したものの、同年8月24日のALPS処理水[*1]の海洋放出開始以降の中国による全都道府県の水産物の輸入停止により7月から12月までの輸出額は前年から約227億円減少し、令和5（2023）年は、輸出量（製品重量ベース）は前年から25％減の48万tとなり、輸出額は前年から1％増の3,901億円となりました（図表1-19）。

　主な輸出先国・地域は香港、米国、中国となりました。令和4（2022）年において中国への輸出額が輸出額総額の22％を占めていましたが、令和5（2023）年には同国の輸入規制により16％に減少しました。品目別では、ホタテガイ、真珠、ブリが上位となりました。令和4（2022）年において中国への輸出割合が5割を超えていたホタテガイの割合が減少しました（図表1-20、図表1-21）。

---

*1　多核種除去設備（ALPS：Advanced Liquid Processing System）等によりトリチウム以外の核種について、環境放出の際の規制基準を満たすまで浄化処理した水

第1部

第1章

図表1−19　我が国の水産物輸出量・輸出額の推移

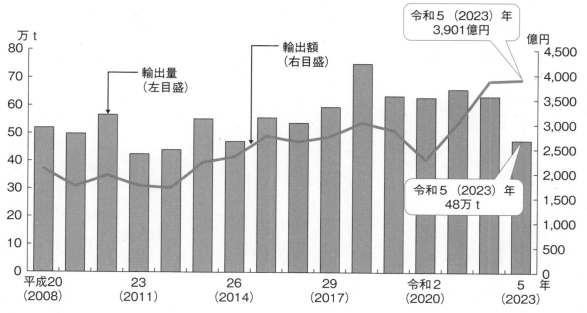

令和5（2023）年
3,901億円

令和5（2023）年
48万t

輸出量
（左目盛）

輸出額
（右目盛）

万t

億円

平成20
（2008）

23
（2011）

26
（2014）

29
（2017）

令和2
（2020）

5
（2023）

年

資料：財務省「貿易統計」に基づき水産庁で作成

図表1−20　我が国の水産物輸出先国・地域及び品目内訳

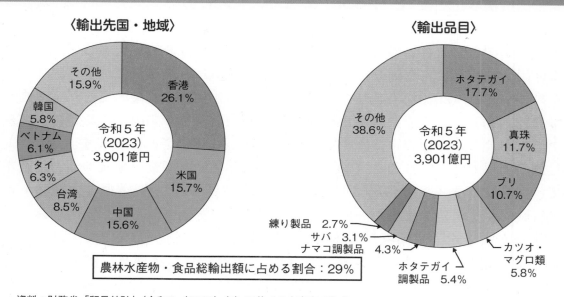

〈輸出先国・地域〉

令和5年
（2023）
3,901億円

その他
15.9%

香港
26.1%

韓国
5.8%

ベトナム
6.1%

タイ
6.3%

台湾
8.5%

中国
15.6%

米国
15.7%

農林水産物・食品総輸出額に占める割合：29%

〈輸出品目〉

令和5年
（2023）
3,901億円

その他
38.6%

ホタテガイ
17.7%

真珠
11.7%

ブリ
10.7%

練り製品　2.7%

サバ　3.1%

ナマコ調製品　4.3%

ホタテガイ
調製品　5.4%

カツオ・
マグロ類
5.8%

資料：財務省「貿易統計」（令和5（2023）年）に基づき水産庁で作成

図表1-21　我が国の主な輸出水産物の輸出先国・地域

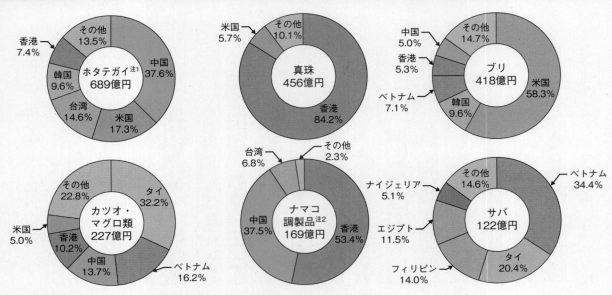

資料：財務省「貿易統計」（令和5（2023）年）に基づき水産庁で作成
注：1）ホタテガイについては、このほかホタテガイ調製品（210億円）が輸出されている。
　　2）ナマコについては、このほかナマコ（調製品以外）（22億円）が輸出されている。

ウ　水産物輸出の拡大に向けた取組

〈水産物輸出目標は、令和12（2030）年までに1.2兆円〉

　国内の水産物市場が縮小する一方で、世界の水産物市場はアジアを中心に拡大しています。このため、我が国の漁業者等の所得向上を図り、水産業が持続的に発展していくためには、水産物の輸出の大幅な拡大を図り、世界の食市場を獲得していくことが不可欠です。

　このため、令和2（2020）年3月に閣議決定された「食料・農業・農村基本計画」等において、令和12（2030）年までに農林水産物・食品の輸出額を5兆円とする目標が位置付けられました。なお、この目標の中で水産物の輸出額は1.2兆円とされています。

　この目標の実現のため、令和2（2020）年12月に「農林水産業・地域の活力創造本部[*1]」において、マーケットインで輸出に取り組む体制を整備するため、「農林水産物・食品の輸出拡大実行戦略」を決定しました。同戦略では、海外で評価される我が国の強みがあり、輸出拡大の余地が大きく、関係者が一体になった輸出促進活動が効果的な品目として、29品目[*2]の輸出重点品目（水産物では、ぶり、たい、ホタテ貝、真珠及び錦鯉の5品目）を選定して、これらの品目について、主として輸出向けの生産を行う輸出産地をリスト化することとしており、水産物については、延べ22産地（令和5（2023）年12月時点）が掲載されています。

　また、「農林水産物・食品輸出プロジェクト（GFP）」により、輸出診断、ビジネスマッチング、輸出事業者のレベルに応じたサポートが行われているほか、新たに輸出に取り組む輸出スタートアップを増やしていくため、現場に密着したサポート体制を強化することとして

---

*1　令和4（2022）年6月28日、「食料安定供給・農林水産業基盤強化本部」に改組。
*2　牛肉、豚肉、鶏肉、鶏卵、牛乳・乳製品、果樹（りんご）、果樹（ぶどう）、果樹（もも）、果樹（かんきつ）、果樹（かき・かき加工品）、野菜（いちご）、野菜（かんしょ等）、切り花、茶、コメ・パックご飯・米粉及び米粉製品、製材、合板、ぶり、たい、ホタテ貝、真珠、錦鯉、清涼飲料水、菓子、ソース混合調味料、味噌・醤油、清酒（日本酒）、ウイスキー、本格焼酎・泡盛。

います。このほか、独立行政法人日本貿易振興機構（JETRO）による輸出総合サポート、日本食品海外プロモーションセンター（JFOODO）による戦略的プロモーションや民間団体・民間事業者等によるPR・販売促進活動等が行われています。また、香港や米国等の主要な輸出先国・地域において、現地発の情報・戦略に基づき輸出事業者を専門的・継続的に支援するため、在外公館、JETRO海外事務所、JFOODO海外駐在員を主要な構成員とする輸出支援プラットフォームが設立されました。さらに、海外現地法人を設立し、設備投資等を行う場合の資金供給を促進するとともに、投資円滑化法[*1]に基づき、民間の投資主体による輸出に取り組む事業者への資金供給の促進に取り組んでいます。くわえて、輸出先国・地域の衛生基準等に適合した輸出環境を整備するため、農林水産省は、欧米への輸出時に必要とされる水産加工施設等のHACCP[*2]対応や、輸出増大が見込まれる漁港における高度な衛生管理体制の構築の取組を行うとともに、海外の規制・ニーズに対応した生産・流通体系への転換を通じた大規模な輸出産地形成の取組等を進めています。

　令和4（2022）年10月には農林水産物及び食品の輸出の促進に関する法律[*3]が改正され、輸出重点品目についてオールジャパンによる輸出促進活動を行う体制を備えた農林水産物・食品輸出促進団体（以下「品目団体」といいます。）の認定制度や、株式会社日本政策金融公庫による貸付制度である農林水産物・食品輸出基盤強化資金が創設されました。このうち認定品目団体については、令和5（2023）年度末時点で、ぶり、たい、ホタテ貝等27品目15団体を認定しています。

　農林水産省では「農林水産物・食品輸出本部」において、輸出を戦略的かつ効率的に促進するための基本方針や実行計画（工程表）を策定し、進捗管理を行うとともに、関係省庁が一丸となって、輸出先国に対する輸入規制等の緩和・撤廃に向けた協議、輸出証明書発行や施設認定等の輸出を円滑化するための環境整備、輸出に取り組む事業者の支援等を実施しています。

農林水産物・食品輸出本部（輸出先国規制対策）（農林水産省）：
https://www.maff.go.jp/j/shokusan/hq/index-1.html

農林水産物・食品の輸出拡大実行戦略の進捗（農林水産省）：
https://www.maff.go.jp/j/shokusan/export/progress/

〈ALPS処理水海洋放出後の輸入規制に対し輸出先の転換対策を支援〉//////////////////////////

　令和5（2023）年8月のALPS処理水の海洋放出開始以降の中国、ロシア、香港及びマカオによる輸入規制強化を踏まえ、特定の国・地域への輸出の依存を分散するため、輸出先の多角化等を支援しています。

---

*1　正式名称：農林漁業法人等に対する投資の円滑化に関する特別措置法（平成14年法律第52号）
*2　Hazard Analysis and Critical Control Point：危害要因分析・重要管理点。原材料の受入れから最終製品に至るまでの工程ごとに、微生物による汚染や金属の混入等の食品の製造工程で発生するおそれのある危害要因をあらかじめ分析（HA）し、危害の防止につながる特に重要な工程を重要管理点（CCP）として継続的に監視・記録する工程管理システム。FAOと世界保健機関（WHO）の合同機関である食品規格（コーデックス）委員会がガイドラインを策定して各国にその採用を推奨している。
*3　令和元年法律第57号

具体的には、JETROによる海外販路の開拓、海外見本市への出展等の取組等を支援しています。

→第5章（3）を参照

第2章

我が国の水産業をめぐる動き

（1）漁業・養殖業の国内生産の動向

〈漁業・養殖業の生産量は減少し、生産額は増加〉

　我が国の漁業は、第二次世界大戦後、沿岸から沖合へ、沖合から遠洋へと漁場を拡大することによって発展しましたが、昭和50年代には200海里時代が到来し、遠洋漁業の撤退が相次ぐ中、マイワシの漁獲量が急激に増加した結果、我が国の漁業・養殖業の生産量は、昭和59（1984）年にピークに達しました。その後、我が国の漁業・養殖業生産量は、マイワシの漁獲量の減少などにより平成7（1995）年頃にかけて急速に減少した後、漁業就業者や漁船の減少等に伴う生産体制の脆弱化に加え、海洋環境の変化や水産資源の減少等により、緩やかな減少傾向が続いており、令和4（2022）年は、前年から24万t（6％）減少し、392万tとなりました（図表2－1）。

　このうち、海面漁業の漁獲量は、前年から23万t（7％）減少し、295万tでした。魚種別では、サケ類等が増加し、サバ類、カツオ等が減少しました。他方、海面養殖業の収獲量は91万tで、前年から1万t（2％）減少しました。これは、ブリ類、海藻類等が減少したことによります。また、内水面漁業・養殖業の生産量は、5万tで、前年から2千t（5％）増加しました。

　令和4（2022）年の我が国の漁業・養殖業の生産額は、前年から2,058億円（15％）増加し、1兆6,001億円となりました（図表2－2）。

　このうち、海面漁業の生産額は9,161億円で、前年から1,141億円（14％）増加しました。この要因としては、サケ類の漁獲量の大幅な増加、輸入水産物の価格高騰によるマグロ等の多くの魚種の価格の上昇等が影響したと考えられます。

　海面養殖業の生産額は5,433億円で、前年から749億円（16％）増加しました。この要因としては、ブリ類の収獲量の減少、ホタテガイの輸出需要が堅調であることによる価格の上昇等が影響したものと考えられます。

　内水面漁業・養殖業の生産額は1,407億円で、前年から168億円（14％）の増加となりました。

図表2－1　漁業・養殖業の生産量の推移

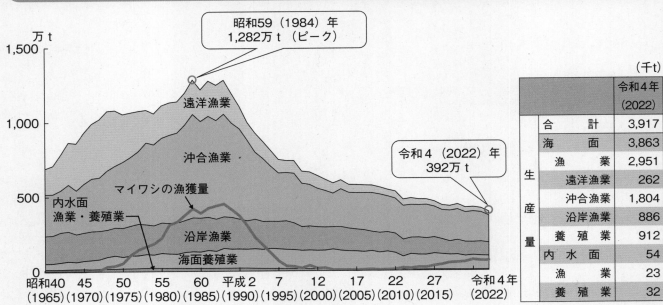

		令和4年 （2022）
生産量	合　　　計	3,917
	海　　　面	3,863
	漁　　　業	2,951
	遠洋漁業	262
	沖合漁業	1,804
	沿岸漁業	886
	養　殖　業	912
	内　水　面	54
	漁　　　業	23
	養　殖　業	32

（千t）

資料：農林水産省「漁業・養殖業生産統計」
注：漁業・養殖業の生産量の内訳である「遠洋漁業」、「沖合漁業」及び「沿岸漁業」は、平成19（2007）年以降漁船のトン数階層別の漁獲量の調査を実施しないこととしたため、平成19（2007）～22（2010）年までの数値は推計値であり、平成23（2011）年以降の調査については「遠洋漁業」、「沖合漁業」及び「沿岸漁業」に属する漁業種類ごとの漁獲量を積み上げたものである。

図表2-2　漁業・養殖業の生産額の推移

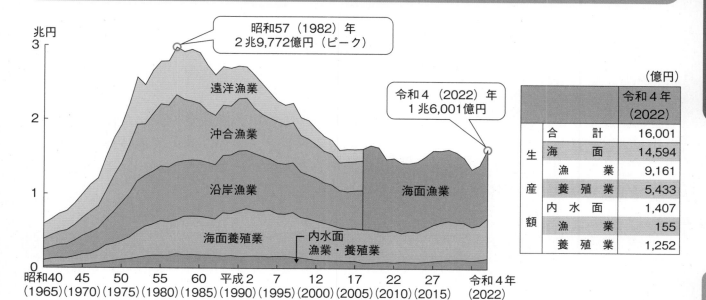

昭和57（1982）年
2兆9,772億円（ピーク）

令和4（2022）年
1兆6,001億円

（億円）

		令和4年（2022）
生産額	合　　　計	16,001
	海　　　面	14,594
	漁　　　業	9,161
	養　殖　業	5,433
	内　水　面	1,407
	漁　　　業	155
	養　殖　業	1,252

資料：農林水産省「漁業産出額」に基づき水産庁で作成

注：1）漁業生産額は、漁業産出額（漁業・養殖業の生産量に産地市場卸売価格等を乗じて推計したもの）に種苗の生産額を加算したもの。
　　2）海面漁業の部門別産出額については、平成19（2007）年から取りまとめを廃止した。

〈漁業・養殖業の生産量の約24%、生産額の約42%を養殖が占める〉

　近年顕在化してきた海洋環境の変化等により水産資源の漁獲が不安定な中、計画的で安定的に生産できる養殖業に対する期待は高く、国民への水産物の安定供給に重要な役割を果たしています。我が国の養殖業による収獲量は、魚類、貝類及び藻類により約100万tの生産が行われており、漁業・養殖業の生産量のうち約24%を占めています。このうち、ブリ類、マダイ、クロマグロ、ギンザケを中心とした海面魚類が約24万t、海面貝類が約34万t、海面藻類が約33万tとなっています。内水面では、ウナギ、マス類、アユを中心に約3万tとなっています。また、養殖業による生産額は、漁業・養殖業の生産額のうち約42%を占める6,685億円となっています。このうち、海面魚類が約3,092億円、海面貝類が約1,035億円、海面藻類が約1,029億円となっております。内水面は、ウナギ、ニシキゴイ、マス類、アユを中心に約1,252億円となっています。

（2）漁業・養殖業の経営の動向

ア　水産物の産地価格の推移
〈不漁が続き漁獲量が減少したスルメイカ等は高値〉//

　水産物の価格は、資源の変動や気象状況等による各魚種の生産状況、国内外の需要の動向等、様々な要因の影響を複合的に受けて変動します。

　特に、マイワシ、サバ類、サンマ等の多獲性魚種の価格は、漁獲量の変化に伴って大きく変化し、近年は、不漁が続き漁獲量が減少しているスルメイカ等は高値で推移しています。また、漁獲量の増加に伴いマイワシの価格は低下しましたが、令和5（2023）年の価格は、世界的な魚粉価格の高騰等により上昇しました（図表2－3）。

図表2－3　主な魚種の漁獲量と主要産地における価格の推移

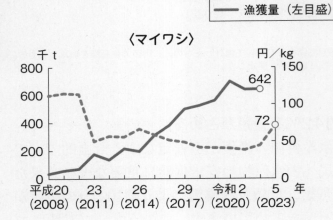
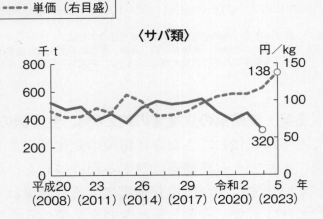
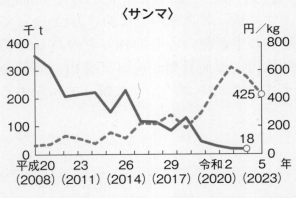
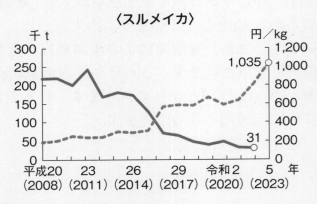

資料：農林水産省「漁業・養殖業生産統計」（漁獲量）及び「水産物流通統計年報」（平成20（2008）～21（2009）年）並びに水産庁「水産物流通調査」（平成22（2010）～令和5（2023）年）（単価）に基づき水産庁で作成
注：単価は、平成20（2008）年は42漁港、平成21（2009）年は184漁港、平成22（2010）及び28（2016）年は208漁港、平成23（2011）、26（2014）及び29（2017）年は210漁港、平成24（2012）～25（2013）年は211漁港、平成27（2015）及び30（2018）～令和2（2020）年は209漁港、令和3（2021）及び4（2022）年は147漁港、令和5（2023）年は48漁港の平均価格。

　漁業及び養殖業の近年の平均産地価格は、上昇傾向から平成29（2017）年以降は下降傾向となったものの、令和3（2021）年から回復基調にあり、令和4（2022）年は前年から71円/kg上昇し、401円/kgとなりました（図表2－4）。

図表2－4　漁業・養殖業の平均産地価格の推移

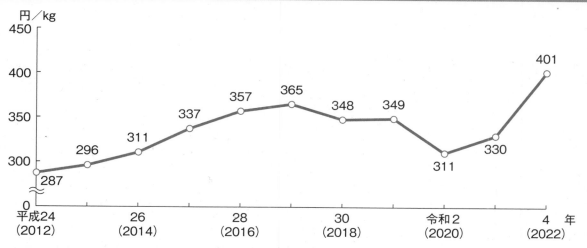

円／kg

450
401
400
365
357
348　349
337
350
330
311
311
296
300
287

0

平成24　　　　26　　　　28　　　　30　　　　令和2　　　　4　年
(2012)　　(2014)　　(2016)　　(2018)　　(2020)　　(2022)

資料：農林水産省「漁業・養殖業生産統計」及び「漁業産出額」に基づき水産庁で作成
注：漁業・養殖業の産出額（捕鯨業を除く。）を生産量で除して求めた。

イ　漁船漁業の経営状況

〈沿岸漁船漁業を営む個人経営体の漁労所得は252万円〉

　令和4（2022）年の沿岸漁船漁業[*1]を営む個人経営体の漁労所得は、前年から56万円増加し、252万円となりました（図表2－5）。これは、漁獲物の価格の上昇等により、漁労収入が増加したためです。漁労支出の内訳では、雇用労賃、油費等が増加しました。

　なお、水産加工や民宿の経営といった漁労外事業所得は、前年から5万円増加して26万円となり、漁労所得にこれを加えた事業所得は、278万円となりました。

---

*1　船外機付漁船及び10トン未満の動力漁船を使用した漁業。沿岸地域で、主に日帰りで行う漁業であり、一例としては、イワシ類、イカナゴ等を漁獲する船びき網漁業、マグロ類を漁獲するひき縄釣り漁業。

図表2−5　沿岸漁船漁業を営む個人経営体の経営状況の推移

(単位：千円)

	平成25 (2013)		30 (2018)		令和元 (2019)		2 (2020)		3 (2021)		4年 (2022)	
事業所得	2,411		2,315		2,251		2,304		2,168		2,778	
漁労所得	2,224		2,082		2,034		2,068		1,964		2,522	
漁労収入	6,284		6,012		6,009		6,065		6,235		7,138	
制度受取金（漁業）	329		218		345		944		823		1,166	
漁労支出	4,060	(100.0)	3,930	(100.0)	3,975	(100.0)	3,997	(100.0)	4,271	(100.0)	4,616	(100.0)
雇用労賃	503	(12.4)	557	(14.2)	532	(13.4)	499	(12.5)	531	(12.4)	608	(13.2)
漁船・漁具費	299	(7.4)	298	(7.6)	311	(7.8)	345	(8.6)	339	(7.9)	373	(8.1)
修繕費	302	(7.4)	350	(8.9)	326	(8.2)	355	(8.9)	397	(9.3)	434	(9.4)
油費	820	(20.2)	675	(17.2)	693	(17.4)	575	(14.4)	668	(15.6)	748	(16.2)
販売手数料	375	(9.2)	382	(9.7)	382	(9.6)	365	(9.1)	375	(8.8)	442	(9.6)
減価償却費	576	(14.2)	541	(13.8)	570	(14.3)	645	(16.1)	678	(15.9)	676	(14.6)
その他	1,186	(29.2)	1,127	(28.7)	1,161	(29.2)	1,213	(30.3)	1,282	(30.0)	1,335	(28.9)
漁労外事業所得	187		233		217		236		204		256	

資料：農林水産省「漁業経営統計調査報告」及び「漁業センサス」に基づき水産庁で作成
注：1）「漁業経営統計調査報告」の個人経営体調査の漁船漁業の結果を基に、「漁業センサス」の個人経営体の船外機付漁船及び10トン未満の動力漁船を用いる経営体数で加重平均した。（ ）内は漁労支出の構成割合（％）。
　　2）「漁労外事業所得」とは、漁労外事業収入から漁労外事業支出を差し引いたものである。漁労外事業収入は、漁業経営以外に経営体が兼営する水産加工業、遊漁船業、民宿及び農業等の事業によって得られた収入のほか、漁業用生産手段の一時的賃貸料のような漁業経営にとって付随的な収入を含んでおり、漁労外事業支出はこれらに係る経費である。
　　3）令和2（2020）年以前は、東日本大震災により漁業が行えなかったこと等から、福島県の経営体を除く結果である。
　　4）漁家の所得には、事業所得のほか、漁業世帯構成員の事業外の給与所得や年金等の事業外所得が加わる。

　沿岸漁船漁業を営む個人経営体には、数億円規模の売上げがあるものから、ほとんど販売を行わず自給的に漁業に従事するものまで、様々な規模の経営体が含まれます。平成30（2018）年における沿岸漁船漁業を営む個人経営体の販売金額を見てみると、300万円未満の経営体が全体の7割近くを占めており、また、このような零細な経営体の割合は、平成25（2013）年と比べると平成30（2018）年にはやや減少していますが、平成20（2008）年と比べると増加しています（図表2−6）。また、平成30（2018）年の販売金額を年齢階層別に見てみると、販売金額300万円未満の割合は64歳以下の階層より65歳以上の階層で多く、65歳以上の階層では販売金額300万円未満が7割以上、75歳以上の階層では販売金額100万円未満が5割以上を占めています（図表2−7）。

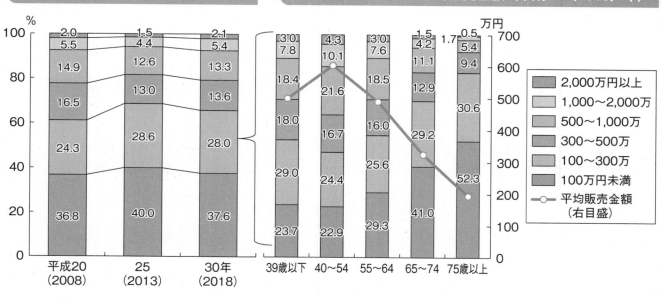

図表2-6　沿岸漁船漁業を営む個人経営体の販売金額規模別の内訳

図表2-7　沿岸漁船漁業を営む個人経営体の基幹的漁業従事者の年齢階層別の販売金額規模別の内訳及び推計平均販売金額（平成30（2018）年）

資料：農林水産省「漁業センサス」に基づき水産庁で作成
注：沿岸漁船漁業とは、船外機付漁船及び10トン未満の動力漁船を使用した漁業。

資料：農林水産省「2018年漁業センサス」（組替集計）に基づき水産庁で作成
注：沿岸漁船漁業とは、船外機付漁船及び10トン未満の動力漁船を使用した漁業。

凡例：
2,000万円以上
1,000～2,000万
500～1,000万
300～500万
100～300万
100万円未満
平均販売金額（右目盛）

〈基幹的漁業従事者が65歳未満の個人経営体（漁船漁業）の漁労所得は543万円〉

　令和4（2022）年の基幹的漁業従事者[*1]が65歳未満の個人経営体（漁船漁業）の漁労所得は、前年から157万円増加し、543万円となりました（図表2-8）。

図表2-8　基幹的漁業従事者が65歳未満の個人経営体（漁船漁業）の経営状況の推移

（単位：千円）

	平成25（2013）		30（2018）		令和元（2019）		2（2020）		3（2021）		4年（2022）	
事業所得	6,957		6,153		5,118		4,725		4,308		6,005	
漁労所得	6,623		5,447		4,299		4,220		3,861		5,428	
漁労収入	35,358		25,637		24,595		22,233		22,302		22,893	
制度受取金（漁業）	3,897		937		1,169		2,193		2,560		2,345	
漁労支出	28,735	(100.0)	20,190	(100.0)	20,296	(100.0)	18,014	(100.0)	18,442	(100.0)	17,466	(100.0)
雇用労賃	8,545	(29.7)	6,303	(31.2)	5,438	(26.8)	4,527	(25.1)	4,792	(26.0)	5,038	(28.8)
漁船・漁具費	1,453	(5.1)	1,074	(5.3)	1,311	(6.5)	1,419	(7.9)	1,462	(7.9)	1,002	(5.7)
修繕費	2,252	(7.8)	1,530	(7.6)	1,436	(7.1)	1,526	(8.5)	1,404	(7.6)	1,200	(6.9)
油費	5,459	(19.0)	3,644	(18.1)	3,814	(18.8)	2,757	(15.3)	3,139	(17.0)	2,882	(16.5)
販売手数料	1,782	(6.2)	1,245	(6.2)	1,226	(6.0)	1,189	(6.6)	1,176	(6.4)	1,232	(7.1)
減価償却費	2,757	(9.6)	1,512	(7.5)	2,057	(10.1)	2,171	(12.1)	1,907	(10.3)	1,858	(10.6)
その他	6,487	(22.6)	4,880	(24.2)	5,014	(24.7)	4,425	(24.6)	4,562	(24.7)	4,253	(24.4)
漁労外事業所得	334		705		819		505		447		577	

資料：農林水産省「漁業経営統計調査」（組替集計）及び「漁業センサス」に基づき水産庁で作成
注：1）「漁業経営統計調査」（組替集計）の個人経営体調査の漁船漁業の結果を基に、「漁業センサス」の年齢階層ごとの経営体数で加重平均した。（ ）内は漁労支出の構成割合（％）。
　　2）「漁労外事業所得」とは、漁労外事業収入から漁労外事業支出を差し引いたものである。漁労外事業収入は、漁業経営以外に経営体が兼営する水産加工業、遊漁船業、民宿及び農業等の事業によって得られた収入のほか、漁業用生産手段の一時賃貸料のような漁業経営にとって付随的な収入を含んでおり、漁労外事業支出はこれらに係る経費である。
　　3）令和2（2020）年以前は、東日本大震災により漁業が行えなかったこと等から、福島県の経営体を除く結果である。
　　4）漁家の所得には、事業所得のほか、漁業世帯構成員の事業外の給与所得や年金等の事業外所得が加わる。

*1　個人経営体の世帯員のうち、満15歳以上で自家漁業の海上作業従事日数が最も多い者。

〈漁船漁業を営む会社経営体の営業利益は273万円の赤字〉

　漁船漁業を営む会社経営体では、漁労利益の赤字が続いていますが、令和4（2022）年度には、漁労利益の赤字幅は前年度から788万円減少して4,824万円となりました（図表2－9）。これは、油費等の漁労支出が1,890万円増加した一方、漁獲物の価格上昇等で漁労収入が2,678万円増加したことによります。

　また、漁労外利益は、令和4（2022）年度には、前年度から98万円増加して4,551万円となりました。この結果、漁労利益と漁労外利益を合わせた営業利益は273万円の赤字となりました。

図表2－9　漁船漁業を営む会社経営体の経営状況の推移

（単位：千円）

	平成25 (2013)		30 (2018)		令和元 (2019)		2 (2020)		3 (2021)		4 年度 (2022)	
営業利益	△9,177		2,817		△7,249		△9,584		△11,581		△2,725	
漁労利益	△18,604		△27,666		△34,445		△42,117		△56,115		△48,235	
漁労収入（漁労売上高）	281,446		331,956		295,549		292,934		273,225		300,006	
漁労支出	300,050	(100.0)	359,622	(100.0)	329,994	(100.0)	335,051	(100.0)	329,340	(100.0)	348,241	(100.0)
雇用労賃（労務費）	89,355	(29.8)	111,054	(30.9)	101,204	(30.7)	102,874	(30.7)	101,491	(30.8)	102,382	(29.4)
漁船・漁具費	13,778	(4.6)	21,398	(6.0)	17,046	(5.2)	17,146	(5.1)	16,994	(5.2)	15,517	(4.5)
油費	61,745	(20.6)	54,639	(15.2)	54,110	(16.4)	46,433	(13.9)	45,402	(13.8)	55,608	(16.0)
修繕費	22,307	(7.4)	30,556	(8.5)	27,015	(8.2)	30,250	(9.0)	31,914	(9.7)	31,818	(9.1)
減価償却費	26,570	(8.9)	33,813	(9.4)	32,819	(9.9)	38,644	(11.5)	36,080	(11.0)	42,079	(12.1)
販売手数料	11,889	(4.0)	14,011	(3.9)	13,859	(4.2)	13,497	(4.0)	12,468	(3.8)	12,622	(3.6)
その他	74,406	(24.8)	94,151	(26.2)	83,941	(25.4)	86,207	(25.7)	84,991	(25.8)	88,215	(25.3)
漁労外利益	9,427		30,483		27,196		32,533		44,534		45,510	
制度受取金（漁業）	—		—		14,280		22,191		28,002		34,850	
経常利益	1,698		13,206		2,926		3,929		7,611		22,072	

資料：農林水産省「漁業経営統計調査報告」に基づき水産庁で作成
注：1）（　）内は漁労支出の構成割合（％）。
　　2）「漁労支出」とは、「漁労売上原価」と「漁労販売費及び一般管理費」の合計値である。

〈10トン未満の漁船では船齢20年以上の船が全体の8割以上〉

　我が国の漁業で使用される漁船について、漁船隻数は減少傾向にあり、令和4（2022）年は前年から約5千隻減少し、10万8,660隻となっています（図表2－10）。

　また、我が国の漁業で使用される漁船については、引き続き高船齢化が進んでいます。令和6（2024）年に大臣許可漁業の許可を受けている漁船では、船齢20年以上の船が全体の約6割、30年以上の船が全体の約3割を占めています（図表2－11）。また、令和4（2022）年度に漁船保険に加入していた10トン未満の漁船では、船齢20年以上の船が全体の8割以上を、30年以上の船が全体の約6割を占めています（図表2－12）。

　漁船は漁業の基幹的な生産設備ですが、高船齢化が進んで設備の能力が低下すると、操業の効率を低下させ、漁業の収益性を悪化させるおそれがあります。そこで、水産庁は、高性能漁船の導入等により収益性の高い操業体制への転換を目指すモデル的な取組等に対して、漁業構造改革総合対策事業（もうかる漁業事業）や水産業競争力強化漁船導入緊急支援事業（漁船リース事業）による支援を行っています。

第1部

第2章

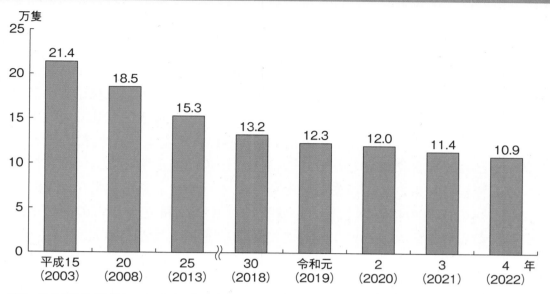

図表2−10 漁船の隻数の推移

資料：農林水産省「漁業センサス」（平成15（2003）～30（2018）年）及び「漁業構造動態調査」（令和元（2019）年以降）
注：漁船とは、調査日（各年11月1日）時点に保有しており、過去1年間に経営体が漁業生産のために使用したものをいい、主船のほかに付属船（まき網における灯船、魚群探索船、網船等）を含む。

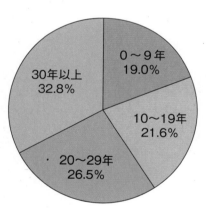

図表2−11 大臣許可漁業許可船の船齢の割合

資料：水産庁調べ（令和6（2024）年）
注：1）大中型まき網漁業については、魚探船、火船及び運搬船を含む。
　　2）1月1日時点。

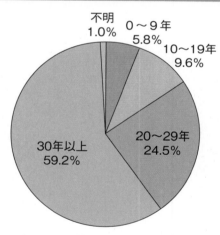

図表2−12 10トン未満の漁船の船齢の割合

資料：日本漁船保険組合調べに基づき水産庁で作成（令和4（2022）年度）

〈燃油価格の高騰により補填金交付が続く〉 //

　油費の漁労支出に占める割合は、直近5か年の平均で、沿岸漁船漁業を営む個人経営体で約16％、漁船漁業を営む会社経営体で約15％を占めており、燃油の価格動向は、漁業経営に大きな影響を与えます。燃油価格は、過去10年ほどの間、新興国における需要の拡大、中東情勢の流動化、投機資金の流入、米国におけるシェール革命、産油国合意に基づく産出量の増減、為替相場の変動等、様々な要因により大きく変動してきました。

　これまでも、水産庁は、燃油価格が変動しやすいこと及び漁業経営に与える影響が大きいことを踏まえ、漁業者と国があらかじめ積立てを行い、燃油価格が一定の基準以上に上昇し

た際に積立金から補填金を交付する漁業経営セーフティーネット構築事業及び漁業者への省エネルギー機器の導入支援により、燃油価格高騰の際の漁業経営への影響の緩和を図ってきました。

　燃油価格は、令和2（2020）年12月以降、新型コロナウイルス感染症拡大による世界的な経済活動の停滞からの回復等により、石油需要が増加するとの期待が高まったこと等から急激に上昇し、更に令和4（2022）年2月からのロシア・ウクライナ情勢による影響、産油国の減産、急速な円安等により、高値水準で、かつ、不安定な動きを見せています（図表2－13）。このような中、政府は、令和5（2023）年11月に「デフレ完全脱却のための総合経済対策」を取りまとめ、同月に成立した令和5（2023）年度補正予算において、物価高騰等による経営への影響緩和対策として漁業経営セーフティーネット構築事業に366億円を措置し、同年12月に基金への国費の積み増しを行いました。また、積立金からの補填金は、令和3（2021）年1月から令和5（2023）年12月まで12期[*1]連続して交付されています。

　なお、令和4（2022）年1月からの資源エネルギー庁による燃料油価格激変緩和対策事業の実施により、ガソリン価格が所定の基準を超えた場合に燃料油元売りに補助金が支給されたことから、燃油価格の高騰が緩和されているところです。

図表2－13　燃油価格の推移

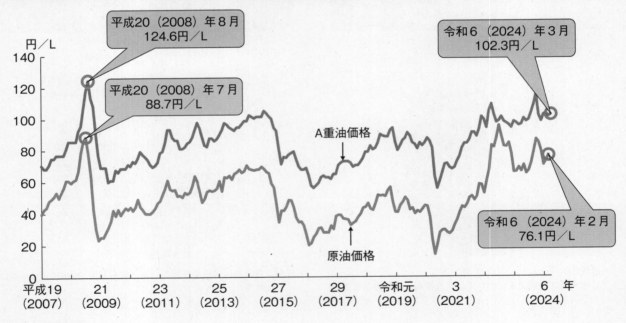

資料：水産庁調べ

ウ　養殖業の経営状況

〈海面養殖業を営む個人経営体の漁労所得は1,062万円〉

　海面養殖業を営む個人経営体の漁労所得について、令和4（2022）年は、前年から228万円増加して1,062万円となりました（図表2－14）。これは、ほたてがい養殖業をはじめとする漁労収入が増加したこと等により、漁労収入が516万円増加したためです。

＊1　漁業経営セーフティーネット構築事業では、燃油価格の補填に関する期間を3か月で一つの期としている。

図表2−14　海面養殖業経営体（個人経営体）の経営状況の推移

（単位：千円）

	平成25 (2013)		30 (2018)		令和元 (2019)		2 (2020)		3 (2021)		4 年 (2022)	
事 業 所 得	5,980		9,218		6,897		8,070		8,537		10,787	
漁 労 所 得	5,790		8,826		6,577		7,863		8,336		10,616	
漁 労 収 入	24,048		33,702		32,007		33,485		35,142		40,299	
制度受取金（漁業）	732		1,195		1,670		2,594		3,376		2,198	
漁 労 支 出	18,258	(100.0)	24,875	(100.0)	25,429	(100.0)	25,622	(100.0)	26,806	(100.0)	29,683	(100.0)
雇用労賃	2,793	(15.3)	3,331	(13.4)	3,615	(14.2)	3,741	(14.6)	3,860	(14.4)	3,818	(12.9)
漁船・漁具費	879	(4.8)	986	(4.0)	1,032	(4.1)	1,055	(4.1)	1,276	(4.8)	1,395	(4.7)
修繕費	924	(5.1)	1,552	(6.2)	1,396	(5.5)	1,620	(6.3)	1,661	(6.2)	1,870	(6.3)
油費	1,240	(6.8)	1,317	(5.3)	1,278	(5.0)	1,253	(4.9)	1,472	(5.5)	1,754	(5.9)
餌代	3,695	(20.2)	4,750	(19.1)	5,823	(22.9)	5,448	(21.3)	4,863	(18.1)	5,087	(17.1)
種苗代	1,191	(6.5)	1,505	(6.0)	1,286	(5.1)	1,237	(4.8)	1,027	(3.8)	1,379	(4.6)
販売手数料	691	(3.8)	1,157	(4.7)	987	(3.9)	1,079	(4.2)	1,357	(5.1)	1,708	(5.8)
減価償却費	2,019	(11.1)	2,874	(11.6)	3,324	(13.1)	3,395	(13.3)	3,645	(13.6)	3,815	(12.9)
その他	4,826	(26.4)	7,403	(29.8)	6,688	(26.3)	6,795	(26.5)	7,643	(28.5)	8,857	(29.8)
漁労外事業所得	190		392		320		207		201		171	

資料：農林水産省「漁業経営統計調査報告」及び「漁業センサス」に基づき水産庁で作成
注：1)「漁業経営統計調査報告」の個人経営体調査の結果を基に、「漁業センサス」の養殖種類ごとの経営体数で加重平均した。（ ）内は
　　漁労支出の構成割合（％）。
　　2)「漁労外事業所得」とは、漁労外事業収入から漁労外事業支出を差し引いたものである。漁労外事業収入は、漁業経営以外に経営体
　　が兼営する水産加工業、遊漁船業、民宿及び農業等の事業によって得られた収入のほか、漁業用生産手段の一時的賃貸料のような
　　漁業経営にとって付随的な収入を含んでおり、漁労外事業支出はこれらに係る経費である。
　　3) 漁家の所得には、事業所得のほか、漁業世帯構成員の事業外の給与所得や年金等の事業外所得が加わる。
　　4) 平成28（2016）年調査において、調査体系の見直しが行われたため、平成28（2016）年以降海面養殖業漁家からわかめ類養殖業
　　と真珠養殖業が除かれている。

〈養殖用配合飼料価格の高騰〉

　魚類養殖において餌代はコストの６割以上を占めており、養殖用配合飼料の価格動向は、給餌養殖業の経営を大きく左右します（図表２−15）。配合飼料の主原料である魚粉は、輸入に大きく依存しています。このため、最大の魚粉生産国であるペルーにおけるペルーカタクチイワシ（アンチョベータ）の不漁等により、価格は大きく変動してきました。近年では、中国をはじめとした新興国における魚粉需要の拡大を背景に、輸入価格は上昇傾向で推移しています。

　令和２（2020）年12月以降は、新型コロナウイルス感染症拡大による世界的な経済活動の停滞からの回復やロシア・ウクライナ情勢の影響に加え、急速な円安により上昇傾向にあるとともに、令和５（2023）年は、春から発生したエルニーニョ現象やペルーにおけるアンチョベータの減産等により、令和５（2023）年11月には1t当たり約26万円まで上昇しています（図表２−16）。

　このため、高効率な低魚粉養殖用配合飼料の開発や、配合飼料原料の多様化及び国産化、高成長系統の作出を目指す育種技術の開発等の取組を推進し、例えば低魚粉養殖用配合飼料については、昆虫や単細胞生物（水素細菌）が魚粉代替原料となり得る研究成果が得られたところです。くわえて、配合飼料価格が一定の基準以上に上昇した際に、漁業者と国による積立金から補填金を交付する漁業経営セーフティーネット構築事業により、配合飼料価格高騰による養殖業経営への影響の緩和を図ってきています。令和５（2023）年12月には燃油・配合飼料価格の積立金として366億円の基金への国費の積み増しを行いました。積立金から

の補填金は、配合飼料価格の高騰を受けて、令和4（2022）年1月から令和5（2023）年12月まで8期連続して交付されている状況です。

図表2-15 海面養殖業における漁労支出の構造

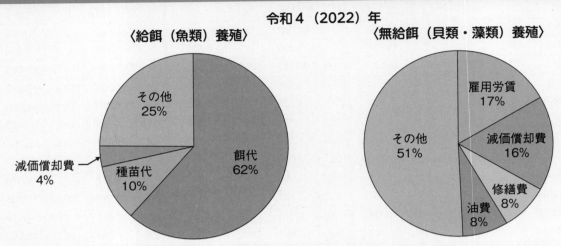

令和4（2022）年

〈給餌（魚類）養殖〉

その他 25%
餌代 62%
種苗代 10%
減価償却費 4%

〈無給餌（貝類・藻類）養殖〉

雇用労賃 17%
減価償却費 16%
修繕費 8%
油費 8%
その他 51%

資料：農林水産省「漁業経営統計調査報告」（令和4（2022）年）及び「漁業センサス」（平成30（2018）年）に基づき水産庁で作成
注：「漁業経営統計調査報告」の個人経営体の養殖業（給餌養殖はぶり類養殖業及びまだい養殖業、無給餌養殖はほたてがい養殖業、かき類養殖業及びのり類養殖業）の結果を基に、「漁業センサス」の経営体数で加重平均した。

図表2-16 配合飼料及び輸入魚粉価格の推移

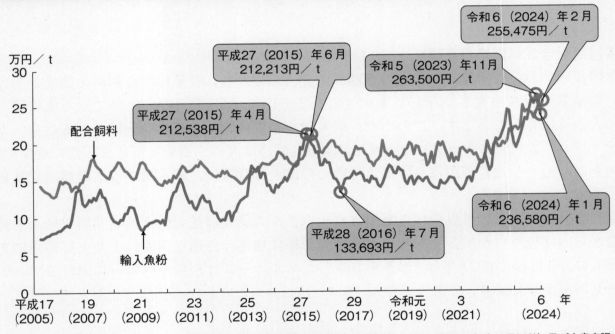

平成27（2015）年6月
212,213円／t

令和6（2024）年2月
255,475円／t

令和5（2023）年11月
263,500円／t

平成27（2015）年4月
212,538円／t

令和6（2024）年1月
236,580円／t

平成28（2016）年7月
133,693円／t

配合飼料

輸入魚粉

万円／t
30
25
20
15
10
5
0

平成17（2005）　19（2007）　21（2009）　23（2011）　25（2013）　27（2015）　29（2017）　令和元（2019）　3（2021）　6（2024）　年

資料：財務省「貿易統計」（魚粉）、一般社団法人日本養魚飼料協会調べ（配合飼料、平成25（2013）年6月以前）及び水産庁調べ（配合飼料、平成25（2013）年7月以降）

エ　漁業・養殖業の生産性

〈漁業就業者1人当たりの生産額は1,300万円〉

　漁業就業者数が減少する中、我が国の漁業就業者1人当たりの生産額はおおむね増加傾向で推移してきたものの、平成29（2017）年以降は、漁業・養殖業生産額の減少に伴い減少が

続きました。しかし、令和3（2021）年より漁業就業者1人当たりの生産額が増加し、令和4（2022）年は、漁業就業者1人当たりの生産額が1,300万円と前年より増加しました。また、漁業就業者1人当たりの生産量は31.8tとなっています（図表2-17）。

図表2-17　漁業就業者1人当たりの生産性

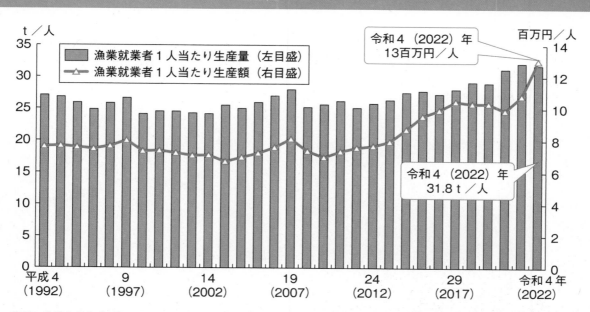

資料：農林水産省「漁業センサス」（平成5（1993）、10（1998）、15（2003）、20（2008）、25（2013）及び30（2018）年の漁業就業者数）、「漁業構造動態調査」（令和元（2019）年以降の漁業就業者数）、「漁業就業動向調査」（その他の年の漁業就業者数）、「漁業・養殖業生産統計」（生産量）及び「漁業産出額」（生産額）に基づき水産庁で作成

〈養殖業の成長産業化を推進〉

　水産資源の漁獲が不安定な中、魚食を好む国民が安定して水産物を楽しむためにも、計画的で安定的に生産できる養殖に対する期待は高く、国の内外を問わない関心の高まりから養殖業を成長させる好機を迎えています。このため、国内外の需要を見据えて戦略的養殖品目を設定し、生産から販売・輸出に至る総合戦略を立てた上で、養殖業の振興に本格的に取り組むこととし、農林水産省は、令和2（2020）年7月に「養殖業成長産業化総合戦略」を制定しました。同戦略では、生産中心のプロダクトアウト型から、生産から販売・輸出に至る関係者が連携し需要実態を強く意識できるマーケットイン型養殖業への転換を推進していくため、生産技術や生産サイクルを土台にし、餌・種苗等、加工、流通、販売、物流等の各段階が連携・連結しながら、それぞれの強みや弱みを補い合って、養殖のバリューチェーンの付加価値を向上させていくことが重要であり、現場の取組実例を参考に、1）生産者協業（複数の比較的小規模な養殖業者の連携）、2）産地事業者協業（養殖業者と漁協や産地の餌供給・加工・流通業者との連携）、3）生産者型企業（養殖業者からの事業承継や新規漁場の使用等により規模を拡大する地元養殖企業）、4）一社統合企業（養殖バリューチェーンの全部又は大部分を1社で行う企業）及び5）流通型企業（養殖業者の参画を得るなどし、養殖から販売まで行う流通や販売を本業とする企業）の五つの基本的な経営体の例が示されています。

　同戦略を着実に実行していくため、大規模沖合養殖システムの導入等の収益性向上のための実証の取組や、規模の大小を問わずマーケットイン型養殖業を実現するための資材・機材等の導入等の支援が行われています。

【事例】養殖業成長産業化の推進の取組

　大規模沖合養殖システムの導入等により収益性を向上するため、従来の10m四方の角形生簀を用いるのではなく、沖合に直径30mの円形大型浮沈式生簀を導入し、潮の流れが速く利用が難しいと言われてきた沖合漁場における養殖モデルを確立することで、総生産量及び輸出量の増加を図るとともに、生簀を集約することにより作業の省力化を図る取組が行われています。

　また、加工・流通面においては、マーケットイン型の販売戦略として需要が拡大している地域のニーズに沿った取組が行われています。例えば東アジアは、生鮮品志向で鮮度感が重視される一方、冷凍品は安価な天然原料由来品が流通しており、冷凍品での新規参入は難しいため、加工場の生産ラインを二つに増やし、処理スピードを上げることで、生鮮品での輸出を拡大するなどの取組が行われています。

沖合漁場

円形大型浮沈式生簀

オ　水産物の優良系統の保護をめぐる動き
〈水産物の優良系統の保護のためのガイドラインを策定〉

　持続的な養殖業を実現するために育種研究、人工種苗の利用促進等を推進することとしていますが、水産物の優良系統の保護について、考え方の整理や、優良種苗の不正利用の防止方策についての議論が十分に行われていません。こうした状況を踏まえて、水産基本計画において「水産物の優良系統の保護を図るため、優良種苗などの不正利用の防止方策を検討」することとされました。このため、令和4（2022）年7月より検討会を開催し、令和5（2023）年3月、優良系統の保護の必要性に関する現状を整理するとともに、保護すべき対象、既存の知的財産制度上における対応の整理、優良系統の保護に資する対応等について、「水産分野における優良系統の保護等に関するガイドライン」及び「養殖業における営業秘密の保護ガイドライン」を策定しました。

優良系統の保護等に関するガイドラインを作成しました

成長が良い、病気に強いといった養殖水産物の育種を推進していく必要があります。そのためには、知的財産保護への理解を深めることにより、適切に優良系統を保護することが重要です。

複数世代にわたる交配を通じた開発者による育種の多大な労力、費用や時間の投資の結果として、優良系統の開発が実現することが少なくありません。

優良系統の適切な保護は、養殖関係者の創意工夫に見合った利益を付与することになり、優れた優良系統を生み出すインセンティブを与え、我が国の養殖業の成長産業化に資するものになります。

<優良系統の作出における重要要素>

①ゲノム情報、選抜方法等の無体物

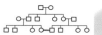

血縁関係、遺伝率、育種価情報など

②生殖細胞等の有体物

受精卵、発眼卵　　凍結精子　　親集団、人工種苗　など

保護の方法（例）

以下の制度により、保護できる場合があります。

知的財産の分類	法律	守られる対象
育成者権	種苗法	植物の品種（水産植物を含む）※
特許権	特許法	発明
限定提供データ	不正競争防止法	相当量蓄積、管理されているデータ
営業秘密（秘匿）	不正競争防止法	種苗生産、飼料調製・給餌等のノウハウ

※魚等の動物には種苗法の適用はありません。動物は植物と異なり、特性で品種が明確に区別されるとは言いにくく、「区別性」、「均一性」、「安定性」の各要件を検討することは容易ではないため、魚には植物における育成者権のような権利を認める制度はありません。

また、有体物については、上記に加えて以下のような方法も考えられます。

- ・提供する性別の限定
- ・遠縁の系統同士を掛け合わせたもの
- ・形質や性能的な向上が認められない一般的なもの　等

詳細は「**水産分野における優良系統の保護等に関するガイドライン**」（令和5年3月策定）をご覧ください。
水産庁ホームページ（https://www.jfa.maff.go.jp/j/saibai/yousyoku/yuuryou.html）に掲載しています。

その技術・ノウハウ、営業秘密として保護しましょう

養殖業の技術・ノウハウ等を「営業秘密」として適切な管理を行うことにより、不正競争防止法に基づく保護を受けることが可能です。

各自の持つ技術・ノウハウ等を実際に営業秘密として管理するに当たって、必要な措置を適切に講じられるよう、ガイドラインにまとめました。

保護され得る技術・ノウハウ

当たり前と思っている技術・ノウハウ等も、保護の対象になり得るかもしれません。各自が持つ技術・ノウハウの内容を把握・整理しましょう。

工程	保護され得る技術・ノウハウの例
種苗生産	親魚養成（日長や水温コントロールを含む）、催熟ホルモン投与方法、採卵方法等
種苗の導入	健苗性の推察方法、過去に蓄積した導入種苗の系統と飼育成績の相関データ等
飼料調製・給餌	飼餌料の調製技術、配合設計、給餌量と種類の切替え時期の判断要素、給餌方法等
…	…

営業秘密の3要件

技術・ノウハウ等が営業秘密として保護されるためには、3つの要件を満たす必要があります。営業秘密として管理するために必要な措置がとられているかについて確認しましょう。

<営業秘密の3要件>

①秘密として管理されていること（秘密管理性）
→ ⊕マーク、施錠管理等、従業員等から見て、その情報が会社にとって秘密としたい情報であることが分かるように管理されていること。

②有用な技術上又は営業上の情報であること（有用性）

③公然と知られていないこと（非公知性）

オープン・クローズ戦略

権利化と営業秘密（秘匿）を組み合わせて、
① 普及させたい場合として、技術情報の実施又は利用を非独占的に許諾する（オープン戦略）
② 独占したい場合として、技術情報を秘匿し、又は独占的に実施・利用・許諾する（クローズ戦略）
といった考え方は、「オープン・クローズ戦略」とも呼ばれ、限定提供データ等を含めて知的財産（権）をどのように活用するのが効果的かを考えることです。

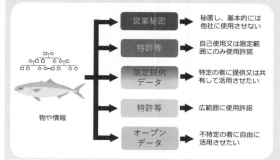

物や情報

営業秘密 → 秘匿し、基本的には他社に使用させない
特許等 → 自己使用又は限定範囲にのみ使用許諾
限定提供データ → 特定の者に提供又は共有して活用したい
特許等 → 広範囲に使用許諾
オープンデータ → 不特定の者に自由に活用させたい

知的財産に関する権利・利益への侵害を指摘されれば、訴訟等への対応も必要となることから、トラブルの回避を適切に図っていく必要があります。

詳細は「**養殖業における営業秘密の保護ガイドライン**」（令和5年3月策定）をご覧ください。
水産庁ホームページ（https://www.jfa.maff.go.jp/j/saibai/yousyoku/yuuryou.html）に掲載しています。

第1部

第2章

カ　所得の向上を目指す「浜の活力再生プラン」

〈全国で588地区が浜の活力再生プランの取組を実施〉////////////////////////////

　多様な漁法により多様な魚介類を対象とした漁業が営まれている我が国では、漁業の振興のための課題は地域や経営体によって様々です。このため、各地域や経営体が抱える課題に適切に対応していくためには、トップダウンによる画一的な方策によるのではなく、地域の漁業者自らが地域ごとの実情に即した具体的な解決策を考えて合意形成を図っていくことが必要です。このため、水産庁は、平成25（2013）年度より、漁村地域の活性化を図る方策として、各漁村地域の漁業者の所得を5年間で10%以上向上させることを目標に、地域の漁業や漁村の課題を漁業者自らが地方公共団体等と共に考え、地域ごとに解決策を取りまとめて実施する「浜の活力再生プラン」（以下「浜プラン」といいます。）を推進しています。水産庁の承認を受けた浜プランに盛り込まれた浜の取組は、関連施策の実施の際に優先的に採択されるなど、目標の達成に向けた支援が集中して行われる仕組みとなっています。

　令和5（2023）年度末時点で、全国で588地区の浜プランが、水産庁の承認を受けて、各取組を実施しており、その内容は、地域ブランドの確立や消費者ニーズに沿った加工品の開発等により付加価値の向上を図るもの、輸出体制の強化を図るもの、観光連携を強化するもの等、各地域の強みや課題により多様です（図表2－18）。

図表2－18　浜の活力再生プランの取組内容の例

【収入向上の取組例】

資源管理しながら生産量を増やす

○漁獲量増大：種苗放流、食害動物駆除、雑海藻駆除、海底耕うん、施肥（堆肥ブロック投入）、資源管理の強化等
○新規漁業開拓：養殖業、定置網、新たな養殖種の導入等

魚価向上や高付加価値化を図る

○品質向上：活締め・神経締め・血抜き等による高鮮度化、スラリーアイス・シャーベット氷の活用、細胞のダメージを低減する急速凍結技術の導入、活魚出荷、養殖餌の改良による肉質改善
○衛生管理：殺菌冷海水の導入、HACCP対応、食中毒対策の徹底等

商品を積極的に市場に出していく

○商品開発：低未利用魚等の加工品開発、消費者ニーズに対応した惣菜・レトルト食品・冷凍加工品開発等
○出荷拡大：大手量販店・飲食店との連携、販路拡大、市場統合等
○消費拡大：直販、お魚教室や学校給食、魚食普及、PRイベント開催

【コスト削減の取組例】

省燃油活動、省エネ機器導入

○船底清掃や漁船メンテナンスの強化
○省エネ型エンジンや漁具、加工機器の導入
○漁船の積載物削減による軽量化

協業化による経営合理化

○操業見直しによる操業時間短縮や操業隻数削減等
○協業化による人件費削減、漁具修繕・補修費削減等

　これまでの浜プランの取組状況を見てみると、令和4（2022）年度に浜プランを実施した地区のうち、46%の地区は所得目標を上回りました。所得の増減の背景は地区ごとに様々ですが、効果があった取組として、活け締め等による魚価向上に向けた取組や、種苗放流等の販売量向上に向けた取組等が挙げられます。一方で、効果が認められなかった取組については、その要因として新型コロナウイルス感染症の影響が継続したことによる高級魚をはじめ

とする魚価の低迷や、燃油価格や資材価格の高騰等が挙げられます。

また、平成27（2015）年度からは、より広域的な競争力強化のための取組を行う「浜の活力再生広域プラン」（以下「広域浜プラン」といいます。）も推進しています。広域浜プランには、浜プランに取り組む地域を含む複数の地域が連携し、それぞれの地域が有する産地市場、加工・冷凍施設等の集約・再整備や施設の再編に伴って空いた漁港内の水面を増養殖や蓄養向けに転換する浜の機能再編の取組、広域浜プランにおいて中核的漁業者として位置付けられた者が、競争力強化を実践するために必要な漁船をリース方式により円滑に導入する取組等が盛り込まれ、これらの取組は関連施策の対象として支援されます。令和5（2023）年度末までに、全国で147件の広域浜プランが策定され、実施されています。

今後とも、これら浜プラン・広域浜プランの枠組みに基づき、各地域の漁業者が自律的・主体的にそれぞれの課題に取り組むことにより、漁業者の所得の向上や漁村の活性化につながることが期待されます。

浜の活力を取り戻そう（水産庁）：
https://www.jfa.maff.go.jp/
j/bousai/hamaplan.html

【事例】 地域ごとの実情に即した浜の活力再生プラン

諫早市小長井地区地域水産業再生委員会

　長崎県諫早市小長井地区は、有明海の一部で干潟の海として有名な諫早湾に面しており、カキ養殖業を中心に、刺網、小型定置網が操業されています。同地域では、諫早湾漁協（小長井地区）と諫早市、長崎県で構成する地域水産業再生委員会が、令和元（2019）年度から浜プランを策定し、漁業者の所得向上を目指した取組を実施しています。

　同地区では、冬から春にかけて主力としているカキ等の出荷が集中し品揃えが充実する一方で、その他の時期には品揃えが薄くなる傾向にありました。くわえて、新型コロナウイルス感染症の影響により、保存期間が長く流通しやすい商品を消費者に周年で届けることができる販売形態への転換が必要となったことから、保管・流通面で優位性のある常温加工品の開発を進めました。例えば地元飲食店や高校生とタイアップした牡蠣カレーの開発や、新幹線開業の駅弁を共同開発するなど、地域の関係者と連携してユニークな商品開発を進めました。

　また、同漁協の直売所でも、冬から春に品揃えが充実する一方で、その他の時期には品薄となる傾向があり、訪問客が減少傾向にありました。そこで、直売所の認知度・集客力向上が漁業者の販売益の増加につながるという考えから、地元の農水産物を中心に地区外の水産物を仕入れ常に豊富な品揃えを実現することで、直売所のにぎわいを絶やさない運営を目指しました。カキのシーズンである冬季には、直売所に併設したカキ焼き小屋のPRを行い、年間を通じた集客力向上に資する取組を進めました。

　これらの取組の結果、浜プラン策定前の平成29（2017）年度と比較し、令和4（2022）年度には加工品販売額が約1.6倍、直売店取扱高が約1.4倍まで上昇するなど高い取組効果が見られており、本委員会の取組は漁業者の所得向上及び地域活性化を実現しています。

開発した商品
（牡蠣カレー（左）、駅弁（中央）、オイル漬けと一夜干し（右））

冬季に併設されるカキ焼き小屋

（3）漁業の就業者をめぐる動向

ア　漁業就業者の動向

〈漁業就業者数は12万3,100人〉

　我が国の漁業就業者数は一貫して減少傾向にあり、令和4（2022）年の我が国の漁業就業者数は、前年から4.8％減少し、12万3,100人となっています（図表2−19）。漁業就業者全体に占める65歳以上の割合は増加傾向となっている一方、39歳以下の割合も近年増加傾向となっています。

　漁業就業者数の総数が減少する中で、近年の新規漁業就業者数はおおむね2千人程度で推移していましたが、令和4（2022）年度は1,691人となり、前年度の1,744人から3％減少し1,600人台となりました（図表2−20）。新規漁業就業者数のうち、39歳以下の割合は約7割で推移し若い世代の参入が多く占める傾向が続いています。

　新規漁業就業者数について就業形態別に見ると、雇われでの就業は令和4（2022）年度は965人であり、前年度の1,076人に比べ1割以上減少しました。他方、独立・自営を目指す新規就業者（以下「独立型新規就業者」といいます。）については、令和4（2022）年度は718人であり、前年度の668人に比べ7.5％増加しました。

　雇われでの就業者数の減少は、沿岸漁業において減少幅が大きく、近年の記録的な不漁等による厳しい経営環境の影響を受けていると考えられます。

　近年減少が続いていた独立型新規就業者は、令和3（2021）年度から増加に転じましたが、独立型新規就業者数は年変動が大きく、都道府県の中には大きく減少しているところもあることから、今後の動向を注視していく必要があります。

図表2-19　漁業就業者数の推移

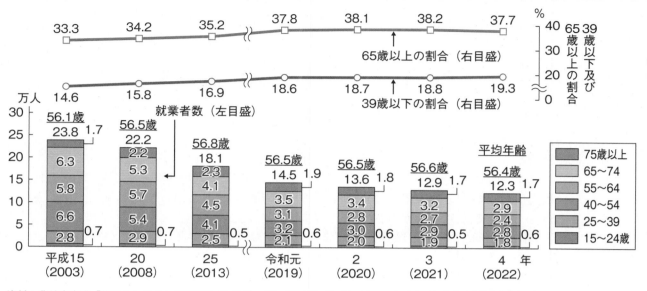

資料：農林水産省「漁業センサス」（平成15（2003）、20（2008）及び25（2013）年）及び「漁業構造動態調査」（令和元（2019）年以降）

注：1）「漁業就業者」とは、満15歳以上で過去1年間に漁業の海上作業に30日以上従事した者。
　　2）平成20（2008）年以降は、雇い主である漁業経営体の側から調査を行ったため、これまでは含まれなかった非沿海市区町村に居住している者を含んでおり、平成15（2003）年とは連続しない。
　　3）平均年齢は、「漁業構造動態調査」及び「漁業センサス」より各階層の中位数（75歳以上の階層については80を使用。）を用いた推計値。

図表2-20　新規漁業就業者数の推移

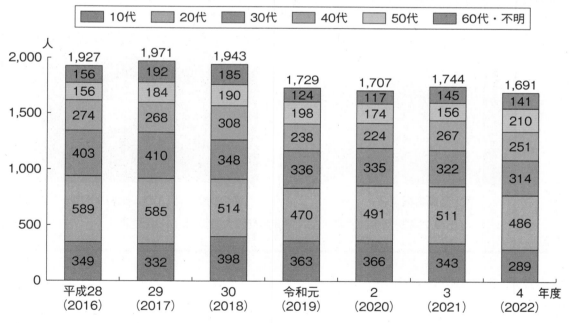

資料：都道府県が実施している新規就業者に関する調査から水産庁で推計

（コラム）新規就業者の新漁法による経営効率化や水揚額向上の取組

　宮崎県の日向市漁協に所属する髙田一人さんは、地元の日向市から大学進学を機に上京し、東京都のIT企業等で働いた後、日向市にUターンし一般企業に就職しました。地元のまちづくり協議会に参加する中で、「地元を盛り上げるためには、地場産業である漁業を盛り上げる必要がある」と感じて漁業者になることを決め、同漁協の紹介により大型定置網の従業員として6年間従事した後に独立し、宮崎県では行われていなかった小型底定置網の操業を開始しました。

　髙田さんが新たに取り組んだ小型底定置網は、通常小型定置網では2〜8人を要するところ、1人で揚網が行えることや網が水中に沈んでいるため汚れが付きにくいことから省力的な漁法であり、初期投資が少なく、雇用労賃が発生しないなど経費を抑えた操業が可能となっています。また、同漁法は、海況の影響を大きく受けず、休漁が少ないことから、近隣の小型定置網と比較し2倍近い操業回数が可能となっていることや、イシダイやスズキといった高単価の魚種が多く獲れることから、安定した水揚額が確保されています。

　くわえて、ITに関わってきた知識等を活かし、水中ドローンを投入し、破網がないかなどの水中の網の状態や魚の入網状況の確認、これらの情報を活かした網の改良等により、1人で操業を行うための作業効率を向上させました。また、操業の効率化に加え、鮮度を保つ血抜き技術を用いて魚価を向上させる取組を行っています。

　以上のように、独立して新たな漁法に取り組み、1人で操業可能となるように経営を効率化するとともに、工夫を重ねて水揚量の増加につなげるなど安定的な操業の取組が評価され、JF全漁連が開催した第28回全国青年・女性漁業者交流大会において、水産庁長官賞を受賞しました。

　髙田さんは現在、SNS*を通じて漁業の魅力を発信する活動も行っており、将来的には観光客向けの体験漁業を行うなど、観光資源としても底定置網を活用して、漁業のみならず地元日向市の魅力も発信していきたいと考えています。

＊　Social Networking Service：登録された利用者同士が交流できるWebサイトの会員制サービス。

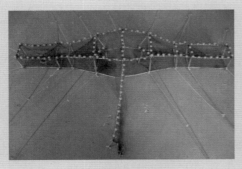
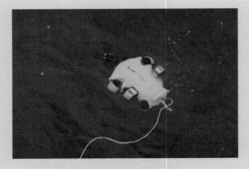

底定置網の模型図　　　　　　　網の視認に用いている水中ドローン

（出典：第28回全国青年・女性漁業者交流大会資料（JF全漁連））

イ　新規漁業就業者の確保に向けた取組
〈新規就業者の段階に応じた支援を実施〉

　我が国の漁業経営体の大宗を占めるのは、家族を中心に漁業を営む漁家であり、このような漁家の後継者の主体となってきたのは漁家で生まれ育った子弟です。しかしながら、近年、収入に対する不安や生活や仕事に対する価値観の多様化により、漁家の子弟が必ずしも漁業に就業するとは限らなくなっています。他方、新規漁業就業者のうち、他の産業から新たに漁業就業する人はおおむね7割[1]を占めており、就業先・転職先として漁業に関心を持つ都

＊1　都道府県が実施している新規漁業就業者に関する調査から水産庁で推計。

市出身者も少なくありません。こうした潜在的な就業希望者を後継者不足に悩む漁業経営体や地域とつなぎ、意欲のある漁業者を確保し担い手として育成していくことは、水産物の安定供給のみならず、水産業・漁村の多面的機能の発揮や地域の活性化の観点からも重要です。

このような状況を踏まえ、水産庁は、漁業経験ゼロからでも漁業に就業・定着できるよう、全国各地での漁業就業相談会の開催やインターンシップの受入れを支援するとともに、漁業学校[1]で学ぶ者に対する資金の交付、漁業就業後の漁業現場でのOJT[2]方式での長期研修を支援するなど、新規就業者の段階に応じた支援を行っています（図表2-21）。さらに、国の支援に加えて、地方公共団体においても地域の実情に応じた各種支援が行われています。

漁業就労の情報提供Webサイト「漁師.jp」（一般社団法人全国漁業就業者確保育成センター）：
https://ryoushi.jp/

図表2-21　国内人材確保及び海技資格取得に関する国の支援事業

1．国内人材確保に向けた支援

就業前

就業相談会の開催・インターンシップ・就業体験等	就業準備資金の交付（最大150万円、最長2年間）	夜間・休日等の学習支援

就業後　担い手として定着

長期研修[2]

雇用型	雇用型	漁業経営体への就業を目指す 最長1年間[1]、最大14.1万円／月を支援[3]
	幹部養成型	沖合・遠洋漁船に就業し、幹部を目指す 最長2年間[1]、最大14.1万円／月を支援[3]
独立型	独立・自営を目指す	最長3年間[1]、最大28.2万円／月[3]
	実践型（水揚目標等を定めた経営計画の実証） 研修2年目以降に実践研修経費を交付 最長2年間[1]、最大150万円／年	
	雇用就業者の独立自営・経営起ち上げにも適用（最長2年間）	

経営能力・技術の向上、デジタル技術（ICT）活用・知識の習得を支援

※1　就業準備資金の交付期間が**1年以下**の場合、長期研修の**研修期間を最長1年間延長可能**

※2　研修の効率化のため、**グループ研修**も可とする。

※3　指導漁業者経由で支援

2．海技士免許取得に必要な乗船履歴を短期に取得するコースの運営等を支援

受講生募集 ▶ **4級及び5級乗船実習コース** ▶ 海技士の受験資格を取得

---

*1　学校教育法（昭和22年法律第26号）に基づかない教育機関であり、漁業に特化したカリキュラムを組み、水産高校や水産系大学よりも短期間で即戦力となる漁業者を育成する学校。

*2　On-the-Job Training：日常の業務を通じて必要な知識・技能を身に付けさせ、生産技術について学ばせる職業訓練。

〈水産高校生に対する漁業就業への働き掛け〉

　漁業就業者の減少と高齢化が進行する中、他産業並みに年齢バランスの取れた活力ある漁業就業構造への転換を図るため、若者に漁業就業の魅力を伝え、就業に結び付けることが重要です。特に、漁船漁業の乗組員不足に対応するため、平成29（2017）年2月に官労使からなる「漁船乗組員確保養成プロジェクト」（事務局：一般社団法人大日本水産会）が創設され、水産庁はこの取組を支援しています。

　同プロジェクトの一つに水産高校生を対象とした「漁業ガイダンス」があり、漁業者が水産高校に出向き、少人数のブース形式で生徒に対して漁業とその魅力等を説明します。漁業ガイダンス開始以降、令和4（2022）年度までの6年間で、延べ110回、3,769人の生徒が参加しています（図表2-22）。

図表2-22　漁業ガイダンスの概要と開催実績

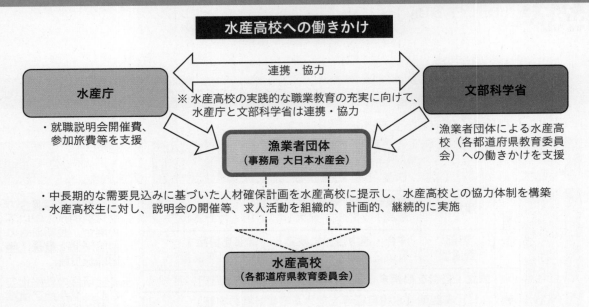

漁業ガイダンスの開催実績

実績（延べ）	平成29(2017)	30(2018)	令和元(2019)	2(2020)	3(2021)	4年度(2022)
実施校数（校）	16	24	21	5	12	12
実施回数（回）	20	31	24	6	14	15
参加生徒数（人）	614	1426	874	151	349	355

注：令和2（2020）年度は新型コロナウイルス感染症の影響等により開催回数を制限した。

漁業ガイダンスの様子

（コラム）水産高校における先進的な取組

　宮城県気仙沼市に所在する宮城県気仙沼向洋高等学校は、明治34（1901）年の創立以降、水産教育を通じて気仙沼市の基幹産業である水産業の発展・振興に寄与してきました。

　宮城県はホヤの養殖収獲量全国一位を誇りますが、加工の際に発生するホヤ殻は、産業廃棄物としてコストをかけて処理されてきました。同校産業経済科では、令和2（2020）年より、未利用資源としてのホヤ殻に着目し、有効活用の手法について研究を続けており、今回新たに「水産廃棄物ホヤ殻の魚類餌料への転用　第3報　ホヤ殻の橙色は観賞魚の色揚げに関わる色素『ゼアキサンチン』か？」をテーマに研究に取り組みました。

　コイ科魚類はゼアキサンチンを代謝して体色を赤色化させることから、キンギョやニシキゴイ等のコイ科観賞魚には色調改善のためゼアキサンチンを含む色揚げ餌がよく使用されます。同校では、ホヤ殻の橙色の色素がゼアキサンチンであると仮説を立て、ホヤ殻を色揚げ餌に転用できないか実験を行いました。当初、ホヤ殻を含有した餌を金魚に長期給餌したところ、金魚は赤色化したものの期待されたほどではなかったため、エタノールで色素を抽出して餌に混ぜる試みを行いました。くわえて、抽出した色素の性質を把握するため、色素の化学分析をしました。その結果、70～80％のエタノールでよく抽出できること、吸収スペクトルや色素の分離状況からホヤ殻の色素がゼアキサンチンに近いものであること等を導き出しました。

　本取組は、研究内容が科学的で、論理展開がしっかりしている点が評価され、令和5（2023）年12月、第32回全国水産・海洋高等学校生徒研究発表大会にて最優秀賞を受賞しました。

　現在は、抽出した色素を含んだ餌を高観賞価値魚に与えた場合の効果や、色素の同定等について、引き続き研究を行っています。

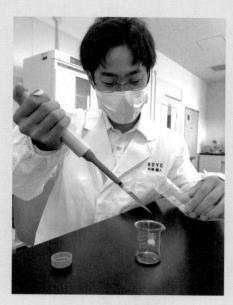

生徒による実験風景

ホヤ殻入り飼料を給餌した金魚（右）

（写真提供：宮城県気仙沼向洋高等学校）

ウ　漁業における海技士の確保・育成

〈漁業における海技士の不足等に対し早期の資格取得の取組を支援〉

　20トン以上の船舶で漁業を営む場合は、漁船の航行の安全性を確保するため、それぞれの漁船の総トン数等に応じて、船長、機関長、通信長等として乗り組むために必要な海技資格の種別や人数が定められています。

　海技資格を取得するためには国土交通大臣が行う海技士国家試験に合格する必要がありま

すが、航海期間が長期にわたる遠洋漁業においては、乗組員がより上級の海技資格を取得する機会を得にくいという実態があります。また、就業に対する意識や進路等が多様化する中で、水産高校等の卒業生が必ずしも漁業に就業するわけではなく、これまで地縁や血縁等による採用が主であったこととあいまって、漁業における海技士の高齢化と不足が深刻化しています。

海技士の確保と育成は我が国の沖合・遠洋漁業の喫緊の課題であり、必要な人材を確保できず、操業を見合わせるようなことがないよう、関係団体等は、漁業就業相談会や水産高校等への積極的な働き掛けを通じて乗組員を募るとともに、乗船時における海技資格の取得を目指した計画的研修の取組や免許取得費用の助成を行っています。

このような背景から、政府は、平成30（2018）年度から、水産高校卒業生を対象とした新たな4級海技士養成のための履修コースを設置する取組について支援を行い、令和元（2019）年度から、6か月間の乗船実習を含む新たな履修コースが水産大学校で開始されました。また、令和4（2022）年度からは、5級海技士試験の受験に必要な乗船履歴を早期に取得できる取組を支援しています。これらによって、水産高校卒業生が4級又は5級海技士試験を受験するのに必要な乗船履歴を短縮することが可能となり、水産高校卒業生の早期の海技資格の取得が期待されます。

エ　女性の活躍の推進

〈漁業・漁村における女性の一層の活躍を推進〉

女性の活躍の推進は、漁業・漁村の課題の一つです。海上での長時間にわたる肉体労働が大きな部分を占める漁業においては、就業者に占める女性の割合は約11％となっていますが、漁獲物の仕分けや選別、カキの殻むきといった水揚げ後の陸上作業では約36％、漁獲物の主要な需要先である水産加工業では約60％を占めており、女性がより大きな役割を果たしています。このように、漁業・養殖業では男性による海上での活動がクローズアップされがちですが、女性の力は水産業に必要不可欠な存在となっています。

一方、女性が漁業経営や漁村において重要な意思決定に参画する機会は、いまだ限定的です。例えば令和4（2022）年の全国の漁協における正組合員に占める女性の割合は5.3％となっています。また、漁協の女性役員は、全体の0.5％にとどまっています（図表2－23）。

図表2－23　漁協の正組合員及び役員に占める女性の割合

	女性正組合員数	女性役員数
平成24（2012）年	9,436人　（5.6%）	37人　（0.4%）
25（2013）	8,363人　（5.4%）	44人　（0.5%）
26（2014）	8,077人　（5.4%）	44人　（0.5%）
27（2015）	8,071人　（5.6%）	50人　（0.5%）
28（2016）	7,971人　（5.7%）	50人　（0.5%）
29（2017）	7,679人　（5.7%）	51人　（0.5%）
30（2018）	7,158人　（5.5%）	47人　（0.5%）
令和元（2019）	7,164人　（5.7%）	38人　（0.4%）
2（2020）	6,296人　（5.3%）	39人　（0.5%）
3（2021）	6,071人　（5.4%）	41人　（0.5%）
4（2022）	5,615人　（5.3%）	42人　（0.5%）

資料：水産庁「水産業協同組合統計表」

令和2（2020）年12月に閣議決定された「第5次男女共同参画基本計画〜すべての女性が輝く令和の社会へ〜」においては、農山漁村における地域の意思決定過程への女性の参画の拡大を図ることや、漁村の女性グループが行う起業的な取組等を支援すること等によって女性の経済的地位の向上を図ること等が盛り込まれています。

　また、令和2（2020）年に施行された漁業法等の一部を改正する等の法律[*1]による水産業協同組合法[*2]の改正においては、漁協は、理事の年齢及び性別に著しい偏りが生じないように配慮しなければならないとする規定が新設されました。

　漁業・漁村において女性の一層の活躍を推進するためには、固定的な性別役割分担意識を変革し、家庭内労働を男女が分担していくことや、漁業者の家族以外でも広く漁村で働く女性の活躍の場を増やすこと、さらには、保育所の充実等により女性の社会生活と家庭生活を両立するための支援を充実させていくことが重要です。このため、水産庁は、水産物を用いた特産品の開発、消費拡大を目指すイベントの開催、直売所や食堂の経営等、漁村コミュニティにおける女性の様々な活動を推進するとともに、子供待機室や調理実習室等、女性の活動を支援する拠点となる施設の整備を支援しています。

　また、平成30（2018）年11月に発足した「海の宝！水産女子の元気プロジェクト」は、水産業に従事する女性の知恵と多様な企業等の技術、ノウハウを結び付け、新たな商品やサービスの開発等を進める取組であり、水産業における女性の存在感と水産業の魅力を向上させることを目指しています。これまでも、同プロジェクトのメンバーによる講演や企業等と連携したイベントへの参加等の活動が行われています。このような様々な活動や情報発信を通して、女性にとって働きやすい水産業の現場改革及び女性の仕事選びの対象としての水産業の魅力向上につながることが期待されます。

海の宝！水産女子の元気プロジェクト
海の宝！水産女子の元気プロジェクトのロゴマーク

「海の宝！水産女子の元気プロジェクト」について（水産庁）：
https://www.jfa.maff.go.jp/j/kenkyu/suisanjoshi/181213.html

＊1　平成30年法律第95号
＊2　昭和23年法律第242号

オ　外国人労働をめぐる動向

〈漁業・養殖業における特定技能外国人の受入れ及び技能実習の適正化〉//////////////

　遠洋漁業に従事する我が国の漁船の多くは、主に海外の港等で漁獲物の水揚げや転載、燃料や食料等の補給、乗組員の交代等を行いながら操業しており、航海日数が１年以上に及ぶこともあります。このような遠洋漁業においては、日本人乗組員の確保・育成に努めつつ、一定の条件を満たした漁船に外国人が乗組員として乗り組むことが認められており、令和５（2023）年12月末時点で、3,689人の外国人乗組員がマルシップ方式[*1]により我が国漁船に乗り組んでいます。

　また、平成30（2018）年に成立した「出入国管理及び難民認定法及び法務省設置法の一部を改正する法律[*2]」を受け、新たに創設された在留資格「特定技能」の漁業分野（漁業、養殖業）及び飲食料品製造業分野（水産加工業を含む。）においても、平成31（2019）年４月以降、一定の基準[*3]を満たした外国人の受入れが始まりました。今後は、このような外国人と共生していくための環境整備が重要であり、漁業活動やコミュニティ活動の核となっている漁協等が、受入れ外国人との円滑な共生において適切な役割を果たすことが期待されることから、国においても必要な支援を行っています。令和５（2023）年12月末時点で、漁業分野の特定技能１号在留外国人数は漁業で1,731人、養殖業で938人となっており、今後の活躍が期待されます。

　外国人技能実習制度については、水産業においては、漁船漁業・養殖業における10種の作業[*4]及び水産加工食品製造業・水産練り製品製造業における10種の作業[*5]について技能実習が実施されており、技能実習生は、現場での作業を通じて技能等を身に付け、開発途上地域等の経済発展を担っていきます。

　国は、海上作業の伴う漁船漁業・養殖業について、その特有の事情に鑑みて、技能実習生の数や監理団体による監査の実施に関して固有の基準を定めるとともに、平成29（2017）年12月に漁業技能実習事業協議会を設立し、事業所管省庁及び関係団体が協議して技能実習生の保護を図る仕組みを設けるなど、漁船漁業・養殖業における技能実習の適正化に努めています。

　なお、外国人技能実習制度については、現在、制度の見直しが検討されており、令和６（2024）年２月９日に「技能実習制度及び特定技能制度の在り方に関する有識者会議　最終報告書を踏まえた政府の対応について」が関係閣僚会議で決定されました。ここで示された方針等を踏まえた関連法案が同年３月15日に閣議決定され、国会に提出されました。

[*1]　我が国の漁業会社が漁船を外国法人に貸し出し、外国人乗組員を配乗させた上で、これを定期用船する方式。

[*2]　平成30年法律第102号

[*3]　各分野の技能試験及び日本語試験への合格、又は各分野と関連のある職種において技能実習２号を良好に修了していること等。

[*4]　かつお一本釣り漁業、延縄漁業、いか釣り漁業、まき網漁業、ひき網漁業、刺し網漁業、定置網漁業、かに・えびかご漁業、棒受網漁業及びほたてがい・まがき養殖作業

[*5]　節類製造、加熱乾製品製造、調味加工品製造、くん製品製造、塩蔵品製造、乾製品製造、発酵食品製造、調理加工品製造、生食用加工品製造及びかまぼこ製品製造作業

（4）漁業労働環境をめぐる動向

ア　漁船の事故及び海中転落の状況

〈漁業における災害発生率は陸上における全産業の平均の約4.7倍〉 /////////////////////

　令和5（2023）年の漁船の船舶事故隻数は408隻、漁船の船舶事故に伴う死者・行方不明者数は23人となりました（図表2－24）。漁船の事故は、全ての船舶事故隻数の約2割、船舶事故に伴う死者・行方不明者数の約4割を占めています。漁船の事故の種類としては衝突が最も多く、その原因は、見張り不十分、操船不適切、居眠り運行といった人為的要因が多くを占めています。

　漁船は、進路や速度を大きく変化させながら漁場を探索したり、停船して漁労作業を行ったりと、商船とは大きく異なる航行をします。また、操業中には見張りが不十分となることもあり、さらに、漁船の約9割を占める5トン未満の小型漁船は大型船からの視認性が悪いなど、事故のリスクを抱えています。

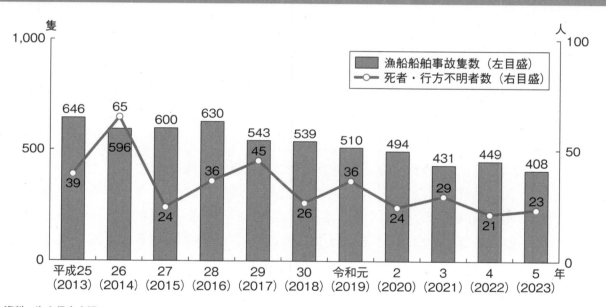

図表2－24　漁船の船舶事故隻数及び船舶事故に伴う死者・行方不明者数の推移

資料：海上保安庁調べ

　船上で行われる漁労作業では、不慮の海中転落[*1]も発生しています。令和5（2023）年における漁船からの海中転落者数は62人となり、そのうち38人が死亡又は行方不明となっています（図表2－25）。

　また、海中転落以外にも、漁船の甲板上では、機械への巻き込みや転倒等の思わぬ事故が発生しており、漁業における災害発生率は、陸上における全産業平均の4.7倍と、高い水準が続いています（図表2－26）。

---

*1　ここでいう海中転落は、衝突、転覆等の船舶事故以外の理由により発生した船舶の乗船者の海中転落をいう。

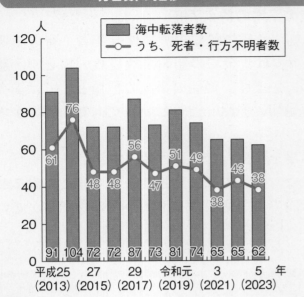

図表2－25　漁船からの海中転落者数及び海中転落による死者・行方不明者数の推移

資料：海上保安庁調べ

図表2－26　船員及び陸上労働者災害発生率

（単位：千人率）

	令和2 （2020）	3 （2021）	4年度 （2022）
船員（全船種）	7.8	8.1	7.3
漁船	11.5	12.9	10.8
一般船舶	6.4	6.2	6.4
陸上労働者（全産業）	2.2	2.3	2.3
林業	25.4	24.7	23.5
鉱業	10.0	10.8	9.9
運輸業（陸上貨物）	8.9	9.1	9.1
建設業	4.4	4.6	4.5

資料：国土交通省「船員災害疾病発生状況報告（船員法第111条）集計書」
注：1）陸上労働者の災害発生率（暦年）は、厚生労働省の「職場のあんぜんサイト」で公表されている統計値。
　　2）災害発生率は、職務上休業4日以上の死傷者の数値。

イ　漁業労働環境の改善に向けた取組
〈海難事故の防止や事故の早期発見に関する取組〉

　海中転落時には、ライフジャケットの着用が生存に大きな役割を果たします。令和5（2023）年のデータでは、漁業者の海中転落時のライフジャケット着用者の生存率（84％）は、非着用者の生存率（39％）の約2.2倍です（図表2－27）。

　平成30（2018）年2月以降、原則、船室の外にいる全ての乗船者にライフジャケットの着用が義務付けられ、令和4（2022）年2月からは当該乗船者にライフジャケットを着用させなかった船長（小型船舶操縦者）に対する違反点数付与の適用が開始されています[1]。令和5（2023）年の海中転落時におけるライフジャケット着用率は約6割となっており、政府は、確実なライフジャケットの着用に向け、引き続き周知・啓発を行っていくこととしています。

　さらに、海難事故の防止に向け、関係省庁と連携してAIS[2]や衝突、乗揚事故を回避するスマートフォンを活用したアプリ[3]の普及促進のために、周知・啓発等を行っています。また、事故の早期発見のために、落水を検知する専用ユニットとスマートフォンにより、落水事故の発生を即時に検知して周囲にSOSを発信するアプリ等の開発といった取組も見られています。

---

[1]　着用義務に違反した場合、船長（小型船舶操縦者）に違反点数が付与され、違反点数が行政処分基準に達すると最大で6か月の免許停止（業務停止）となる場合がある。

[2]　Automatic Identification System：船舶自動識別装置。洋上を航行する船舶同士が安全に航行するよう、船舶の位置、針路、速力等の航行情報を相互に交換することにより、衝突を予防することができるシステム。

[3]　AISの搭載が難しい小型漁船の安全性向上のため、漁船の自船位置及び周辺船舶の位置情報等をスマートフォンに表示して船舶の接近等について漁業者にアラームを鳴らして知らせることにより、衝突、乗揚事故を回避するアプリケーション。

図表2−27　ライフジャケットの着用・非着用別の漁船からの海中転落者の生存率

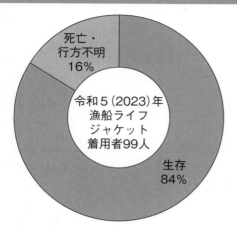

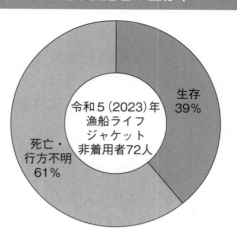

資料：海上保安庁調べ

〈農林水産業・食品産業の分野を横断した作業安全対策の推進〉

　漁業労働における安全性の確保は、人命に関わる課題であるとともに、漁業に対する就労意欲にも影響します。これまでも、技術の向上等により漁船労働環境における安全性の確保を進めるとともに、水産庁は、全国で「漁業カイゼン講習会」を開催して漁業労働環境の改善や海難の未然防止に関する知識を持った安全推進員等を養成し、漁業者自らが漁業労働の安全性を向上させる取組を支援してきました。

　くわえて、漁業だけでなく、農林水産業・食品産業の現場では依然として毎年多くの死傷事故が発生しており、若者が将来を託せるより安全な職場を作っていくことが急務となっています。そのため、農林水産省は、これらの産業の分野を横断して作業安全対策を推進しています。令和3（2021）年2月には、現場の事業者や事業者団体が取り組むべき事項や共有すべき認識を整理した「農林水産業・食品産業の作業安全のための規範」を策定し、広く周知・啓発を行っています。引き続き、漁業等の現場の従事者の方々に作業安全の取組をチェックしていただき、安全意識の向上を図っていくこととしています。

漁船の安全操業に関する情報（水産庁）：
https://www.jfa.maff.go.jp/j/kikaku/anzen.html

農林水産業・食品産業の現場の新たな作業安全対策（農林水産省）：
https://www.maff.go.jp/j/kanbo/sagyou_anzen/

〈海上のブロードバンド通信環境の普及を推進〉

　狭い船内が主な生活の場となる漁業は、陸上に比べて生活環境が十分に整っているとはいえず、船内環境の改善が強く望まれています。特に近年、陸上では、大容量の情報通信インフラの整備が進み、家族や友人等とのコミュニケーションの手段としてSNS等が普及しています。他方、海上では、衛星通信が利用されていますが、陸上に比べ、衛星通信サービスの通信容量は限定的であること、利用者が船舶関係者に限定され需要が少なく初期投資費用や通信料金が高額であること等、陸上と異なる制約があるため、ブロードバンドの普及に関して、陸上と海上との格差（海上のデジタルディバイド）が広がっています。

　このため、船員・乗客が陸上と同じようにスマートフォンを利用できる環境を目指し、利用者である船舶サイドのニーズも踏まえた海上ブロードバンドの普及が喫緊の課題となっています。また、海上でブロードバンド通信環境が普及すれば、様々な情報通信サービスの利用により、例えば漁場予測精度の向上や航行の効率化等が進み、水産業の競争力強化にも資することになります。そのため水産庁は、総務省や国土交通省と連携し、漁業者のニーズに応じたサービスが提供されるよう通信事業者等を交えた意見交換を実施したり、新たなサービスについて水産関係団体へ情報提供を行ったりするなど、海上ブロードバンドの普及を図っています。

（5）スマート水産業の推進等に向けた技術の開発・活用

〈水産業の各分野でICT・AI等の様々な技術開発、導入及び普及を推進〉

　漁業・養殖業生産量の減少、漁業就業者の高齢化・減少等の厳しい現状に直面している水産業を成長産業に変えていくためには、漁業の基礎である水産資源の維持・回復に加え、近年技術革新が著しいICT[*1]・IoT[*2]・AI[*3]等の情報技術やドローン・ロボット等の技術を漁業・養殖業の現場へ導入・普及させていくことが重要です。これらの分野では、民間企業等で様々な技術開発や取組が進められていますが、その成果を導入・普及させていくとともに、更なる高度化を目指した検討・実証を進めていくことが重要です。

　沿岸漁業では、従来、経験や勘、電子的に処理されていないデータに基づき行われてきた漁場の探索にICTを活用して、水温や塩分、潮流等の漁場環境を予測し、漁業者のスマートフォンに表示する取組、定置網に入網する魚種を陸上で把握し出漁を判断する取組や混獲の回避に資する技術開発の取組が行われています。沖合・遠洋漁業では、人工衛星の海水温等のデータと漁獲データをAIで分析し、漁場形成予測を行うなどの取組が行われています。養殖業では、ICTを活用した自動給餌システムの導入により遠隔操作で最適な給餌量の管理を行うほか、自動網掃除ロボットの導入などの取組が進められています。水産庁は、これら技術の現場への導入・普及を推進するために、機械等の導入や導入をサポートする人材の育成を支援しています。そのほか、かつお一本釣り漁船への自動釣り機導入に向けた実証等が進められています（図表2−28）。

---

*1　Information and Communication Technology：情報通信技術。
*2　Internet of Things：モノのインターネットといわれる。自動車、家電、ロボット、施設等あらゆるモノがインターネットにつながり、情報のやり取りをすることで、モノのデータ化やそれに基づく自動化等が進展し、新たな付加価値を生み出す。
*3　Artificial Intelligence：人工知能。

このような新技術の導入が進むことで、電子的なデータを活用した効率的な漁業や、省人化・省力化による収益性の高い漁業の実現が期待されます。水産資源の評価・管理の分野では、生産現場から直接水揚げ情報を収集し、より多くの魚種の資源状態を迅速かつ正確に把握していくため、漁協や産地市場の販売管理システムの改修等の電子的情報収集体制を構築しています。これらにより、資源評価に必要な各種データを収集し、より精度の高い資源評価を行い、資源状態の悪い魚種については適切な管理の実施につなげていくことを目指しています。

くわえて、漁場情報を収集・発信するための海域環境観測施設の設置や漁港・産地市場における情報通信施設の整備等を推進し、漁海況予測情報が容易に得られる環境の実現や資源管理の実効性の向上、荷さばき作業の効率化等につなげていくこととしています。

水産物の加工・流通の分野では、先端技術を活用した加工やICT・IoTを活用した情報流・物流の高度化も進んでいます。例えば画像センシング技術を活用し、様々な魚種を高速で選別する技術の開発が行われています。今後は、このような技術も活用して、生産と加工・流通が連携して水産バリューチェーンの生産性・収益性を改善する取組や輸出拡大の取組を推進していきます。

図表2−28　スマート水産業が目指す将来像

スマート水産業により
水産資源の持続的利用と水産業の成長産業化を両立した次世代の水産業の実現を目指す

電子データに基づく
MSY*1ベースの資源評価が実現

- 200種程度の水産資源を対象に、電子データに基づき資源評価を実施
- そのうち、TAC*2対象魚種については、原則MSYベースで資源評価を実施
- 生産者・民間企業で取得データの活用が進み、操業・経営の効率化や新規ビジネスの創出が実現

産地市場や漁協からデータを効率的に収集・蓄積

全国の主要産地や意欲ある産地の生産と加工・流通業者が連携して、水産バリューチェーンを構築し、作業の自動化や商品の高付加価値化を実現

- AIやICT、ロボット技術等により、荷さばき・加工現場を自動化するとともに、電子商取引を推進するなど情報流を強化して、ムリ・ムダ・ムラを省き、生産性を向上
- ICTの活用により、刺身品質の水産物の遠方での消費を可能とする高鮮度急速冷凍技術の導入や、鮮度情報の消費者へのPRを図る情報流の強化を図ることで、高付加価値化を実現

画像センシング技術を用いた自動選別

資源評価　加工流通

データ連携を推進し
データをフル活用した水産業を実現

漁業・養殖業

水産新技術を用い生産性・所得の向上、担い手の維持を実現

〈沿岸漁業〉

沿岸漁場予測技術

- 漁場の海流や水温分布などの詳細な漁場環境データをスマートフォンから入手し、漁場選定や出漁の可否に利用し、効率的な操業を実現
- 蓄積したデータに基づき、後継者を指導・育成

〈養殖業〉
- 赤潮情報や環境データ等の情報を速やかにスマートフォンで入手し、迅速な赤潮防御対策を実施
  ICTにより養殖魚の成長データや給餌量、餌コスト等のデータ化により、効率的・安定的な養殖業を実現

クラウド
A社　B社　C社
ブイデータの共通化

〈技術普及〉
情報共有・人材育成

〈沖合・遠洋漁業〉

漁場形成予測システム　自動かつお釣り機

- 衛星データやAI技術を利用した漁場形成・漁海況予測システムを活用し、効率的な漁場選択や省エネ航路の選択を実現
  自動かつお釣り機等により漁労作業を省人化・省力化

＊1　現在の環境下において持続的に採捕可能な最大の漁獲量
＊2　漁獲可能量

【事例】養殖における海洋観測システム（「うみログ®」）の開発とマニュアルの整備

　スマート水産業の推進に当たっては、機器やシステムを導入するだけでなく、利用者である漁業者が導入した機器等を事業に活用していくことが重要です。

　ノリ養殖は、気象（気温、降水量、日照時間、風等）や海況（水温、栄養塩濃度、塩分濃度、潮流、潮位等）の環境要因によって生産状況が大きく左右されることから、安定生産のためには養殖業者が漁場関係の変化を随時把握することが求められます。

　三重県では、令和元（2019）年より、IoTを活用したクロノリ養殖におけるスマート化の事業を実施しており、三重県水産研究所、独立行政法人国立高等専門学校機構鳥羽商船高等専門学校及び県内の企業が共同で漁場関係のリアルタイム監視が可能なIoT海洋観測モニタリングシステム（名称「うみログ®＊」）を開発しました。

　同システムは、クロノリ養殖漁場に設置した海洋観測機が収集する水温、潮位、クロロフィル濃度等の情報をスマートフォンアプリで閲覧可能にすることで、養殖業者は、これらの情報を基に、養殖開始日の決定、異常潮位発生時の網の高さの調整、プランクトンの増殖情報によるノリの色落ちの予測等に活用しています。海洋観測機に搭載されたカメラ画像からノリの生長確認や食害原因の解明にも活用されつつあり、将来的にはビックデータ解析に基づく新たな支援につながることが期待されます。

　また、同事業では、養殖業者により効果的にシステムの活用が図られることを目的として、令和5（2023）年3月に「黒ノリ養殖業におけるIoT観測機器の活用マニュアル」を策定しました。軽量かつ整備性が良い海洋観測機であることから、養殖業者自身での設置やメンテナンスを実施しています。このように、養殖業者がマニュアルを活用して自活的な運用が行われ、新たに同システムを導入する者が増加しています。

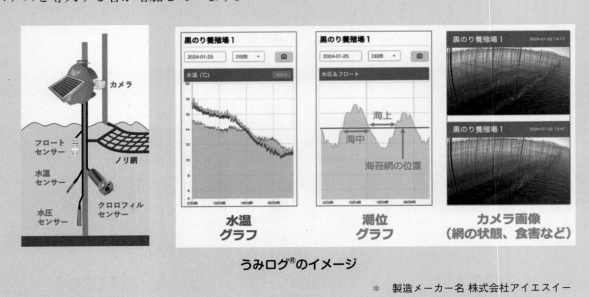

うみログ®のイメージ

＊　製造メーカー名 株式会社アイエスイー

　さらに、水産庁は、データの利活用を推進するため、令和4（2022）年3月にデータの提供・利用の取決めに関するガイドラインとして「水産分野におけるデータ利活用ガイドライン」を策定しました。また、令和元（2019）年12月に公表した「水産新技術の現場実装推進プログラム」により、漁業者や企業、研究機関、行政等の関係者が、共通認識を持って連携しながら、水産現場への新技術の実装を図っていくこととしています。

　くわえて、将来の水産業を担う人材の育成やスマート水産業の普及を目的として、水産庁は、「スマート水産業現場実装委員会」を令和2（2020）年9月に立ち上げ、専門家を水産

高校等に派遣し、水産新技術に関する出前授業を行うなどの取組を行っています。

　さらに、資源管理の推進、漁業の生産性の向上、漁村の活性化を図るため、地域が一体となって漁獲から流通・加工・販売・消費に至る各段階においてデジタル技術を活用する「デジタル水産業戦略拠点」の創出を目指し、水産庁は、令和4（2022）年度に「デジタル水産業戦略拠点検討会」を開催し、令和5（2023）年3月に、1）デジタル水産業戦略拠点のコンセプト・望ましい条件、2）利用可能で、かつ有用なデジタルツールとデジタル水産業戦略拠点における活用方策、3）利用するデータの取扱いに関する留意事項を取りまとめました。この取りまとめ等を基に、令和5（2023）年8月には、デジタル水産業戦略拠点のモデルとなる3地域（宮城県気仙沼地域、大阪府泉州地域及び山口県下関地域）が選定されました。これらの取組により、水産分野におけるデジタル化の取組を推進しています。

　そのほかにも様々な技術開発が行われています。資源の減少が問題となっているニホンウナギや太平洋クロマグロについて、資源の回復を図りつつ天然資源に依存しない養殖種苗の安定供給の確保に向け、人工種苗を量産するための技術開発が進められています。さらに、カキやホタテガイ等における貝毒検出方法に関する技術開発等、消費者の安全・安心につながる技術開発も行われています。

【事例】デジタル水産業戦略拠点のモデル地区（大阪府泉州地域）

　大阪府泉州地域は、主に大阪湾を漁場とするシラスの船びき網漁業が行われ、これまで、販売形態の相対方式から競り入札への移行、地域内で漁獲されるシラス等の水揚げ・競り場の集約、漁獲物の品質・鮮度保持対策の徹底等により、魚価の向上を図ってきました。

　本地域の水産業のデジタル化の取組としては、事務・配送作業の効率化や入札価格のオープン化による適正な浜値を実現するため、水揚げ後の入札システムのICT化をしてきました。さらに、漁場がスマートフォンによる通信可能なエリアであるため、電子化された入札情報を、SNSを通じて操業中の漁業者に送信しています。

　リアルタイムの入札情報をオープン化することで、個々の漁業者がより多くの漁獲を目指す競争的な操業から相場を踏まえ適量を漁獲する操業へ変化したことによる操業コストの削減や二酸化炭素排出量の削減、鮮度等の品質保持による魚価の向上を意識した操業への改革にもつながっており、週休3日制での操業体制も実現させています。こうした取組による操業の効率化や漁労所得の向上等により、同地域では若い世代の新規漁業就業者の確保も進んでいます。

　今後は、漁船ごとの毎日の操業データ（操業位置、漁獲量等）と漁場環境データ（潮汐、水温、塩分濃度、溶存酸素量等）を記録・蓄積し、AI解析による漁場予測をしていくことで、漁場探索時間の短縮と燃料費の縮減を目指していきます。さらに、デジタル化による効率的な操業によって生じた余裕を、現在、毎週日曜日に実施している「地蔵浜みなとマルシェ」のような都市圏近郊という立地を生かした「海業」を中心とした都市型水産業づくりに活用していく予定です。

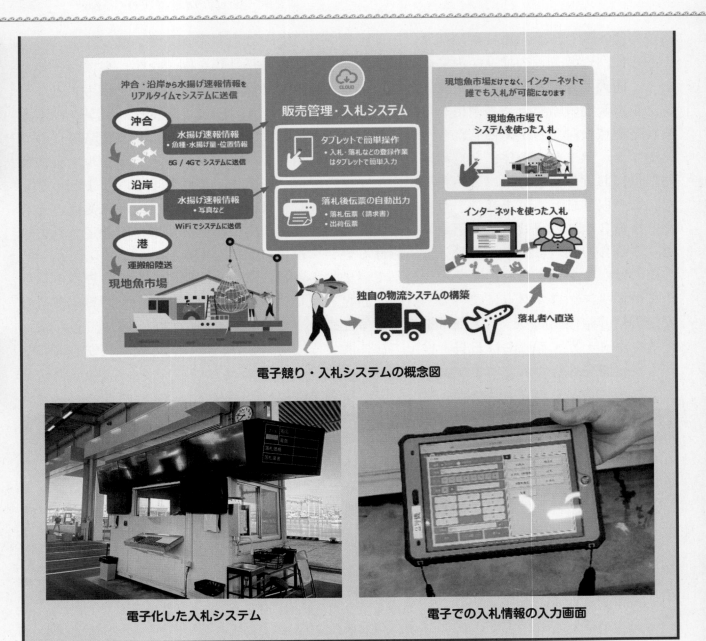

電子競り・入札システムの概念図

電子化した入札システム

電子での入札情報の入力画面

スマート水産業（水産庁）：
https://www.jfa.maff.go.jp/
j/kenkyu/smart/index.html

デジタル水産業戦略拠点の取組
について（水産庁）：
https://www.jfa.maff.go.jp/
j/kikaku/digital_suisangyo/
index.html

（6）陸上養殖をめぐる動向

〈陸上養殖業の届出制の導入〉

　近年、多額の投資と高度な技術を用い、陸地において海面と同様の生育環境を整備した養殖場を設置して海水魚等を養殖する陸上養殖が営まれ始めており、異業種分野等からの新規参入も活発化しています。これらの新たな養殖方法を取り入れたものは、排水等に伴う周辺環境への影響等についての十分な知見が無く、持続的かつ健全に発展させていくため養殖場の所在地や養殖方法など当該陸上養殖の実態を把握する必要があることから、水産庁は、令

和5（2023）年4月より、内水面漁業の振興に関する法律[1]に基づき陸上養殖を届出養殖業としました[2]。本制度に基づく届出件数は、令和6（2024）年1月1日時点で662件となっています。都道府県別では、沖縄県168件、大分県55件、鹿児島県35件の順に多く、九州地方に多い傾向がみられました。また、届出件数（延べ件数）の上位3種は、クビレヅタ（ウミブドウ）146件、ヒラメ132件、トラフグ99件でした。

陸上養殖業の届出について（水産庁）：
https://www.jfa.maff.go.jp/j/saibai/yousyoku/taishitsu-kyoka.html

---

【事例】 サーモンの陸上養殖の取組（株式会社FRDジャパン）

　株式会社FRDジャパンは、千葉県木更津市の陸上養殖施設でサーモントラウトの生産を行っています。

　同社の施設では、先進的な取組として、バクテリアを利用した独自のろ過技術により水を浄化し繰り返し利用する閉鎖循環式と呼ばれるシステムを採用していることにより、換水が少なく水の冷却コストの削減が図られています。

　平成30（2018）年から使用している現在の施設では、年間30t規模の生産に成功しており、1年間を通して安定した出荷を実現しています。

　施設が消費地近郊にあることから、高鮮度な商品を低い輸送コストで流通させることができるメリットを活かし、令和3（2021）年からは関東圏のスーパーマーケットや飲食店で販売しています。

　さらに、令和5（2023）年には、年間3,500t規模の生産が可能な商業プラントの建設工事に着手しました。同プラントでは令和8（2026）年からの生産開始を目指しています。

同社の閉鎖循環式システムで生産される
サーモントラウト

---

*1　平成26年法律第103号
*2　対象となる陸上養殖業は、食用の水産物を、1）海水や淡水に塩分を加えた水等を使用して養殖しているもの、2）閉鎖循環式で養殖しているもの、3）餌や糞等を取り除かずに排水しているもの。

（7）漁業協同組合の動向

ア　漁業協同組合の役割

〈漁協は漁業経営の安定・発展や地域の活性化に様々な形で貢献〉

　漁協は、漁業者による協同組織として、組合員のために販売、購買等の事業を実施するとともに、漁業者が所得向上に向けて主体的に取り組む浜プランや海業等の取組を推進するなど、漁業経営の安定・発展や地域の活性化に様々な形で貢献しています。また、漁業権の管理や組合員に対する指導を通じて水産資源の適切な利用と管理に主体的な役割を果たしているだけでなく、浜の清掃活動、河川の上流域での植樹活動、海難防止、国境監視等にも積極的に取り組んでおり、漁村の地域経済や社会活動を支える中核的な組織としての役割を担っています。

イ　漁業協同組合の現状

〈漁協の組合数は864組合〉

　漁協については、合併が進み、令和5（2023）年3月末時点の組合数（沿海地区）は864となっていますが、漁業就業者数の減少に伴って組合員数の減少が進んでおり、依然として小規模な組合が多い状況にあります。また、漁協の中心的な事業である販売事業の取扱高は、近年減少しています（図表2－29、図表2－30）。今後とも漁協が漁業・漁村の中核的組織として漁業者の所得向上や適切な資源管理等についての役割を果たしていくためには、引き続き合併等により組合の事業及び経営の基盤を強化するとともに、販売事業についてより一層の強化を図る必要があります。

図表2－29　沿海地区漁協数、合併参加漁協数及び販売事業取扱高の推移

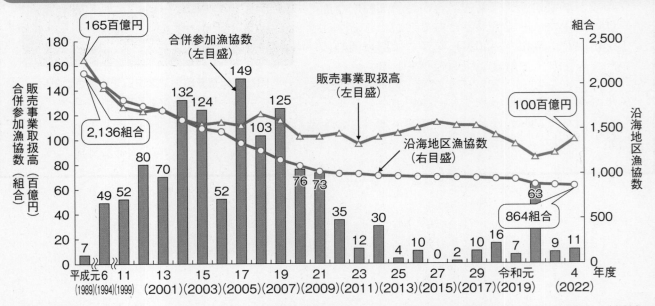

資料：水産庁「水産業協同組合年次報告」（沿海地区漁協数）、「水産業協同組合統計表」（販売事業取扱高）及びJF全漁連調べ（合併参加漁協数）

図表2-30　漁協の組合員数の推移

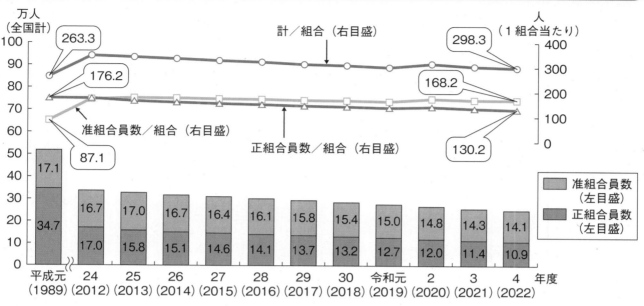

資料：水産庁「水産業協同組合統計表」

（8）水産物の流通・加工の動向

ア　水産物流通の動向

〈市場外流通が増加〉

　近年、水産物の国内流通量が減少しています。また、消費地市場を経由して流通された水産物の量も減少傾向にあり、令和2（2020）年度の水産物の消費地卸売市場経由率は約46％となりました（図表2-31）。

図表2-31　水産物の消費地卸売市場経由量と経由率の推移

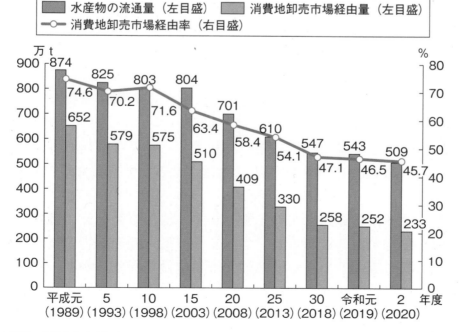

資料：農林水産省「卸売市場データ集」

〈産地卸売市場数は横ばい、消費地卸売市場数は減少〉////////////////////////////////////

　水産物卸売市場の数については、産地卸売市場は近年横ばい傾向にある一方、消費地卸売市場は減少しています（図表2－32）。

　一方、小売・外食業者等と産地出荷業者との消費地卸売市場を介さない産地直送、漁業者と加工・小売・外食業者等との直接取引、インターネットを通じた消費者への生産者直売等、市場外流通が増加しつつあります。

図表2－32　水産物卸売市場数の推移

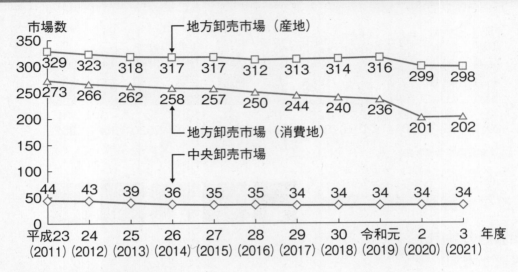

資料：農林水産省「卸売市場データ集」
注：1）中央卸売市場は年度末、地方卸売市場は平成23（2011）年度までは年度当初、平成24（2012）年度からは年度末のデータ。
　　2）令和2（2020）年に改正卸売市場法が施行された。このため、令和元（2019）年度までのデータは、中央卸売市場は都道府県又は人口20万人以上の市等が農林水産大臣の認可を受けて開設する卸売市場。地方卸売市場は中央卸売市場以外の卸売市場であって、卸売場の面積が一定規模（産地市場330㎡、消費地市場200㎡）以上のものについて、都道府県知事の許可を受けて開設されるもの。令和2（2020）年度からのデータは、中央卸売市場は農林水産大臣の認定を受けた卸売市場。地方卸売市場は都道府県知事の認定を受けた卸売市場。

イ　水産物卸売市場の役割と課題
〈卸売市場は水産物の効率的な流通において重要な役割〉////////////////////////////////

　卸売市場には、1）商品である漁獲物や加工品を集め、ニーズに応じて必要な品目・量に仕分けする集荷・分荷の機能、2）旬や産地、漁法や漁獲後の取扱いにより品質が大きく異なる水産物について、公正な評価によって価格を決定する価格形成機能、3）販売代金を迅速・確実に決済する決済機能、4）川上の生産や川下のニーズに関する情報を収集し、川上・川下のそれぞれに伝達する情報受発信機能があります。多様な魚種が各地で水揚げされる我が国において、卸売市場は、水産物を効率的に流通させる上で重要な役割を担っています（図表2－33）。

　一方、卸売市場には様々な課題もあります。まず、輸出も見据え、施設の近代化により品質・衛生管理体制を強化することが重要です。また、産地卸売市場の多くは漁協によって運営されていますが、取引規模の小さい産地卸売市場は価格形成力が弱いこと、販売体制維持のための固定経費や、生鮮・冷凍品であるため保冷に係る流通経費が負担となること等が課題となっており、市場の統廃合等により市場機能の維持・強化や価格形成力の強化を図っていくことが求められます。さらに、消費地卸売市場を含めた食品流通においては、物流等の

効率化、ICT等の活用、鮮度保持等の品質・衛生管理の強化、及び国内外の需要へ対応し、多様化する実需者等のニーズに的確に応えていくことが重要です。

　このような状況の変化に対応して、生産者の所得の向上と消費者ニーズへの的確な対応を図るため、各卸売市場の実態に応じて創意工夫を活かした取組を促進するとともに、卸売市場を含めた食品流通の合理化と、その取引の適正化を図ることを目的として、「卸売市場法及び食品流通構造改善促進法の一部を改正する法律[*1]」が平成30（2018）年に成立しました。卸売市場法[*2]の一部改正については、令和2（2020）年に施行され、この新制度により、中央卸売市場及び地方卸売市場においては、共通の取引ルールを遵守し、公正かつ安定的に業務運営を行うこととされ、その他の取引ルールについては、その市場の関係者の意見を聞いて開設者が決めることになりました。卸売市場を含む水産物流通構造が改善され、魚の品質に見合った適正な価格形成が図られることで、1）漁業者にとっては所得の向上、2）加工流通業者にとっては経営の改善、3）消費者にとってはニーズに合った水産物の供給につながることが期待されます。

図表2－33　水産物の一般的な流通経路

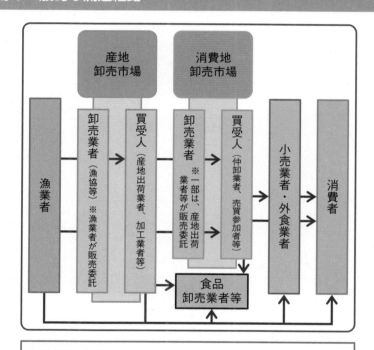

産地卸売市場
　産地に密着し、漁業者が水揚げした漁獲物の集荷、選別、販売等を行う。
消費地卸売市場
　産地卸売市場等から出荷された多様な水産物を集荷し、用途別に仕分け、仲卸業者等に販売する。

---

*1　平成30年法律第62号
*2　昭和46年法律第35号

ウ　水産加工業の動向

〈食用加工品生産量が減少傾向の中、ねり製品や冷凍食品は近年横ばい傾向〉

　水産加工品のうち食用加工品の生産量は、総じて減少傾向にありましたが、ねり製品や冷凍食品の生産量については、平成21（2009）年頃から横ばい傾向となっています（図表2－34）。

　また、以前は生鮮の水産物を丸魚のまま、又はカットやすり身にしただけで凍結した生鮮冷凍水産物の生産量が食用加工品の生産量を上回っていましたが、平成7（1995）年以降は食用加工品の生産量の方が上回っています。このように、水産物は、ねり製品や冷凍食品等、多様な商品に加工され、供給されています。

図表2-34　水産加工品生産量の推移

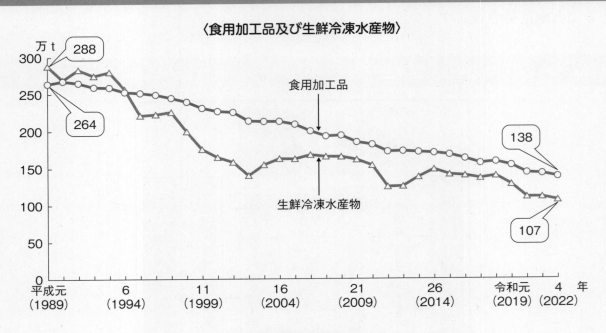

〈食用加工品及び生鮮冷凍水産物〉

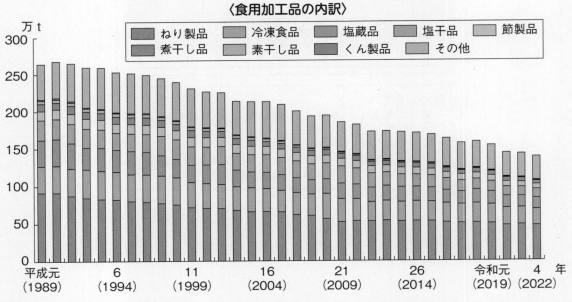

〈食用加工品の内訳〉

資料：農林水産省「水産物流通統計年報」（平成21（2009）年以前）、「漁業センサス」（平成25（2013）及び30（2018）年）
　　　及び「水産加工統計調査」（その他の年）
注：水産加工品とは、水産動植物を主原料（原料割合50%以上）として製造された、食用加工品及び生鮮冷凍水産物をいう。
　　焼・味付のり、缶詰・びん詰、寒天及び油脂は除く。

エ　水産加工業の役割と課題

〈経営の脆弱性や従業員不足が重要な課題〉

　我が国の食用魚介類の国内消費仕向量の約7割は加工品として供給されており、水産加工業は漁業と共に車の両輪を担っています。また、水産加工場の多くは沿海地域に立地し、漁業と共に漁村地域の活性化に寄与しています。

　水産加工業は、腐敗しやすい水産物の保存性を高める、家庭での調理の手間を軽減するといった機能を通じ、水産物の付加価値の向上に寄与しています。特に近年の消費者の食の簡便化志向の高まり等により、水産物消費における加工の重要性は高まっており、多様化する消費者ニーズを捉えた商品開発が求められています。

　しかしながら、近年では、経営体力不足、従業員不足、原材料の調達難等が、主な水産加工業の課題となっています。このため、生産・加工・流通・販売が連携しマーケットニーズに応えるバリューチェーンの構築等の取組や、産地全体の機能強化に資するよう、水産加工業協同組合等が漁協等と連携して行う共同利用施設を整備する取組を支援しています。

　また、外国人技能実習生や特定技能外国人の円滑な受入れ、共生を図る取組を行うとともに、省人化・省力化を図るためのICT、AI、ロボット等の新技術の開発・活用・導入を進めていくこととしています。

　さらに、近年のイカ、サンマ等の不漁による加工原材料不足の問題に対し、資源状況の良い魚種への加工原材料の転換等の推進を図り、原材料転換に対応した生産体制を構築するため、魚種の転換に係る機器整備や水産加工業者への加工原材料の安定供給等の取組を支援しています。くわえて、産地全体の機能強化・活性化を図るためには、産地の取りまとめ役となる中核的人材や次世代の若手経営者を育成することも必要です。このため、各種水産施策や中小企業施策の円滑な利用が進むよう、国及び都道府県レベルにワンストップ窓口を設置し、水産加工業者の悩みや相談に迅速かつ適切に対応していくこととしています。

オ　HACCPへの対応

〈水産加工業等における対EU輸出認定施設数は119施設、対米輸出認定施設数は589施設〉

　HACCP[*1]は、食品安全の管理方法として世界的に利用されていますが、EUや米国等は、輸入食品に対してもHACCPの実施を義務付けているため、我が国からこれらの国・地域に水産物を輸出する際には、我が国の水産加工施設等が、輸出先国・地域から求められているHACCPを実施し、更に施設基準に適合していることが必要です。

　政府は、輸出促進のため、EUや米国への輸出に際して必要なHACCPに基づく衛生管理及び施設基準等の追加的な要件を満たす施設として認定を取得するため、水産加工・流通施設の改修等を支援しています。特に、ALPS処理水[*2]の海洋放出開始以降の中国、香港等による輸入規制強化を受け、中国等からEU・米国へ輸出先を転換するに当たり、これらの国等

---

*1　Hazard Analysis and Critical Control Point：危害要因分析・重要管理点。原材料の受入れから最終製品に至るまでの工程ごとに、微生物による汚染や金属の混入等の食品の製造工程で発生するおそれのある危害要因をあらかじめ分析（HA）し、危害の防止につながる特に重要な工程を重要管理点（CCP）として継続的に監視・記録する工程管理システム。国際連合食糧農業機関（FAO）と世界保健機関（WHO）の合同機関である食品規格（コーデックス）委員会がガイドラインを策定して各国にその採用を推奨している。

*2　多核種除去設備（ALPS：Advanced Liquid Processing System）等によりトリチウム以外の核種について、環境放出の際の規制基準を満たすまで浄化処理した水

が定めるHACCPの要件に適合する施設及び機器の整備並びに認定手続を支援しています。

　また、水産物の流通拠点となる漁港等において高度な衛生管理に対応した荷さばき所等の整備を推進しているほか、冷凍・冷蔵施設の老朽化が進行しており、その更新が課題となっていることから、生産・流通機能の強化と効率化を図りつつ、冷凍・冷蔵施設の整備を推進しています。

　特に、認定施設数が少数にとどまっていた対EU輸出認定施設については、認定の加速化に向け、厚生労働省に加え農林水産省も平成26（2014）年10月から認定主体となり、令和6（2024）年3月末までに71施設を認定し、厚生労働省の認定数と合わせ、我が国の水産加工業等における対EU輸出認定施設数は119施設[※1]となりました。同月末時点で、対米輸出認定施設数は589施設となっています（図表2-35）。

　なお、国内消費者に安全な水産物を提供する上でも、卸売市場等における衛生管理を高度化するとともに、水産加工業におけるHACCPに沿った衛生管理の導入を促進することが重要です。平成30（2018）年6月には食品衛生法等の一部を改正する法律[※2]が公布され、水産加工業者を含む原則として全ての食品等事業者を対象に、令和3（2021）年6月から、HACCPに沿った衛生管理の実施が制度化されています。

図表2-35　水産加工業等における対EU・対米輸出認定施設数の推移

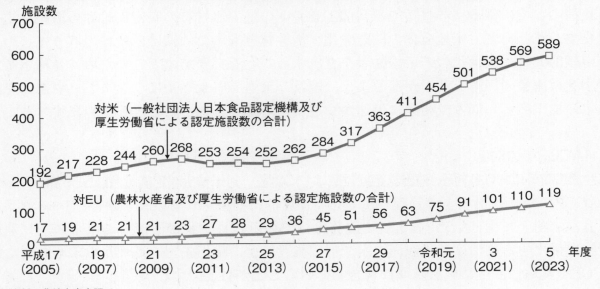

資料：農林水産省調べ

<hr>

＊1　令和6（2024）年3月末時点で国内手続が完了したもの。

＊2　平成30年法律第46号

第3章

水産資源及び漁場環境をめぐる動き

（1）我が国周辺の水産資源

ア　我が国の漁業の特徴

〈我が国周辺水域が含まれる太平洋北西部海域は、世界で最も漁獲量が多い海域〉 ///////////

　我が国周辺水域が含まれる太平洋北西部海域は、世界で最も漁獲量が多い海域であり、令和4（2022）年の漁獲量は、世界の漁獲量の20％に当たる1,885万tとなりました（図表3-1）。

　この海域に位置する我が国は、広大な領海及び排他的経済水域（EEZ[*1]）を有しており、南北に長い我が国の沿岸には多くの暖流・寒流が流れ、海岸線も多様です。このため、その周辺水域には、世界127種の海生ほ乳類のうちの50種、世界約1万5千種の海水魚のうちの約3,700種（うち我が国固有種は約1,900種）[*2]が生息しており、世界的に見ても極めて生物多様性の高い海域となっています。

　このような豊かな海に囲まれているため、沿岸域から沖合・遠洋にかけて多くの漁業者が多様な漁法で様々な魚種を漁獲しています。

　また、我が国は、国土の約3分の2を占める森林の水源涵養機能や、降水量が多いこと等により豊かな水にも恵まれており、内水面においても地域ごとに特色のある漁業が営まれています。

図表3-1　世界の主な漁場と漁獲量

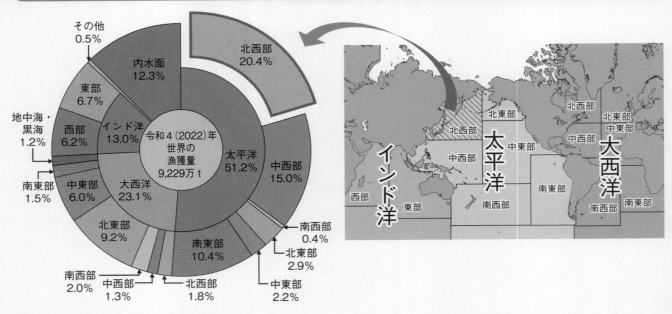

資料：FAO「Fishstat（Global capture production）」

イ　資源評価の実施

〈192種を資源評価対象種に選定〉 ///

　水産資源は再生可能な資源であり、適切に管理すれば永続的な利用が可能です。水産資源の管理においては、資源評価により資源量や漁獲の強さの水準と動向を把握し、その結果に

［*1］　海上保安庁Webサイト（https://www1.kaiho.mlit.go.jp/ryokai/ryokai_setsuzoku.html）によると、日本の領海とEEZを合わせた面積は約447万km²とされている。

［*2］　生物多様性国家戦略2012-2020（平成24（2012）年9月閣議決定）による。

基づき設定される資源管理の目標に向けて、適切な管理措置を執ることが重要です。近年では、気候変動等の環境変化が資源に与える影響や、外国漁船の漁獲の増加による資源への影響の把握も、我が国の資源評価の課題となっています。

　我が国では、国立研究開発法人水産研究・教育機構を中心に、都道府県水産試験研究機関及び大学等と協力して、市場での漁獲物の調査、調査船による海洋観測及び生物学的調査等を通じて必要なデータを収集するとともに、漁業で得られたデータも活用して、我が国周辺水域の主要な水産資源について資源評価を実施しています。

　令和2（2020）年に施行された改正漁業法では、農林水産大臣は、資源評価を行うために必要な情報を収集するための資源調査を行うこととし、その結果等に基づき、最新の科学的知見を踏まえて、全ての有用水産資源について資源評価を行うよう努めるものとすることが規定されました。また、国と都道府県との連携を図り、より多くの水産資源に対して効率的に精度の高い資源評価を行うため、都道府県知事は農林水産大臣に対して資源評価の要請ができることとするとともに、その際、都道府県知事は農林水産大臣の求めに応じて資源調査に協力すること等が規定されました。

　このことを受け、水産庁は、広域に流通している種や都道府県から資源評価の要請があった種を資源評価対象種に選定することとし、平成30（2018）年度の資源評価対象種50種から、令和元（2019）年度には17種を加え67種に、令和2（2020）年度には52種を加え119種に、令和3（2021）年度には73種を加え192種に拡大しました。水産庁は、都道府県及び国立研究開発法人水産研究・教育機構と共に、漁獲量、努力量及び体長組成等の資源評価のためのデータ収集を行っています。

　そのうち、令和5（2023）年度までに22種38資源について、新たな資源管理の実施に向け、過去の資源量等の推移に基づく資源の水準と動向の評価から、最大持続生産量（MSY）[1]を達成するために必要な資源量と漁獲の強さを算出し、過去から現在までの推移を神戸チャート[2]により示しました。さらに、資源管理のための科学的助言として、MSYを達成する資源水準の数値（目標管理基準値）案、乱獲を未然に防止するための数値（限界管理基準値）案及び目標に向かい、どのように管理していくのかを検討するための漁獲シナリオ案等に関する助言を国立研究開発法人水産研究・教育機構、都道府県水産試験研究機関等が行いました。また、資源管理の進め方を検討するに当たり、国立研究開発法人水産研究・教育機構等が、関係する漁業者等に、神戸チャート及び科学的助言の説明を行いました。また、過去の資源量の推移等から「高位・中位・低位」の3区分による資源水準の評価について、令和5（2023）年度は36種50資源について評価を行いました。

　新たな資源管理の推進に向け、今後とも、国立研究開発法人水産研究・教育機構、都道府県、大学等が協力し、継続的な調査を通じてデータを蓄積するとともに、情報収集体制を強化し、資源評価の向上を図っていくことが重要です。

＊1　Maximum Sustainable Yield：現在の環境下において持続的に採捕可能な最大の漁獲量。
＊2　資源量（横軸）と漁獲の強さ（縦軸）について、MSYを達成する水準（MSY水準）と比較した形で過去から現在までの推移を示したもの。

ウ　我が国周辺水域の水産資源の状況

〈22種38資源でMSYベースの資源評価を実施〉

　令和5（2023）年度の我が国周辺水域の資源評価結果によれば、MSYベースの資源評価を行った22種38資源のうち、資源量も漁獲の強さも共に適切な状態であるものはスケトウダラ太平洋系群[*1]等の11種13資源（34%）、資源量は適切な状態にあるが漁獲の強さは過剰であるものはウルメイワシ対馬暖流系群等の2種2資源（5%）、資源量はMSY水準よりも少ないが漁獲の強さは適切な状態であるものはマアジ太平洋系群等の10種11資源（29%）、資源量はMSY水準よりも少なく漁獲の強さは過剰であるものはゴマサバ太平洋系群等の8種12資源（32%）と評価されました（図表3-2）。「高位・中位・低位」の3区分による資源評価により、資源の水準と動向を評価した36種50資源について、資源水準が高位にあるものは10資源（20%）、中位にあるものは9資源（18%）、低位にあるものは31資源（62%）と評価されました（図表3-3）。種・資源別に見ると、ニシン北海道やホッコクアカエビ日本海系群については資源量の増加傾向が見られる一方で、マアナゴ伊勢・三河湾やマガレイ日本海系群については資源量の減少傾向が見られています。

わが国周辺の水産資源の現状を
知るために（国立研究開発法人
水産研究・教育機構）：
https://abchan.fra.go.jp/

＊1　系群：一つの魚種の中で、産卵場、産卵期、回遊経路等の生活史が同じ集団。資源変動の基本単位。

図表3-2　我が国周辺の資源水準の状況（MSYをベースとした資源評価　22種38資源）

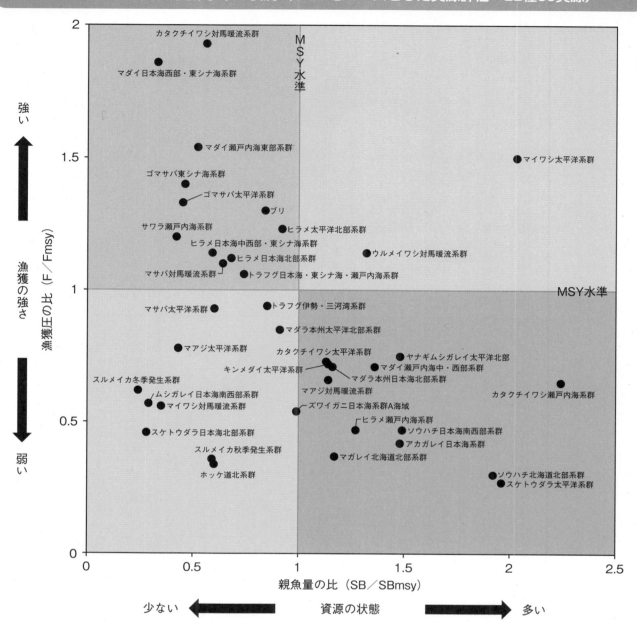

資料：水産庁・国立研究開発法人水産研究・教育機構「我が国周辺の水産資源の評価」に基づき水産庁で作成

図表3-3　我が国周辺の資源水準の状況（「高位・中位・低位」の3区分による資源評価36種 50資源）

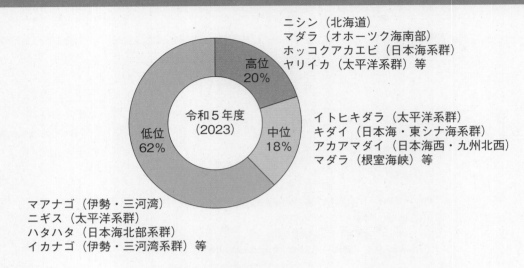

ニシン（北海道）
マダラ（オホーツク海南部）
ホッコクアカエビ（日本海系群）
ヤリイカ（太平洋系群）等

高位
20%

令和5年度
（2023）

中位
18%

イトヒキダラ（太平洋系群）
キダイ（日本海・東シナ海系群）
アカアマダイ（日本海西・九州北西）
マダラ（根室海峡）等

低位
62%

マアナゴ（伊勢・三河湾）
ニギス（太平洋系群）
ハタハタ（日本海北部系群）
イカナゴ（伊勢・三河湾系群）等

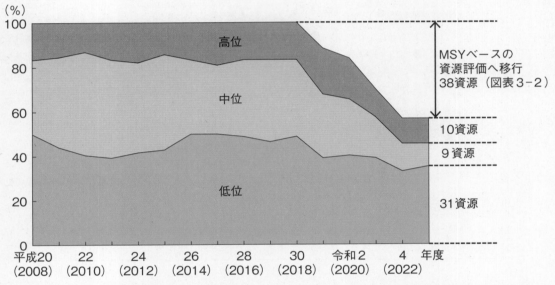

資料：水産庁・国立研究開発法人水産研究・教育機構「我が国周辺の水産資源の評価」に基づき水産庁で作成
注：資源水準及び動向を評価した種・資源数は、以下のとおり。
令和元年度：MSYベースの資源評価に移行したサバ類等4種7資源を除く48種80資源
令和2年度：MSYベースの資源評価に移行したマアジ、マイワシ等8種14資源を除く45種73資源
令和3年度：MSYベースの資源評価に移行したカタクチイワシ、ウルメイワシ等17種26資源を除く42種61資源
令和4・5年度：MSYベースの資源評価に移行したトラフグ、キンメダイ等22種38資源を除く36種50資源
令和2年度以降は、スケトウダラオホーツク海南部等2種6資源について、資源評価結果に記載されている資
源量指数等を基に「高位・中位・低位」を判断。

（コラム）漁業調査船「開洋丸」の竣工

　水産庁は、各種調査機器や大型表中層トロール網等を搭載する漁業調査船「開洋丸」を運航し、水産生物の高精度な資源調査及び海洋環境調査等の高度な調査を行っています。現在の開洋丸は3代目であり、平成3（1991）年に竣工した2代目開洋丸の老朽化に伴う代船として、令和5（2023）年3月に竣工して以来、調査航海に従事しています。

　令和5（2023）年度には、最新鋭の調査機器と高い耐候性能を活かして、高知県地先沖における宝石サンゴ漁場環境調査、天皇海山海域における冷水性サンゴ類・底魚類等の分布調査、気象条件が過酷な厳冬期の北太平洋公海におけるサンマ資源の減少と分布変動の要因を解明するための北西太平洋冬期サンマ産卵場調査等の資源等調査に加え、令和5（2023）年8月のALPS処理

水*の海洋放出に際し、東京電力福島第一原子力発電所沿岸海域においてモニタリング調査を行うなど、近海から遠洋までの広い海域で高度な調査を実施しました。

　開洋丸による調査は、国際条約等に基づいて行われる国際共同調査をはじめ、政策的な意義が高く、緊急の対応が必要な調査や、水産生物及びその環境に関する新たな知見を得るための調査であり、極めて重要なものです。水産庁は、今後も開洋丸による調査を通じて各種の貴重な科学的データを収集し、水産資源の持続的な利用に活かしていきます。

*　多核種除去設備（ALPS：Advanced Liquid Processing System）等によりトリチウム以外の核種について、環境放出の際の規制基準を満たすまで浄化処理した水

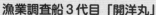
漁業調査船3代目「開洋丸」

調査の様子

（2）我が国の資源管理

ア　改正漁業法に基づく新たな資源管理の推進

〈改正漁業法に基づく水産資源の保存及び管理を適切に実施〉

　資源管理の手法は、1）漁船の隻数や規模、漁獲日数等を制限することによって漁獲圧力を入口で制限する投入量規制（インプットコントロール）、2）漁船設備や漁具の仕様を規制すること等により若齢魚の保護等特定の管理効果を発揮する技術的規制（テクニカルコントロール）、3）漁獲可能量（TAC）の設定等により漁獲量を制限し、漁獲圧力を出口で制限する産出量規制（アウトプットコントロール）の三つに大別されます（図表3－4）。

図表3－4　資源管理手法の相関図

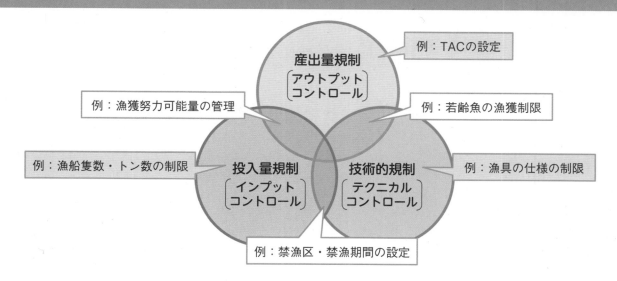

　我が国においては、これまで様々な資源管理の取組を行ってきましたが、一方で、漁獲量が長期的に減少傾向にあるという課題に直面しています。その要因は、海洋環境の変化や、周辺水域における外国漁船の操業活発化等、様々な要因が考えられますが、より適切に資源管理を行っていれば減少を防止・緩和できた水産資源も多いと考えられます。このような状況の中、将来にわたって持続的な水産資源の利用を確保するため、改正漁業法においては、水産資源の保存及び管理を適切に行うことを国及び都道府県の責務とするとともに、漁獲量がMSYを実現するために維持し、又は回復させるべき資源量の水準の値を資源管理の目標として、資源を管理し、管理手法はTACによる管理を基本とすることとされました。資源管理の目標を設定することにより、関係者が、どのように管理に取り組めば、資源状況はどうなるのか、それに伴い漁獲量がどのように変化すると予測されるかが明確に示されます。これにより、漁業者は、将来の資源の増加と安定的な漁獲を見込めるようになり、長期的な展望を持って計画的に経営を組み立てることができるようになります。この資源管理の目標を設定する際には、漁獲シナリオや管理手法について、実践者となる漁業者をはじめとした関係者間での丁寧な意見交換を踏まえて決定していくこととしています。

　漁業の成長産業化のためには、基礎となる資源を維持・回復し、適切に管理することが重要です。このため、資源調査に基づいて資源評価を行い、漁獲量がMSYを実現するために維持し、又は回復させるべき資源量の水準の値を目標として資源を管理するという、国際的に見て遜色のない科学的・効果的な評価方法及び管理方法の導入を進めています（図表3-5）。

　なお、TACによる管理の基本となる漁獲量等の報告については、漁業者に課せられた義務として、違反に対する罰則も含め改正漁業法に位置付けられており、漁業者には、国や都道府県とともに適切な資源管理に取り組んでいくことが求められています。また、TACによる管理に加え、これまで行われていた操業期間、漁具の制限等のTACによる管理以外の手法による管理についても、実態を踏まえて組み合わせ、資源の保存及び管理を適切に行うこととしています。

資源管理の部屋（水産庁）：
https://www.jfa.maff.go.jp/
j/suisin/

図表3-5　資源管理の流れ

【資源調査】
（行政機関／研究機関／漁業者）

〇漁獲・水揚げ情報の収集
・漁獲情報（漁獲量、努力量等）
・漁獲物の測定（体長・体重組成等）

〇調査船による調査
・海洋観測（水温・塩分・海流等）
・仔稚魚調査（資源の発生状況等）等

〇海洋環境と資源変動の関係解明
・最新の技術を活用した、生産力の基礎となるプランクトンの発生状況把握
・海洋環境と資源変動の因果関係解明に向けた解析

〇操業・漁場環境情報の収集強化
・操業場所・時期
・魚群反応、水温、塩分等

【資源評価】
（研究機関）

行政機関から独立して実施

〇資源評価結果（毎年）
・資源量
・漁獲の強さ
・神戸チャート等

〇資源管理目標等の検討材料（設定・更新時）

1. 資源管理目標の案

2. 目標とする資源水準までの達成期間、毎年の資源量や漁獲量等の推移（複数の漁獲シナリオ案を提示）

【資源管理目標】
（行政機関）

関係者に説明

1. ①最大持続生産量を達成する資源水準の値（目標管理基準値）
②乱獲を未然に防止するための値（限界管理基準値）

2. その他の目標となる値（1. を定めることができないとき）

【漁獲管理規則（漁獲シナリオ）】
（行政機関）

関係者の意見を聴く

【操業（データ収集）】
（漁業者）

〇漁獲・水揚げ情報の収集
・ICTを活用した情報収集

電子荷受け　電子入札・セリ　販売システム

【管理措置】

関係者の意見を聴く

TAC・IQ
・TACは資源量と漁獲シナリオから研究機関が算定したABCの範囲内で設定
・漁獲の実態を踏まえ、実行上の柔軟性を確保
・準備が整った区分からIQを実施

資源管理協定
・自主的管理の内容は、資源管理協定として、都道府県知事の認定を受ける。
・資源評価の結果と取組内容の公表を通じ管理目標の達成を目指す。

〈沿岸漁業における漁業権制度及び沖合・遠洋漁業における漁業許可制度で管理〉

　沿岸の定着性の高い資源を対象とした採貝・採藻等の漁業、一定の海面を占有して営まれる定置漁業や養殖業、内水面漁業等については、都道府県知事が漁協やその他の法人等に漁業権を免許します。他方、より漁船規模が大きく、広い海域を漁場とする沖合・遠洋漁業については、資源に与える影響が大きく、他の地域や他の漁業種類との調整が必要な場合もあることから、農林水産大臣又は都道府県知事による許可制度が設けられています。この許可に際して漁船隻数や総トン数の制限（投入量規制）を行い、さらに、必要に応じて操業期間・区域、漁法等の制限措置（技術的規制）を定めることによって資源管理を行っています（図表3-6）。

図表3-6　漁業権制度及び漁業許可制度の概念図

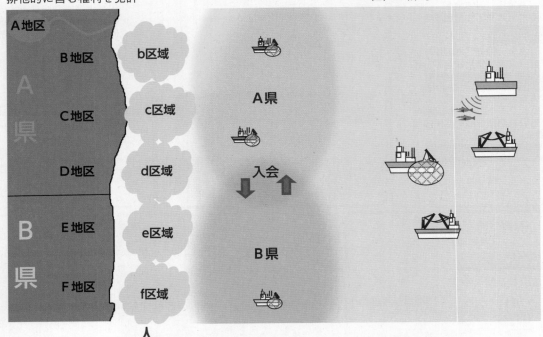

漁業権漁業に関する水面の立体的・重複的な利用のイメージ

〈**資源管理の推進のための新たなロードマップ**〉////////////////////////////////

　水産庁は、令和2（2020）年の改正漁業法の施行に先立ち、新たな資源管理システムの構築のため、科学的な資源調査・評価の充実、資源評価に基づくTACによる管理の推進等の具体的な工程を示した「新たな資源管理の推進に向けたロードマップ」（以下「旧ロードマップ」といいます。）を令和2（2020）年9月に決定・公表しました。

　旧ロードマップでは、令和5（2023）年度までに、資源評価対象種を200種程度に拡大す

ること、水揚情報を電子的に収集する体制を整備すること、漁獲量ベース*1で8割をTACによる管理とすること、TAC管理の対象となる資源（以下「TAC資源」といいます。）を主な漁獲対象とする大臣許可漁業に漁獲割当て（IQ：Individual Quota）による管理を原則導入すること、漁業者が実行している自主的な資源管理（資源管理計画）を改正漁業法に基づく資源管理協定へ移行すること等の具体的な取組を行い、改正漁業法に基づく新たな資源管理システムを推進することで、令和12（2030）年度に444万tまで漁獲量*2を回復させることを目標としました。

　令和6（2024）年3月には、これまでの取組結果を踏まえて、令和6（2024）年度以降の具体的な取組を示した、「資源管理の推進のための新たなロードマップ」（以下「新ロードマップ」といいます。）を策定・公表しました（図表3-7）。

　新ロードマップでは、引き続き、令和12（2030）年度に444万tまで漁獲量を回復させることを目標とし、取組として、1）MSYベースの資源評価対象資源を現在の38資源から45資源程度に拡大すること、2）令和7（2025）年度までに漁獲量ベースで8割の資源でTAC管理を開始すること、3）MSYベースの資源評価が行われている資源の6割以上についてその資源量をMSY水準以上にすること、4）IQの運用面の課題解決（移転手続の簡素化等）を図ること、5）資源管理協定の履行・検証・改良（PDCA）の実施や公表等により、効果的な自主的資源管理を実現すること、6）クロマグロ遊漁について届出制導入の検討など管理の高度化を図り、本格的なTACによる数量管理への移行を推進すること、7）現場の漁獲報告の負担感を軽減するデジタル化を推進すること等を記載しました。

　令和4（2022）年3月に閣議決定された新たな水産基本計画についても、「海洋環境の変化も踏まえた水産資源管理の着実な実施」が柱として掲げられ、「資源調査・評価体制の整備を進めるとともに、漁業者をはじめとした関係者の理解と協力を得た上で、科学的知見に基づいて新たな資源管理を推進する。」とされており、漁業者をはじめとする関係者の理解と協力を得た上で、新たな資源管理を着実に実施しているところです。

＊1　遠洋漁業で漁獲される魚類、国際的な枠組みで管理される魚類（かつお・まぐろ・かじき類）、さけ・ます類、貝類、藻類、うに類、海産ほ乳類は除く。
＊2　海面及び内水面の漁獲量から藻類及び海産ほ乳類の漁獲量を除いたもの。

図表3-7 資源管理の推進のための新たなロードマップ

これまで旧ロードマップに沿って新たな資源管理の取組を進めた結果、一定の基盤が概ね整ってきたが、解決を要する課題も浮かび上がってきたこと等を踏まえ、令和6年度以降は、様々な課題をクリアしながら資源管理の高度化・安定化等を図る新たなフェーズへと移行し、漁業者をはじめとした関係者の理解と協力を得た上で取組を進め、適切な資源管理を通じた水産業の成長産業化を図る。その際、地球温暖化等を要因とした海洋環境の変化に応じ、具体的な取組を進める。また、都道府県・関係機関との協力・連携の下に、スマート水産業等関係施策の進捗を図りながら、効率的に進めることとする。

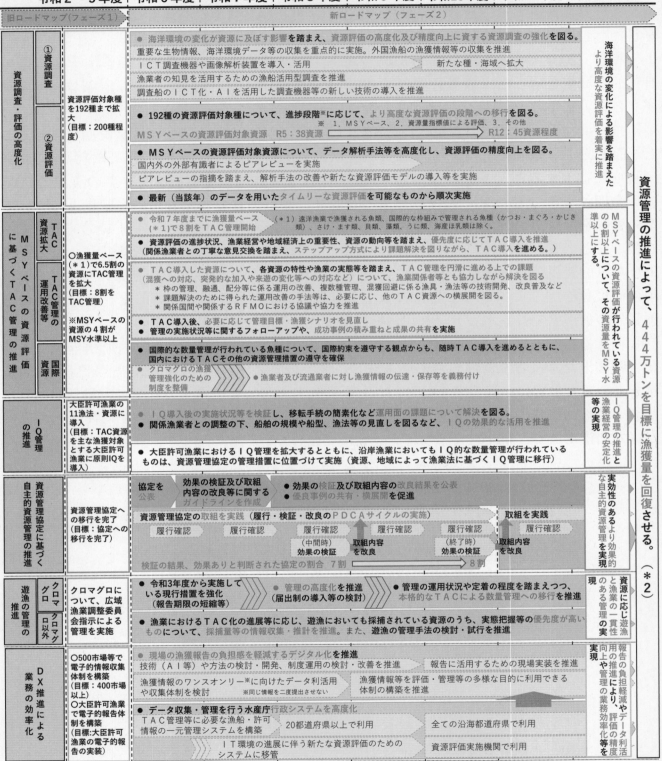

資源管理の推進のための新たなロードマップ（水産庁）：
https://www.jfa.maff.go.jp/j/suisin/attach/pdf/index-507.pdf

〈資源管理基本方針等の策定〉

　改正漁業法に基づく新たな資源管理の基本的な考え方や水産資源ごとの具体的な管理については、改正漁業法第11条第１項に基づき、資源評価を踏まえて、資源管理に関する基本方針（以下「資源管理基本方針」といいます。）を農林水産大臣が定めることとされており、水産庁では、改正漁業法の施行に先立ち、令和２（2020）年に資源管理基本方針を策定しました。

　資源管理基本方針には、資源管理に関する基本的事項や水産資源ごとの資源管理の目標、特定水産資源、TACによる管理に必要となる大臣管理区分の設定や大臣管理区分及び都道府県へのTACの配分基準等を定めています。

　また、都道府県における資源管理の基本的な考え方や都道府県内の水産資源ごとの具体的な管理については、改正漁業法第14条第１項に基づき、資源管理基本方針に則して、都道府県知事が都道府県資源管理方針を定めることとされており、各都道府県において同方針が定められ、TACによる管理に必要となる知事管理区分の設定や都道府県に配分されたTACに関する知事管理区分への配分基準等が規定されています。

　このように、資源管理基本方針や都道府県資源管理方針が、新たな資源管理を支える基本原則であり、水産資源ごとの資源管理の進捗に応じて必要な見直しを行っていきます。

〈改正漁業法の下でのTACによる管理の推進及び拡大〉

　改正漁業法では、TAC資源は、資源管理基本方針において「特定水産資源」として定められることとなっています。特定水産資源については、それぞれ、資源評価に基づき、目標管理基準値や限界管理基準値等の資源管理の目標を設定し、その目標を達成するようあらかじめ定めておく漁獲シナリオに則してTACが決定されるとともに、限界管理基準値を下回った場合には目標管理基準値まで回復させるための計画を定めて実行することとされています。令和６（2024）年３月末時点で、TAC資源は漁獲量ベースで65％を占めていますが、対象とする資源を順次拡大し、令和７（2025）年度までに、８割でTAC管理開始となることを目指すこととしています。

　TAC資源の拡大については、令和３（2021）年３月に公表した「TAC魚種拡大に向けたスケジュール」に基づき、１）漁獲量が多い魚種（漁獲量上位35種を中心とする）、２）MSYベースの資源評価が近い将来実施される見込みの魚種、という二つの条件に合致するものから、新たなTAC管理の検討を順次開始していくこととしています。

　TAC資源拡大に向けた検討プロセスとして、まず、MSYベースの資源評価結果が公表されますが、科学的な資源評価の内容が難しく、なかなか理解できないとの声があがっていることを踏まえ、資源評価に対する理解促進と信頼性の向上を図るため、令和４（2022）年度以後に初めてMSYベースの資源評価結果が公表された水産資源については、漁業者をはじめとする関係者を主対象とする資源評価結果説明会を開催しました。同説明会の後、現場の

漁業者の意見を十分に聴き、必要な意見交換を行うため、農林水産大臣の諮問機関である水産政策審議会の下に設けられた資源管理手法検討部会において、資源評価結果や水産庁が検討している内容を報告し、水産資源の特性及びその採捕の実態や漁業現場等の意見を踏まえて論点や意見の整理を行い、同部会での整理を踏まえ、水産庁は資源管理方針に関する検討会（ステークホルダー会合）を開催することとしています。その後に、同検討会での整理を踏まえ、水産政策審議会の資源管理分科会への諮問を経てTAC管理が導入されます（図表3－8）。

TAC資源拡大に向けた検討状況として、令和6（2024）年3月末時点で、22種38資源について、MSYベースの資源評価結果が公表され、20種34資源について、資源管理手法検討部会を開催し、5種11資源について、ステークホルダー会合を開催しました（図表3－9）。

このうち、カタクチイワシ及びウルメイワシ対馬暖流系群については、令和6（2024）年1月からTAC管理を開始しました。また、マダラの四つの資源（本州日本海北部系群、本州太平洋北部系群、北海道太平洋及び北海道日本海）について令和6（2024）年7月から、マダイ日本海西部・東シナ海系群について令和7（2025）年1月から、ブリについて同年4月からTAC管理の開始を目指して準備を進めています。なお、これらの資源においては、TAC管理のステップアップの考え方と共にTAC管理を導入することとし、管理の運用面での工夫等について、ステップアップ期間中を含め引き続き丁寧に議論し、関係する漁業者の理解と協力を得た上で実施していくこととしています（図表3－10）。

このように、順次TAC資源拡大に向けた議論を進めており、今後も議論を継続していきます。

図表3－8　TAC資源拡大に向けた検討プロセス

● 検討のプロセスは、「公表」⇒「検討部会」⇒「SH会合」⇒「水政審」という流れが基本。
①「**公表**」…資源評価結果が公表されるタイミングを示す。（令和4年度以降は説明会も実施）
②「**検討部会**」…資源管理手法検討部会の開催のタイミングを示し、ここでは論点や意見の整理を実施。
③「**SH会合**」…資源管理方針に関する検討会（ステークホルダー会合）の開催のタイミングを示し、ここでは従来のTAC資源と同様に、MSYベースの資源管理目標やそれを達成するための漁獲シナリオの議論を行うとともに、新たにTAC管理を行うにあたっての課題解決について議論。
④「**水政審**」…水産政策審議会資源管理分科会の開催のタイミングを示し、ここでは新規TAC資源を追記した資源管理基本方針案を諮問・答申。

◎「カタクチイワシ対馬暖流系群」の例

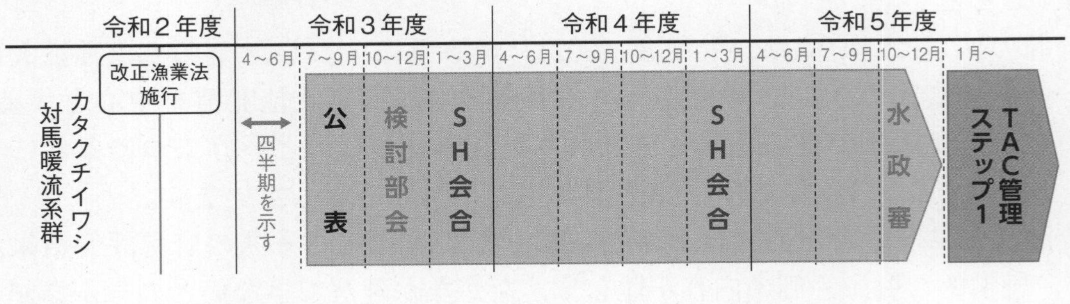

図表3－9　TAC資源拡大に係る進捗状況

水産資源	資源管理手法検討部会	ステークホルダー会合				備考
		第1回	第2回	第3回	第4回	
カタクチイワシ太平洋系群	令和3年11月29日	令和4年3月28日	令和5年3月7日	令和5年9月22日	令和6年4月24日	
カタクチイワシ対馬暖流系群	令和3年12月14日	令和4年3月3日	令和5年2月15、16日			令和6年1月からTAC管理開始
カタクチイワシ瀬戸内海系群	令和4年11月21日	令和5年5月30日	令和5年12月15日	今後開催		
ブリ	令和4年7月11日	令和5年10月11日	令和6年3月19日			令和7年4月からTAC管理開始予定
ウルメイワシ対馬暖流系群	令和3年12月14日	令和4年3月3日	令和5年2月15、16日			令和6年1月からTAC管理開始
ウルメイワシ太平洋系群	令和3年11月29日	令和4年3月28日	今後開催			
マダラ本州太平洋北部系群	令和4年3月17日	令和5年3月23日	令和5年8月7日			令和6年7月からTAC管理開始予定
マダラ本州日本海北部系群	令和4年2月25日	令和5年3月9日	令和5年7月4日			令和6年7月からTAC管理開始予定
マダラ北海道太平洋	令和5年3月3日	令和6年1月19日	令和6年3月15日			令和6年7月からTAC管理開始予定
マダラ北海道日本海	令和5年3月3日	令和6年1月19日	令和6年3月15日			令和6年7月からTAC管理開始予定
ソウハチ日本海南西部系群	令和4年2月25日	今後開催				
ムシガレイ日本海南西部系群	令和4年2月25日	今後開催				
ヤナギムシガレイ太平洋北部	令和4年3月17日	今後開催				
サメガレイ太平洋北部	令和4年3月17日	今後開催				
アカガレイ日本海系群	令和5年5月22日	今後開催				
ソウハチ北海道北部系群	令和5年8月7日	今後開催				
マガレイ北海道北部系群	令和5年8月7日	今後開催				
ホッケ道北系群	今後開催					
マルアジ日本海西・東シナ海系群	令和4年12月20日	今後開催				
ムロアジ類東シナ海	令和4年12月20日	今後開催				
サワラ瀬戸内海系群	令和5年6月12日	今後開催				
サワラ日本海・東シナ海系群	令和5年7月21日	今後開催				
イカナゴ瀬戸内海東部系群	令和5年5月22日	今後開催				
マダイ瀬戸内海中・西部系群	令和4年4月21日	今後開催				
マダイ日本海西部・東シナ海系群	令和4年4月21日	令和5年5月16日	令和6年3月5日			令和7年1月からTAC管理開始予定
マダイ瀬戸内海東部系群	令和5年6月12日	今後開催				
ベニズワイガニ日本海系群	令和5年5月22日	今後開催				
ヒラメ瀬戸内海系群	令和4年2月8日	今後開催				
ヒラメ太平洋北部系群	令和5年4月24日	今後開催				
ヒラメ日本海北部系群	令和5年3月17日	今後開催				
ヒラメ日本海中西部・東シナ海系群	令和5年3月17日	今後開催				
トラフグ日本海・東シナ海・瀬戸内海系群	令和5年7月21日	今後開催				
トラフグ伊勢・三河湾系群	令和5年7月21日	今後開催				
キンメダイ太平洋系群	令和4年12月20日	今後開催				
ニギス日本海系群	令和4年2月25日	今後開催				

第1部

第3章

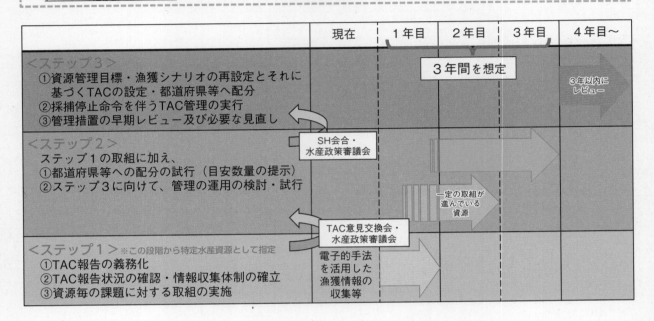

図表3-10　TAC管理導入当初の柔軟な運用（ステップアップ）

TAC管理のステップアップの考え方

- 新たなTAC資源については、通常のTAC管理への移行までのスケジュールを明確にした上で、TAC管理導入当初は柔軟な運用とし、課題解決を図りながら段階的に順次実施する「ステップアップ管理」を導入。
- 「ステップアップ管理」の考え方及びスケジュールは「資源管理基本方針」に規定し、具体的には以下の3つのステップに分けて、通常のTAC管理導入に向けたプロセスを確実に実施。
- ステップ2までの間に課題解決の取組等に十分な進展があった場合に、ステップ3へ移行する。このため、ステップ3へ移行する前には、ステークホルダー（SH）会合を開催してステップ2までにおける取組状況等について意見交換を実施。（ステップ1・2で3年間を想定）

〈大臣許可漁業からIQ方式を順次導入〉

　TACを個々の漁業者又は船舶ごとに割り当て、割当量を超える漁獲を禁止することによりTACによる管理を行うIQ方式は、産出量規制の一つの方式です。

　これまでの我が国EEZ内のTAC制度の下での漁獲量の管理は、漁業者の漁獲を総量管理としていたため、漁業者間の過剰な漁獲競争が生じることや、他人が多く漁獲することによって自らの漁獲が制限されるおそれがあることといった課題が指摘されてきました。そこで、改正漁業法では、TACによる管理は、船舶等ごとに数量を割り当てるIQを基本とすることとされました（図表3-11）。このため、大臣許可漁業については、令和5（2023）年度までに、TAC資源を主な漁獲対象とする大臣許可漁業にIQ方式による管理を原則導入することとしており、これを踏まえ、令和5（2023）管理年度までに、ミナミマグロ、大西洋クロマグロ及びクロマグロ（大型魚）のかつお・まぐろ漁業、サバ類、マイワシ及びクロマグロ（大型魚）の大中型まき網漁業、クロマグロ（小型魚及び大型魚）のかじき等流し網漁業等、スルメイカの大臣許可いか釣り漁業並びにサンマの北太平洋さんま漁業において、IQ方式による管理を導入しました（図表3-12）。今後も引き続き、IQ方式による管理の導入・検討を進めていきます。

図表3−11　IQ管理の導入のイメージ

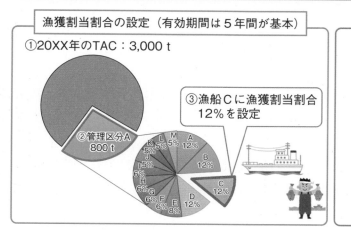

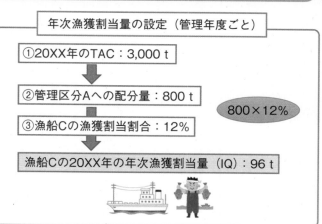

図表3−12　IQ管理の導入状況

大臣許可漁業	水産資源	令和3年管理年度	令和4年管理年度	令和5年管理年度
かつお・まぐろ漁業	ミナミマグロ	───────────────────→		
	大西洋クロマグロ（東大西洋・西大西洋）	───────────────────→		
	クロマグロ（大型魚）		──────────→	
大中型まき網漁業	サバ類	───────────────────→		
	マイワシ	───────────────────→		
	クロマグロ（大型魚）	───────────────────→		
かじき等流し網漁業等	クロマグロ（小型魚・大型魚）			─────→
いか釣り漁業	スルメイカ			─────→
北太平洋さんま漁業	サンマ			─────→

〈IQ方式による管理の導入が進んだ漁業は船舶規模に係る規制を見直し〉

　漁船漁業の目指すべき将来像として、漁獲対象資源の相当部分がIQ方式による管理の対象となった船舶については、トン数制限等の船舶の規模に関する制限を定めないこととしています。これにより、生産コストの削減、船舶の居住性・安全性・作業性の向上、漁獲物の鮮度保持による高付加価値化等が図られ、若者に魅力ある船舶の建造が行われると考えられます。なお、このような船舶については、他の漁業者の経営に悪影響を生じさせないため、国が責任を持って関係漁業者間の調整を行い、操業期間や区域、体長制限等の資源管理措置を講ずることにより、資源管理の実施や紛争の防止が確保されていることを確認することとしています。

〈資源管理計画は、改正漁業法に基づく資源管理協定へと移行〉

　我が国では、公的規制と漁業者の自主的取組の組合せによる資源管理の推進のため、国及び都道府県が資源管理指針を策定し、これに沿って、関係する漁業者団体が資源管理計画を

作成・実践する資源管理指針・計画体制を平成23（2011）年度から実施してきました。

改正漁業法に基づく新たな資源管理システムにおいても、国や都道府県による公的規制と漁業者の自主的取組の組合せによる資源管理推進の枠組みを継続させることとしており、特に、TAC資源以外の水産資源の管理については、漁業者による自主的な資源管理措置を定める資源管理協定の活用を図ることとしています。

資源管理協定を策定する際には、1）資源評価対象種については、資源評価結果に基づき、資源管理目標を設定すること、2）資源評価が未実施のものについては、報告された漁業関連データや都道府県水産試験研究機関等が行う資源調査を含め、利用可能な最善の科学情報を用い、資源管理目標を設定すること、としており、同協定は、農林水産大臣又は都道府県知事が認定・公表します。資源管理計画から資源管理協定への移行（図表3-13）は、令和5（2023）年度までに完了することを目標として取組を進め、同年度末までに移行は完了しました。

資源管理協定の参加者は、その取組による資源管理の効果の検証を定期的に行い、取組内容をより効果的なものに改良していくこととしており、農林水産大臣又は都道府県知事は、その検証結果を公表することで、透明性を確保した運用を図っていくこととしています。

このような資源管理協定を策定し、これに参加する漁業者は、漁業収入安定対策（図表3-14）により支援していくことになります。

図表3-13　資源管理計画から資源管理協定への移行のイメージ

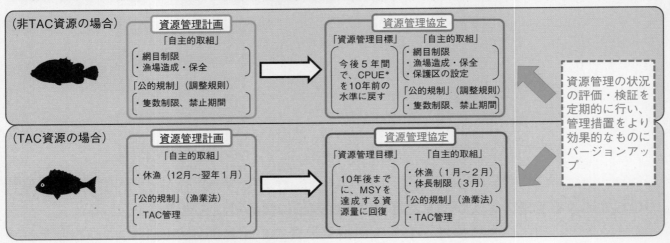

*Catch Per Unit Effort：単位努力量当たりの漁獲量

図表3-14　漁業収入安定対策の概要

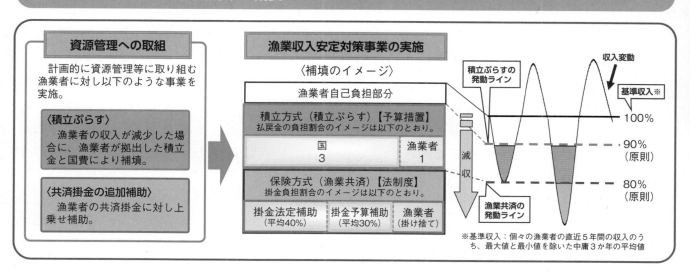

イ　太平洋クロマグロの資源管理

〈TAC制度によるクロマグロの資源管理〉

　クロマグロについては、中西部太平洋まぐろ類委員会（WCPFC）の合意を受け、平成23（2011）年から大中型まき網漁業による小型魚（30kg未満）の管理を行ってきました。平成26（2014）年12月のWCPFCの決定事項に従い、平成27（2015）年1月からは小型魚の漁獲を基準年（平成14（2002）～16（2004）年）の水準から半減させる厳しい措置と、大型魚（30kg以上）の漁獲を基準年の水準から増加させない措置を導入し、大中型まき網漁業に加えて、かつお・まぐろ漁業等の大臣管理漁業や、定置漁業等の知事管理漁業においても漁獲管理を開始しました。平成30（2018）管理年度[*1]からは、海洋生物資源の保存及び管理に関する法律[*2]に基づく管理措置に移行しました。

　令和元（2019）管理年度[*3]の開始に当たっては、数量配分の透明性を確保するため、水産政策審議会の資源管理分科会にくろまぐろ部会を設置し、沿岸・沖合・養殖の各漁業者の意見を踏まえ、令和元（2019）管理年度以降の配分の考え方を取りまとめました。令和元（2019）管理年度以降は、同部会の配分の考え方に基づき、大臣管理区分及び都道府県にTACの配分等を行っています。また、クロマグロの来遊状況により配分量の消化状況が異なることから、漁獲したクロマグロをやむを得ず放流する地域がある一方で、配分量を残して漁期を終了する地域も発生していました。このため、都道府県や漁業種類の間で配分量を融通するルールを作り、平成30（2018）管理年度から配分量の有効活用を図っています。

　令和3（2021）管理年度[*4]からは、令和2（2020）年の改正漁業法の施行を受けて、改正漁業法に基づく管理に移行しました。

　令和4（2022）管理年度以降については、令和3（2021）年12月のWCPFC年次会合にお

---

*1　平成30（2018）管理年度（第4管理期間）の大臣管理漁業の管理期間は1～12月、知事管理漁業の管理期間は7～翌3月。

*2　平成8年法律第77号。令和2（2020）年12月廃止。

*3　令和元（2019）管理年度（第5管理期間）の大臣管理漁業の管理期間は1～12月、知事管理漁業の管理期間は4～翌3月。

*4　令和3（2021）管理年度以降の大臣管理区分の管理期間は1～12月、都道府県の管理期間は4～翌3月。

いて決定された大型魚の漁獲上限の増加等を踏まえ、配分の考え方について見直しを行いました。

〈太平洋クロマグロの漁獲・流通の管理を強化〉

このように数量管理を実施している中、令和5（2023）年に、漁業者と産地仲買人が共謀して漁獲報告を偽ったとして有罪判決等を受けた事案が発生しました。このような事案は、これまでの関係漁業者による資源管理への取組をないがしろにするとともに、数量管理の取組への信頼を根底から覆すものであり、我が国の管理措置に対する国際的な信用を傷付けかねません。

このため、陸揚げの状況等を検査する国の検査体制を強化するための漁獲監理官の設置、陸揚げ港における漁獲監視の高度化を図る設備・体制等のモデル的な検討、TAC報告時の個体管理、取引時の個体情報の伝達・記録等により、このような事案の再発防止や管理の強化を図っていくこととしています。

〈クロマグロの遊漁の資源管理の高度化を推進〉

これまで遊漁者に対しては、漁業者の取組に準じて採捕停止等の協力を求めてきましたが、資源管理の実効性を確保するため、漁業者が取り組む資源管理の枠組みに遊漁者が参加する制度を構築することが課題となっていました。

遊漁に対する規制は、不特定多数の者が対象となることから、罰則を伴う規制の導入には、十分な周知期間を設け、試行的取組を段階的に進めることが妥当であるため、いきなりTAC制度を導入するのではなく、広域漁業調整委員会指示[*1]（以下「委員会指示」といいます。）により管理を行うこととしました。具体的には、令和3（2021）年6月以降、小型魚は採捕禁止（意図せず採捕した場合には直ちに海中に放流）、大型魚を採捕した場合には尾数や採捕した海域等を水産庁に報告しなければならないこととするとともに、大型魚の採捕数量がクロマグロの資源管理の枠組みに支障を来すおそれがある水準に達した場合には遊漁による大型魚の採捕を禁止することとしました。

今後は、新ロードマップに基づき、届出制導入の検討など管理の高度化を図り、本格的なTACによる数量管理への移行を推進することとしています。

くろまぐろの部屋（水産庁）：
https://www.jfa.maff.go.jp/
j/tuna/maguro_gyogyou/
bluefinkanri.html

---

*1　広域漁業調整委員会は漁業法に基づき設置され、水産動植物の繁殖保護や漁業調整のために必要があると認められるときは、水産動植物の採捕に関する制限又は禁止等、必要な指示をすることができる。委員会指示に違反した場合、直ちに罰則が適用されるわけではないが、指導に繰り返し従わないなどの悪質な者に対しては、農林水産大臣が指示に従うよう命令を出すことができ、その命令に従わなかった場合、漁業法に基づく罰則が適用される。

（3）実効性ある資源管理のための取組

ア　我が国の沿岸等における密漁防止・漁業取締り

〈漁業者以外による密漁の増加を受け、大幅な罰則強化〉

　水産庁が各都道府県を通じて取りまとめた調査結果によると、令和4（2022）年の全国の海上保安部、都道府県警察及び都道府県における漁業関係法令違反（以下「密漁」といいます。）の検挙件数は、1,561件（うち海面1,527件、内水面34件）となりました。近年では、漁業者による違反操業が減少している一方、漁業者以外による密漁が漁業者による密漁を大きく上回るとともに、悪質化・巧妙化しています（図表3−15）。

図表3−15　我が国の海面における漁業関係法令違反の検挙件数の推移

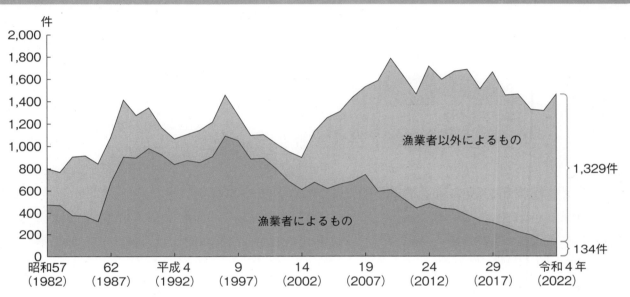

資料：水産庁調べ
注：令和4（2022）年の合計は、漁業者によるものと漁業者以外によるものの他に、不詳64件を含む。

　アワビ、サザエ等のいわゆる磯根資源は、多くの地域で共同漁業権の対象となっており、関係漁業者は、種苗放流、禁漁期間・区域の設定、漁獲サイズの制限等、資源の保全と管理のために多大な努力を払っています。一方、このような磯根資源は、容易に採捕できることから密漁の対象とされやすく、組織的な密漁も横行しています。また、資源管理のルールを十分に認識していない一般市民による個人的な消費を目的としたものも各地で発生しています。このため、一般市民に対するルールの普及啓発を目的として、水産庁は密漁対策のWebサイトを立ち上げたほか、ポスターやパンフレットを作成し配布するなど密漁の防止を図っています。

　また、悪質な密漁が行われているあわび、なまこ及び全長13センチメートル以下のうなぎ（以下「うなぎの稚魚」といいます。）を「特定水産動植物」に指定し、漁業権や漁業の許可等に基づいて採捕する場合を除いて採捕を原則禁止とし、これに違反した場合には、3年以下の懲役又は3,000万円以下の罰金が科されることになります。さらに、密漁品の流通を防止するため、違法に採捕されたことを知りながら特定水産動植物を運搬、保管、取得又は処分の媒介・あっせんをした者に対しても密漁者と同じ罰則が適用されることになっています（図表3−16）。

密漁を抑止するには、夜間や休漁中の漁場監視や密漁者を発見した際の取締機関への速やかな通報等、日頃の現場における活動が重要です。

取締りについては、海上保安官及び警察官と共に、水産庁等の職員から任命される漁業監督官や都道府県職員から任命される漁業監督吏員が実施しており、今後も、関係機関と連携して取締りを強化していきます。

密漁を許さない〜水産庁の密漁対策〜（水産庁）：
https://www.jfa.maff.go.jp/j/enoki/mitsuryotaisaku.html

図表3−16　漁業法における罰則の概要

特定水産動植物の採捕禁止違反・密漁品流通の罪	無許可操業等の罪	漁業権侵害の罪
3年以下の懲役 3,000万円以下の罰金	3年以下の懲役 300万円以下の罰金	100万円以下の罰金

〈特定水産動植物等の国内流通の適正化等に関する法律の施行〉///////////////////////////

違法に採捕された水産動植物の流通過程での混入やIUU[1]漁業由来の水産動植物の流入を防止することを目的とした特定水産動植物等の国内流通の適正化等に関する法律[2]が令和4（2022）年12月に施行されました。同法は、特定の水産動植物を取り扱う漁業者等の行政機関への届出、漁獲番号等の伝達、取引記録の作成・保存等を義務付けており、なまこ、あわびの取引の際には既存の販売システムや納品伝票等を活用した情報伝達や取引記録の作成・保管が行われています（図表3−17）。特定の水産動植物については、国内において違法かつ過剰な採捕が行われるおそれが大きい水産動植物であって資源管理を行うことが特に必要なものを「特定第一種水産動植物」、国際的なIUU漁業防止の観点から本法による輸入規制を講ずることが必要な水産動植物を「特定第二種水産動植物」と定義しており、特定第一種水産動植物は、あわび、なまこ及びうなぎの稚魚[3]、特定第二種水産動植物は、さば、さんま、まいわし及びいかとしています。

令和6（2024）年3月末時点で特定第二種水産動植物等の輸入に必要な協議が完了した国・地域は48となっています。他方で、適切な資源管理措置が確認できない国・地域については、輸入ができなくなっており、IUU漁業由来の水産動植物が我が国に流入することを防いでいます。

＊1　Illegal, Unreported and Unregulated：違法・無報告・無規制。国際連合食糧農業機関（FAO）は、無許可操業（Illegal）、無報告又は虚偽報告された操業（Unreported）、無国籍の漁船、地域漁業管理機関の非加盟国の漁船による違反操業（Unregulated）等、各国の国内法や国際的な操業ルールに従わない無秩序な漁業活動をIUU漁業としている。
＊2　令和2年法律第79号
＊3　うなぎの稚魚については、令和7（2025）年12月から適用。

特定水産動植物等の国内流通の
適正化等に関する法律（水産庁）：
https://www.jfa.maff.go.jp/
j/kakou/tekiseika.html

図表3-17　水産流通適正化制度の概要

特定第一種水産動植物等に係る制度スキーム

農林水産省（都道府県へ一部の権限を委任）

届出　通知（届出番号）　届出　適法漁獲等証明書発行

漁業者又は漁業者が所属する団体

取扱事業者
一次買受業者
加工・流通業者
販売業者　※　等
※専ら消費者に販売する小売事業者、飲食店については届出義務は対象外。

輸出業者

消費者等

漁獲番号を含む取引記録を作成・保存するとともに、その一部を事業者間で伝達。

特定第二種水産動植物等に係る制度スキーム

外国　　　　　　　　　　　日本

海外事業者　　適法に採捕されたことを示す証明書

証明書の添付　　輸入業者等　　税関による書類確認

必要書類の提出・申請

適法に採捕されたことを示す証明書

証明書の発行

旗国の政府機関等

国内流通

注：届出義務、伝達義務、取引記録義務、輸出入時の証明書添付義務等に違反した場合は罰則あり。

（コラム）沿岸域における密漁の撲滅に向けた取組

　近年、悪質な密漁が問題になっています。特にアワビ、ナマコ等は、沿岸域に生息し、容易に採捕できることから、密漁の対象とされやすく、組織的かつ広域的な密漁が横行しています。

　瀬戸内海においても、漁業者によるナマコ、サザエ等の磯根資源の増殖の取組が行われている一方、潜水器や小型機船底びき網漁船等による夜間の密漁が絶えません。さらに、アワビやナマコの密漁者は高速船を使用しています。

　令和2（2020）年の改正漁業法の施行に伴い、アワビやナマコの密漁に対する罰則が大幅に強化されました。違反した者に対しては3年以下の懲役又は3,000万円以下の罰金が科され、この罰金額は、国内法における個人に対する罰金の最高額です。

　このような沿岸域における密漁の撲滅に向け、水産庁では瀬戸内海に漁業取締船「白鷺」等、高速の漁業取締船を配備しています。

　瀬戸内海は非常に強い潮の流れや干満差等の変化が大きく、時には海象が一変する危険な海であり、夜間の漁業取締りは豊富な知識と経験が必要です。日々鍛錬を積んだ乗組員が乗船する「白鷺」の漁業取締活動は、悪質な密漁者に脅威を与えています。

漁業取締船「白鷺」   立入検査中の「白鷺」

イ　外国漁船等の監視・取締り

〈我が国の漁業秩序を脅かす外国漁船等の違法操業に厳正に対応〉//////////////////////////

　我が国の周辺水域においては、二国間の漁業協定等に基づき、外国漁船等が我が国EEZにて操業するほか、我が国EEZ境界線の外側においても多数の外国漁船等が操業しており、水産庁は、これら外国漁船等が違法操業を行うことがないよう、漁業取締りを実施しています。水産庁による令和5（2023）年の外国漁船等への取締実績は、立入検査7件、拿捕1件、我が国EEZで発見された外国漁船等によるものと見られる違法設置漁具の押収8件でした（図表3-18）。

　また、北太平洋公海において、サンマやマサバ等を管理する北太平洋漁業委員会（NPFC）及びカツオ・マグロ類を管理するWCPFCが定める保存管理措置の遵守状況を、聞き取り及び16件の乗船検査により確認し、外国漁船等に対して延べ9件の違反の指摘を行い、必要に応じて旗国への通報を行いました。

立入検査のため外国漁船に移乗する漁業監督官　　　外国漁船への公海乗船検査を行う漁業監督官

令和5年の外国漁船取締実績について（水産庁）：
https://www.jfa.maff.go.jp/j/press/kanri/240227.html

図表3−18　水産庁による外国漁船等の拿捕・立入検査等の件数の推移

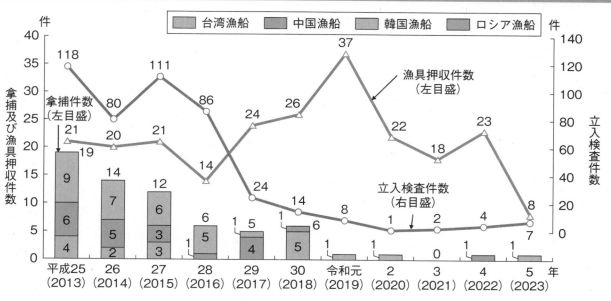

凡例：台湾漁船　中国漁船　韓国漁船　ロシア漁船

資料：水産庁調べ
注：公海における乗船検査を含まない。

〈日本海大和堆周辺水域での取締りを強化〉

日本海大和堆周辺の我が国EEZでの中国漁船及び北朝鮮漁船による操業については、違法であるのみならず、我が国漁業者の安全操業の妨げにもなっており、極めて問題となっています。このため、我が国漁業者が安全に操業できる状況を確保することを第一に、水産庁は、違法操業を行う外国漁船等に対し放水等の厳しい措置を行い、我が国EEZから退去させています。水産庁では、周年にわたり同水域に配備している漁業取締船に加え、我が国いか釣り漁業の漁期が始まる前の5月からは、令和4（2022）年3月に竣工した大型漁業取締船を含む漁業取締船を重点的に配備するとともに、海上保安庁と連携した対応を行っています。

令和5（2023）年の水産庁漁業取締船による退去警告隻数は延べ68隻であり、前年より30隻増加しました。

大和堆西方の我が国EEZでは、違法操業を行う外国漁船等の問題は依然として継続している状況であり、水産庁は、我が国漁業者が安心して操業できるよう、引き続き海上保安庁と連携して万全の対応を行っていきます。

大和堆周辺水域の中国漁船

大和堆周辺水域の北朝鮮漁船

漁業取締本部（水産庁）：
https://www.jfa.maff.go.jp/j/
kanri/torishimari/torishimari2.
html

（4）資源を積極的に増やすための取組

ア　種苗放流の取組
〈全国で約70種を対象とした水産動物の種苗放流を実施〉////////////////////////////////////

　自然環境において水産動物は、卵やふ化の直後の仔魚・稚魚の間に多くが死亡、捕食されるなどして、成魚まで育つものはごく僅かです。このため、卵からふ化させて、一定の大きさになるまで人工的に育成してから放流することによって資源を積極的に増やすことを目的とする種苗放流の取組が各地で行われています。

　現在、都道府県の栽培漁業センター等を中心として、ヒラメ、マダイ、ウニ類、アワビ類等、全国で約70種を対象とした水産動物の種苗放流が、地域の実情や海域の特性等を踏まえて実施されています（図表3-19）。

　なお、種苗放流等は、沿岸漁場整備開発法[*1]に基づき令和4（2022）年7月に策定した「第8次栽培漁業基本方針」に基づき、資源管理の一環として実施することとし、1）従来実施してきた事業は、資源評価を行い、事業の資源造成効果を検証し、検証の結果、資源造成の目的を達成したものや効果の認められないものは実施しない、2）資源造成効果の高い手法や対象魚種は、今後も事業を実施するが、ヒラメやトラフグのように都道府県の区域を越えて移動する広域回遊魚種等は、複数の都道府県が共同で種苗放流等を実施する取組を促進すること等により、効果のあるものを見極めた上で重点化することとしています。

　また、我が国のサケ（シロサケ）は、親魚を捕獲し、人工的に採卵、受精、ふ化させて稚魚を河川に放流するふ化放流の取組により資源が造成されていますが、近年、放流した稚魚の回帰率の低下により、資源が減少しています。気候変動による海洋環境の変化が、海に降りた後の稚魚の生残に影響しているとの指摘もあり、水産庁は、環境の変化に対応した放流手法の改善の取組等を支援しています。

---

*1　昭和49年法律第49号

図表3-19　種苗放流の主な対象種と放流実績

（単位：万尾（万個））

		平成23 (2011)	24 (2012)	25 (2013)	26 (2014)	27 (2015)	28 (2016)	29 (2017)	30 (2018)	令和元 (2019)	2 (2020)	3年度 (2021)
地先種	アワビ類	1,362	1,251	1,255	1,458	2,190	1,966	2,043	1,887	1,850	1,641	1,416
	ウニ類	5,799	6,325	6,200	6,503	6,065	6,168	6,299	6,262	6,326	6,145	5,546
	ホタテガイ	318,095	329,632	318,183	320,769	350,303	351,080	344,506	332,633	318,653	348,403	291,221
広域種	マダイ	1,223	1,104	1,012	994	960	827	910	885	914	917	933
	ヒラメ	1,589	1,549	1,632	1,424	1,414	1,520	1,541	1,480	1,706	1,563	1,540
	トラフグ	363	252	265	255	263	261	232	234	235	223	204
サケ（シロサケ）		163,900	162,200	177,500	177,800	176,700	163,100	156,200	178,100	138,400	138,100	104,400

資料：水産庁、国立研究開発法人水産研究・教育機構及び公益財団法人全国豊かな海づくり推進協会「栽培漁業用種苗等の生産・入手・放流実績（全国）」

（コラム）　第42回全国豊かな海づくり大会

　全国豊かな海づくり大会は、水産資源の保護・管理と海や河川・湖沼の環境保全の大切さを広く国民に訴えるとともに、つくり育てる漁業の推進を通じて、明日の我が国漁業の振興と発展を図ることを目的として、昭和56（1981）年に大分県において第1回大会が開催されて以降、令和2（2020）年の新型コロナウィルス感染症拡大の影響による延期を除き、毎年開催されています。

　令和5（2023）年は、「第42回全国豊かな海づくり大会北海道大会」が、天皇皇后両陛下の御臨席の下、「守りぬく　光輝く　豊かな海」を大会テーマに北海道厚岸町で開催されました。北海道では昭和60（1985）年の第5回大会以来2回目の開催となりました。

　式典行事では、豊かな海を願い、天皇皇后両陛下によるホタテガイ、マガキ、エゾバフンウニ及びマナマコの種苗のお手渡しが行われ、後日、北海道内の各地で放流等が行われました。

　また、式典行事終了後に行われた放流行事では、天皇皇后両陛下により、マツカワ及びホッカイエビの種苗が放流されました。

　次回の第43回大会は、令和6（2024）年11月に、「つなぐバトン　豊かな海を　次世代へ」を大会テーマに大分県大分市及び別府市で開催される予定です。

御臨席された天皇皇后両陛下
（写真提供：北海道）

イ　沖合域における生産力の向上

〈水産資源の保護・増殖のため、保護育成礁やマウンド礁の整備を実施〉

　沖合域は、アジ、サバ等の多獲性浮魚類、スケトウダラ、マダラ等の底魚類、ズワイガニ等のカニ類等、我が国の漁業にとって重要な水産資源が生息する海域です。これらの資源については、種苗放流によって資源量の増大を図ることが困難であるため、資源管理とあわせて生息環境を改善することにより、資源を積極的に増大させる取組が重要です。

　これまで、各地で人工魚礁等が設置され、水産生物に産卵場、生息場、餌場等を提供し、再生産力の向上に寄与しています。また、水産庁は、沖合域における水産資源の増大を目的として、ズワイガニ等の生息海域にブロック等を設置することにより産卵や育成を促進する

保護育成礁や、上層と底層の海水が混ざり合う鉛直混合*¹ を発生させることで海域の生産力を高めるマウンド礁の整備を実施しています。保護育成礁については日本海西部地区において整備中であり、マウンド礁については五島西方沖地区及び隠岐海峡地区で完成、対馬海峡地区及び大隅海峡地区において整備中です。これらの整備では、沖合の深い海域に魚礁やブロック等を正確に設置するため、作業船を誘導し測量ソナーで確認しながら投入量や投入位置をコントロールするシステムを導入するなど、ICT*² を積極的に活用しています。整備後は、水産資源の保護・増殖に大きな効果が見られています（図表3-20）。

*1　上層と底層の海水が互いに混ざり合うこと。鉛直混合の発生により底層にたまった栄養塩類が上層に供給され、植物プランクトンの繁殖が促進されて海域の生産力が向上する。
*2　Information and Communication Technology：情報通信技術。

図表3-20　フロンティア漁場整備事業（国直轄）の概要

①整備箇所

凡例
□：保護育成礁
□：マウンド礁

隠岐海峡地区（完成）
日本海西部地区（整備中）
対馬海峡地区（整備中）
五島西方沖地区（完成）
大隅海峡地区（整備中）

④マウンド礁の仕組み（イメージ）

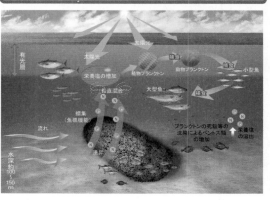

②保護育成礁の仕組み（イメージ）

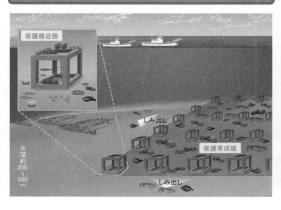

⑤ICT技術を活用した施工管理システム

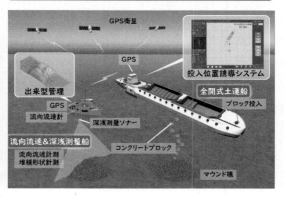

③保護育成礁の保護効果の例

保護育成礁内のズワイガニの生息密度は、礁外の一般海域と比べ約2倍（過去10年平均）となっている。

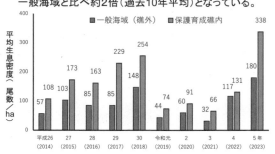

漁獲調査から推定したズワイガニ平均生息密度の比較

⑥マウンド礁の増殖効果の例

マウンド礁周辺のマアジの平均体重は、一般海域と比べ約1.5倍（完成後のH28～R元年平均）となっている。

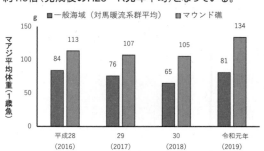

五島西方沖地区におけるマウンド礁周辺と一般海域のマアジの体重比較

ウ　内水面における資源の増殖と漁業管理

〈資源の維持増大や漁場環境の保全のため、種苗放流や産卵場の整備を実施〉

　河川・湖沼等の内水面では、漁業法に基づき、水産動植物の採捕を目的とする漁業権の免許を受けた漁協及び漁業協同組合連合会には水産動植物を増殖する義務が課される一方、遊漁者の採捕を制限する場合には遊漁規則を定め、遊漁者から遊漁料を徴収することが認められており、遊漁料により増殖費用が賄われています。これは、一般に海面と比べて生産力が低いことに加え、遊漁者も多く、採捕が資源に与える影響が大きいためです。このような制度の下、内水面の漁協等が主体となってアユやウナギ等の種苗放流や産卵場の整備を実施し、

資源の維持増大や漁場環境の保全に大きな役割を果たしています。

このような内水面における増殖活動の重要性を踏まえ、令和2（2020）年に施行された漁業法等の一部を改正する等の法律[*1]による水産業協同組合法[*2]の改正によって、内水面の漁協における個人の正組合員資格について、従来の漁業者、漁業従事者、水産動植物を採捕する者及び養殖する者に加え、「水産動植物を増殖する者」を新たに追加するとともに、河川と湖沼の組合員資格を統一しました。

（5）漁場環境をめぐる動き

ア　藻場・干潟の保全と再生

〈藻場・干潟の保全や機能の回復によって生態系全体の生産力を底上げ〉

藻場は、繁茂した海藻や海草が水中の二酸化炭素を吸収して酸素を供給し、水産生物に産卵場、幼稚仔魚等の生息場、餌場等を提供するなど、水産資源の増殖に大きな役割を果たしています。また、河口部に多い干潟は、潮汐の作用によって、陸上からの栄養塩類や有機物と海からの様々なプランクトンが供給されることにより、高い生物生産性を有しています。藻場・干潟は、二枚貝等の底生生物や幼稚仔魚の生息場となるだけでなく、このような生物による水質の浄化機能や、陸から流入する栄養塩類濃度の急激な変動を抑える緩衝地帯としての機能も担っています。

しかしながら、このような藻場・干潟は、海水温の上昇に伴う海藻の立ち枯れや種組成の変化、海藻を食い荒らすアイゴ等の植食性魚類やウニの活発化・分布の拡大による影響、貧酸素水塊の発生、陸上からの土砂の供給量の減少等による衰退が指摘されています。

藻場・干潟の保全や機能の回復によって、生態系全体の生産力の底上げを図ることが重要であり、水産庁は、地方公共団体が実施する藻場・干潟の造成と、漁業者や地域住民等によって構成される約450の活動組織が行う藻場の保全活動（食害生物の駆除や母藻の設置等）や干潟の保全活動（耕うん等）が一体となった、広域的な対策を推進しています。

また、これらの豊かな生態系を育む機能に加えて、昨今、藻場・干潟を含む海洋生態系に貯留される炭素、いわゆるブルーカーボンが注目され、藻場・干潟は、二酸化炭素の吸収源としての機能も重要となっています。

このような中、藻場による二酸化炭素の吸収量の算定手法を開発し、令和5（2023）年に公表したところです。藻場保全の効果を適切に評価することで、環境保全への関心の高い関係者とも連携した保全活動の広がりが期待されています。

→エ　（コラム）海草・海藻藻場のCO_2貯留量算定ガイドブック参照

[*1]　平成30年法律第95号
[*2]　昭和23年法律第242号

藻場の造成の様子
（海藻が着底しやすいブロックの設置状況）

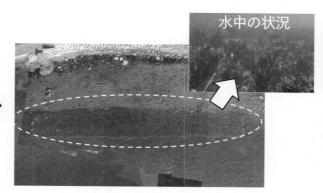

水中の状況

造成後に海藻類が繁茂している状況（黒い部分）

藻場の保全（ウニの駆除）

干潟等の保全（干潟の耕うん）

（コラム）「藻場・干潟ビジョン」の改訂

　藻場・干潟は沿岸域の豊かな生態系を育む重要な機能を有しており、水産資源の回復を図るためには、藻場・干潟の保全・創造を推進することが重要です。水産庁は、実効性のある効率的な藻場・干潟の保全・創造対策を推進するための基本的な指針として「藻場・干潟ビジョン」を策定（平成28（2016）年1月）しています。

　本ビジョンでは、的確な衰退要因の把握、ハード・ソフトが一体となった広域的対策の実施、新たな知見の積極的導入、維持管理や取組成果の発信等の視点を提示しており、この考え方に基づき、都道府県において、全国80の各海域の藻場・干潟ビジョンが策定（令和5（2023）年12月時点）され、それぞれの状況に応じた取組が進められています。

　そのような中、近年、藻場・干潟の保全活動を行う漁業者等の高齢化や担い手不足により、将来にわたってその保全体制を確保していくことへの懸念が生じています。一方で、藻場・干潟は、二酸化炭素を吸収するブルーカーボン生態系[*1]としても注目されており、「みどりの食料システム戦略」や「漁港漁場整備長期計画」等の各施策にその役割と重要性が明記されるなど社会的な関心が高まっています。

　そこで、このような状況を踏まえ、

・持続可能な保全体制の確保を図るため、漁業関係者や地域住民等に加えて、NPO[*2]、ボランティア、教育機関、民間企業等の多様な主体による保全活動への参画を促進すること
・ブルーカーボンへの社会的な関心の高まりを捉えて、二酸化炭素の吸収効果を適切に評価・発信し、民間企業による社会貢献の取組など様々な活動にも働きかけを行うことにより、カーボンニュートラルへの貢献を推進すること

等について本ビジョンに追加し、令和5（2023）年12月に改訂しました。

　今後は、新たなビジョンの考え方を踏まえて、全国80の各海域の藻場・干潟ビジョンの改訂を行うとともに、藻場・干潟の保全・創造の取組を一層強化していくこととしています。

＊1　ブルーカーボン生態系：光が海底まで届く浅い沿岸域において、マングローブ林、塩性湿地、藻場など、二酸化炭素を有機炭素の形で長期間貯留する機能を持つ海洋生態系。
＊2　NPO（Non Profit Organization）：非営利団体

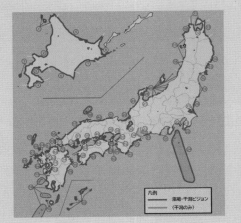

全国の藻場・干潟ビジョン策定状況

藻場・干潟ビジョン（水産庁）：
https://www.jfa.maff.go.jp/
j/gyoko_gyozyo/g_thema/
sub53.html

イ　内湾域等における漁場環境の改善
〈漁場環境改善のため、赤潮等の被害対策、栄養塩類管理、適正養殖可能数量の設定等を推進〉

　海藻類の成長、魚類や二枚貝等の餌となるプランクトンの増殖のためには、陸域や海底等から供給される窒素やリン等の栄養塩類が必要となります。瀬戸内海をはじめとした閉鎖性水域において、栄養塩類の減少等が海域の基礎的生産力を低下させ、養殖ノリの色落ちや魚介類の減少の要因となっている可能性が、漁業者や地方公共団体の研究機関から示唆されています。一方で、窒素、リン等の栄養塩類、水温、塩分、日照、競合するプランクトン等の要因が複合的に影響することにより赤潮が発生し、魚類養殖業等に大きな被害をもたらすことも指摘されています。

　瀬戸内海においては、これらの状況に鑑み、令和4（2022）年4月に施行された瀬戸内海環境保全特別措置法の一部を改正する法律＊1において、必要に応じて栄養塩類の供給・管理を可能とする栄養塩類管理制度の導入が盛り込まれ、既に兵庫県及び香川県において栄養塩類管理計画が策定されており、水質汚濁の改善と水産資源の持続可能な利用の確保の調和・両立が進められています。また、東京湾や伊勢湾・三河湾においても、漁業関係者や行政が連携し、栄養塩類の管理に係る研究成果の情報共有等を行っています。

　また、水産庁は、関係地方公共団体及び研究機関等と連携し、海域の栄養塩類が水産資源の基礎を支えるプランクトン等の餌生物等に対して与える影響に関する調査研究、栄養塩類の供給手法の開発等を行うとともに、赤潮による漁業被害の軽減対策として、赤潮発生のモニタリング技術の開発、赤潮の発生メカニズムの解明等による発生予察手法の開発、被害軽減技術の開発に取り組んでいます。

　有明海や八代海等では、底質の泥化や有機物の堆積等、海域の環境が悪化し、赤潮や貧酸素水塊の発生等が見られ、二枚貝をはじめとする水産資源をめぐる海洋環境が厳しい状況にある中、有明海及び八代海等を再生するための特別措置に関する法律＊2に基づき、関係県

＊1　令和3年法律第59号
＊2　平成14年法律第120号

は環境の保全及び改善並びに水産資源の回復等による漁業の振興に関し実施すべき施策に関する計画を策定し、有明海及び八代海等の再生に向けた各種施策を実施しています。国は、同法に基づき、関係県等の事業を支援し、有明海及び八代海等の再生を図っています。また、令和5（2023）年においては、八代海及び橘湾において、6月から9月にかけて赤潮が発生し、熊本県、長崎県及び鹿児島県においてトラフグ、シマアジ、マダイ、カンパチ、ブリ等の養殖魚に被害が発生したことから、漁場移動、環境負荷を低減した養殖手法への変更等、養殖生産構造の抜本的な改革に必要な調査・開発試験等への支援を行っています。

このほか、養殖漁場について、持続的養殖生産確保法[1]に基づき、漁協等が養殖漁場の水質等に関する目標、適正養殖可能数量、その他の漁場環境改善のための取組等をまとめた漁場改善計画を策定し、養殖漁場の改善を促進する取組を推進しています。

また、改正漁業法においては、漁場を利用する者が広く受益する赤潮監視、漁場清掃等の保全活動を実施する場合に、都道府県が申請に基づいて漁協等を指定し、一定のルールを定めて沿岸漁場の管理業務を行わせることができる制度が新たに設けられたところであり、水産庁は、本制度の積極的な活用を推進しています。

ウ 河川・湖沼における生息環境の再生
〈内水面の生息環境や生態系の保全のため、魚道の設置等の取組を推進〉

河川・湖沼は、それら自体が水産生物を育んで内水面漁業者や遊漁者の漁場となるだけでなく、自然体験活動の場等の自然と親しむ機会を国民に提供しています。また、河川は、森林や陸域から適切な量の土砂や有機物、栄養塩類を海域に安定的に流下させることにより、干潟や砂浜を形成し、海域における豊かな生態系を維持する役割も担っています。しかしながら、河川をはじめとする内水面の環境は、ダム・堰堤等の構造物の設置、排水や濁水等による水質の悪化、水の利用による流量の減少等の人間活動の影響を特に強く受けています。このため、内水面における生息環境の再生と保全に向けた取組を推進していく必要があります。

国は、内水面漁業の振興に関する法律[2]に基づいて策定した「内水面漁業の振興に関する基本的な方針[3]」により、関係省庁、地方公共団体、内水面の漁協等の連携の下、水質や水量の確保、森林の整備及び保全、多自然川づくり等による河川環境の保全・創出を進めています。また、内水面の生息環境や生態系を保全するため、堰等における魚道の設置や改良、産卵場となる砂礫底や植生の保全・造成、様々な水生生物の生息場となる石倉増殖礁（石を積み上げて網で囲った構造物）の設置等の取組を推進しています。

さらに、同法では、共同漁業権の免許を受けた者からの申出により、都道府県知事が内水面の水産資源の回復や漁場環境の再生等に関して必要な措置について協議を行うための協議会を設置できることになっており、令和5（2023）年12月末時点で、山形県、東京都、岐阜県、滋賀県、兵庫県及び宮崎県において協議会が設置され、良好な河川漁場保全に向けた関係者間の連携が進められています。

---

*1 平成11年法律第51号
*2 平成26年法律第103号
*3 平成26（2014）年策定、令和4（2022）年改正。

内水面に関する情報（水産庁）：
https://www.jfa.maff.go.jp/
j/enoki/naisuimeninfo.html

エ　気候変動による影響と対策
〈顕在化しつつある漁業への気候変動の影響〉

　気候変動は、地球温暖化による海水温の上昇等により、水産資源や漁業・養殖業に影響を与えます。我が国近海における令和5（2023）年までのおよそ100年間にわたる海域平均海面水温（年平均）の上昇率は＋1.28℃/100年で、世界全体での平均海面水温の上昇率（＋0.61℃/100年）や北太平洋（＋0.64℃/100年）よりも大きいものとなりました（図表3−21）。また、令和5（2023）年の我が国近海の平均海面水温は統計開始以降最も高い値となりました。さらに、数日から数年にわたり急激に海水温が上昇する現象である海洋熱波の発生頻度は過去100年間で大幅に増加しており、これら海面水温の上昇は、表層域の水産資源に影響を与えていると考えられています（図表3−22）。くわえて、長期的に親潮の南下の弱まり、本州太平洋北部海域の底水温の上昇等の変化が見られており、水産資源の現状や漁業・養殖業への影響を考える際には、これら様々なスケールの変動・変化を考慮する必要があります（図表3−23）。

　気候変動に関する報告書としては、令和5（2023）年3月に開催された「気候変動に関する政府間パネル（IPCC）第58回総会」において承認・採択されたIPCC第6次評価報告書統合報告書[*1]があります。この中では、人間活動が主に温室効果ガスの排出を通して地球温暖化を引き起こしてきたことには疑う余地がなく、大気、海洋、雪氷圏及び生物圏に広範かつ急速な変化が起こっているとされています。国内では、令和2（2020）年12月に環境省により作成、公表された「気候変動影響評価報告書」でも指摘されているとおり、近年、我が国近海では海水温の上昇が主要因と考えられる現象が顕在化しています。具体的には、サンマやスルメイカの分布域の変化、サケの回帰率の低下等により、これらの魚種の漁獲量が大きく減少しています（図表3−24）。他方、タチウオ、ガザミ類及びフグ類の漁獲量が全国的に減少している一方、太平洋北部では増加傾向にあり、タチウオについては、産卵親魚の来遊・幼魚の加入が仙台湾で確認されるなど再生産海域が北上する傾向にあります。

＊1　正式名称：気候変動に関する政府間パネル第6次評価報告書統合報告書

図表3−21　日本近海の平均海面水温の推移

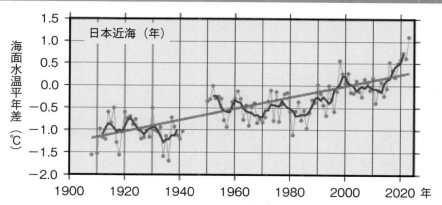

資料：気象庁地球環境・海洋部「海面水温の長期変化傾向（日本近海）」より抜粋
　注：図の青丸は各年の平年差を、青の太い実線は5年移動平均値を示す。赤の太い実線は
　　　長期変化傾向を示す。

図表3−22　北西太平洋で確認された海洋熱波（令和3（2021）年）

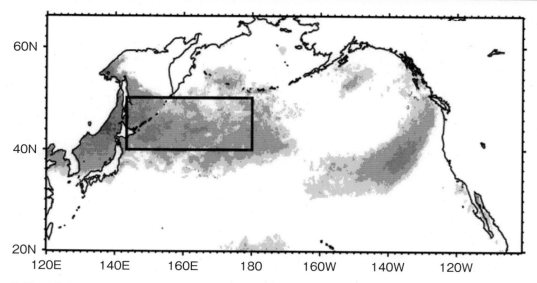

資料：原著論文 Kuroda and Setou（2021）Remote Sens. 13, 3989より抜粋
　注：図中の色は、令和3（2021）年7月30日の海洋熱波の強度（30年間の日別水温からの差を規格化）を示す。
　　　黒枠の領域での令和3（2021）年7〜8月の海洋熱波は、昭和57（1982）年以降で最大であった。

図表3−23　親潮の春季南限位置の変動

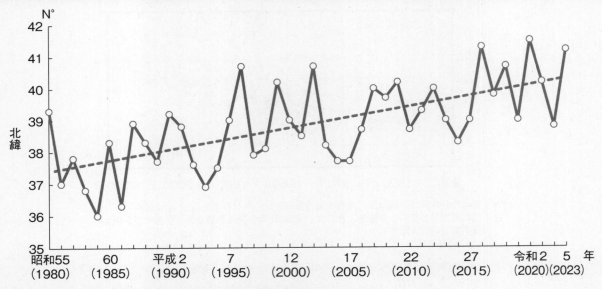

資料：気象庁「親潮の数か月から十年規模の変動」を基に水産庁が作成
注：破線は昭和55（1980）から令和5（2023）年の変化傾向。

図表3−24　サンマ・スルメイカ・サケの漁獲量の推移

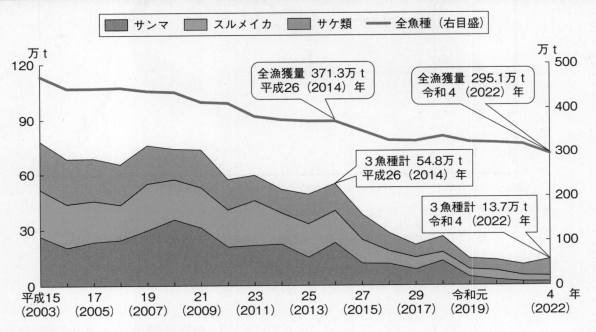

資料：農林水産省「漁業・養殖業生産統計」
注：スルメイカは、遠洋底びき網（南方水域）及びいか釣のうち、日本海水域以外で漁獲されたものを含まない。

〈気候変動による影響を調査・研究していくことが必要〉

　気候変動は、海水温だけでなく、深層に堆積した栄養塩類を一次生産が行われる表層まで送り届ける海水の鉛直混合、表層海水の塩分濃度、海流の速度や位置にも影響を与えるものと推測されています[*1]。このような環境の変化を把握するためには、調査船や人工衛星に

＊1　温暖化により表層の水温が上昇すると、表層の海水の密度が低くなり沈みにくくなるため、深層との鉛直混合が弱まると予測されている。

より継続的にモニタリングしていくことが重要です。例えば令和3（2021）年に北太平洋の西部で発生した海洋熱波の規模が昭和57（1982）年以降で最大であったことが、人工衛星によるモニタリングにより明らかとなっています。このような現象は、北太平洋の東部でも確認されており、水産資源や生態系等への影響が懸念されています。また、地域の水産資源や水産業に将来どのような影響が生じ得るかを把握するため、関係省庁や大学等が連携して、数値予測モデルを使った研究や影響評価、採り得る対策案を事前に検討する取組も進められており、今後もこれらを強化していくことが重要です。

さらに、国際的な連携の構築も重要です。我が国は、各地の地域漁業管理機関のみならず、北太平洋海洋科学機関（PICES）等の国際科学機関にも参画し、気候変動が海洋環境や海洋生物に与える影響及び海洋熱波に代表される現象について広域的な調査・研究を進めています。令和3（2021）～12（2030）年は、SDGs「14. 海の豊かさを守ろう」等を達成するための「持続可能な開発のための国連海洋科学の10年」とされています。ますます活発化する海洋に関わる国際的な研究活動に、我が国も大きく貢献していきます。

〈気候変動の「緩和」策として、漁船の電化・水素化等を推進〉

気候変動に対しては、温室効果ガスの排出削減等による「緩和」と、現在生じている又は将来予測される被害を回避・軽減する「適応」の両面から対策を進めることが重要です。

このうち、「緩和」に関しては、国連気候変動枠組条約第21回締約国会議（平成27（2015）年）で採択されたパリ協定において、気候変動緩和策として、世界の平均気温上昇を産業革命以前に比べて2℃より十分下回るよう抑制するとともに、1.5℃に抑える努力を追求することが示されました。また、IPCC1.5℃特別報告書[1]（平成30（2018）年10月公表）において、将来の平均気温上昇が1.5℃を大きく超えないように抑えるシナリオでは、2050年前後には世界の人為起源の二酸化炭素排出量が正味ゼロに達するとされており、カーボンニュートラルを達成することの必要性が示唆されています。このような知見も踏まえ、地球温暖化対策を総合的かつ計画的に推進するための政府の「地球温暖化対策計画」が令和3（2021）年10月に改定され、農林水産省も、同月に「農林水産省地球温暖化対策計画」を改定しました。例えば「農林漁業の健全な発展と調和のとれた再生可能エネルギー電気の発電の促進に関する法律[2]」に基づき漁村における再生可能エネルギーの導入を促進するほか、荷さばき所等の漁港施設の機能向上を図るための再生可能エネルギーを活用した発電設備等の一体的整備を推進することとしています。また、政府が2050年カーボンニュートラルを宣言したことを踏まえ、令和2（2020）年12月に関係省庁連携の下で、温暖化への対応を成長の機会と捉える「2050年カーボンニュートラルに伴うグリーン成長戦略」が策定されました（令和3（2021）年6月改定）。また、令和3（2021）年5月に、農林水産省は、食料・農林水産業の生産力の向上と持続性の両立をイノベーションで実現するため、「みどりの食料システム戦略」を策定しました。この戦略において、水産分野では、漁船の電化・水素化等に関する技術の確立により温室効果ガス排出削減を図るとともに、ブルーカーボンの二酸化炭素吸収源としての可能性を追求すること等を明記しており、この一環として、藻場の二酸化炭素吸収効果に関する研究等を行っています。

＊1　正式名称：1.5℃の地球温暖化：気候変動の脅威への世界的な対応の強化、持続可能な開発及び貧困撲滅への努力の文脈における、工業化以前の水準から1.5℃の地球温暖化による影響及び関連する地球全体での温室効果ガス（GHG）排出経路に関するIPCC 特別報告書
＊2　平成25年法律第81号

（コラム）海草・海藻藻場のCO₂貯留量算定ガイドブック

　海草・海藻は海中で光合成を行い、二酸化炭素を吸収し有機炭素を形成することで成長します。さらに最近の研究でそれらの一部は分解されず、長期間にわたり海洋中に二酸化炭素を貯留することがわかってきました。海草・海藻が繁茂する藻場及び海藻養殖が二酸化炭素の吸収源として注目を集めており、農林水産省は、「みどりの食料システム戦略」で二酸化炭素の吸収源としてブルーカーボンの活用を位置付け、令和5（2023）年度以降、我が国の二酸化炭素等の温室効果ガスの排出量及び吸収量を取りまとめたデータ目録（温室効果ガスインベントリ）への登録も始まっています。

　こうした状況を鑑み、国立研究開発法人水産研究・教育機構をはじめとする共同研究チーム[*]は、海草・海藻藻場等の二酸化炭素の貯留量の算定手法を確立し、令和5（2023）年11月に「海草・海藻藻場のCO₂貯留量算定ガイドブック」として公開しました。

　本ガイドブックでは、藻場の二酸化炭素貯留プロセスとして、1）枯れた海草・海藻が藻場内の海底に堆積して長期間貯留される堆積貯留、2）枯れた海草・海藻やその細分化された破片が流出し、藻場外の沿岸域に堆積して長期間貯留される難分解貯留、3）波浪等でちぎられた海草・海藻が流れ藻となり沖合に流出し、浮力を失って深海へ沈降し長期間貯留される深海貯留、4）海草・海藻が放出する難分解性の溶存態有機炭素（RDOC：Refractory Dissolved Organic Carbon）が長期間貯留されるRDOC貯留の四つから貯留量を算定します。さらに、我が国の南北に長い沿岸域には多種多様な海草・海藻が分布しているため、藻場等を海草類・海藻類・海藻養殖21タイプに分類、沿岸域を九つの海域に区分し、各藻場タイプ・海域区分別に吸収係数等を算定しました。

　これらにより気候変動対策技術としてのブルーカーボンの理解が深まり、漁業関係者、NPO、地方自治体、一般企業等の関係者による活用が進むことが期待されます。

※　東京大学大気海洋研究所、広島大学、港湾空港技術研究所、北海道大学北方生物圏フィールド科学センター、徳島県、新潟県水産海洋研究所、京都府農林水産技術センター

藻場の二酸化炭素貯留量の算定式

　　二酸化炭素貯留量（トンCO₂／年）＝面積（活動量）×吸収係数（トンCO₂／面積／年）

我が国周辺の海域区分と代表的な藻場タイプ

〈気候変動の「適応」策として、高水温耐性を有する養殖品種の開発等を推進〉

　他方、「適応」については、平成30（2018）年に、気候変動適応を法的に位置付ける気候変動適応法※1が施行されるとともに、同年11月に閣議決定された「気候変動適応計画」が令和3（2021）年10月に改定されました。また、農林水産省は農林水産分野における適応策について、災害や気候変動に強い持続的な食料システムの構築についても規定する「みどりの食料システム戦略」等を踏まえ必要な見直しを行い、同月に「農林水産省気候変動適応計画」を改定※2しました。

　水産分野においては、海面漁業、海面養殖業、内水面漁業・養殖業、造成漁場及び漁港・漁村について、気候変動による影響の現状と将来予測を示し、当面10年程度において必要な取組を中心に工程表を整理しました（図表3-25）。

　海面養殖業では、高水温耐性等を有する養殖品種の開発、有害赤潮プランクトンへの対策等が求められています。高水温耐性を有する養殖品種開発については、ノリについての研究開発が進んでいます。既存品種では水温が23℃以下にならないと安定的に幼芽を育成することができないため、秋季の高水温が生産開始の遅れと養殖期間の短縮による収穫量の減少の一因になると考えられています。そこで、育種により24℃以上でも2週間以上生育可能な高水温適応品種を開発するなど、新品種の育成と実用化に向けた実証実験を進めています。また、海水温上昇等の環境変化を背景として、クロダイ等による養殖ノリへの食害が問題となっており、有効な食害対策技術の開発も進めています（図表3-26）。

　内水面漁業では、水温上昇がアユの遡上・流下や成長に及ぼす影響を分析し、適切なサイズの稚アユを適切なタイミングで放流することで、その効果を最大化する放流手法の開発を行っています。

　また、海水温上昇による海洋生物の分布域・生息場の変化を的確に把握し、それに対応した水産生物のすみかや産卵場等となる漁場の整備が求められており、山口県の日本海側では、寒海性のカレイ類が減少する一方で、暖海性魚類のキジハタにとって生息しやすい海域が拡大していることを踏まえ、キジハタの成長段階に応じた漁場整備が進められています。

みどりの食料システム戦略（農林水産省）：
https://www.maff.go.jp/j/kanbo/kankyo/seisaku/midori/

農林水産省気候変動適応計画（農林水産省）：
https://www.maff.go.jp/j/kanbo/kankyo/seisaku/climate/adapt/top.html

農林水産省地球温暖化対策計画（農林水産省）：
https://www.maff.go.jp/j/kanbo/kankyo/seisaku/climate/taisaku/top.html

---

※1　平成30年法律第50号
※2　熱中症対策を強化するための令和5（2023）年5月の「熱中症対策実行計画」の策定等に伴い、同年8月に同計画を改定。

図表3－25　農林水産省気候変動適応計画の概要（水産分野の一部）

	現状	将来予測	取組
海面漁業	サンマ漁場と産卵場の沖合化、スルメイカの発生・生残の悪化やシロサケの回帰率の低下	サンマ漁場の沖合化、スルメイカは分布密度の低い海域が拡大、サケ・マス類の分布域の減少	漁場予測・資源評価の高精度化や順応的な漁業生産活動を可能とする施策の推進
海面養殖業	養殖ノリについて、種付け時期の遅れによる年間収穫量の減少や魚類による食害	養殖ノリについて、育苗開始時期の後退による摘採回数の減少・収量の低下	高水温耐性等を有する養殖品種の開発や有効な食害防止手法について検討
内水面漁業・養殖業	一部の湖沼における湖水循環の停滞と貧酸素化	高水温によるワカサギ漁獲量の減少やアユの遡上数の減少	河川湖沼の環境変化と重要資源の生息域や資源量に及ぼす影響評価
造成漁場	南方系魚種数の増加や北方系魚種数の減少	多くの漁獲対象種の分布域が北上	海水温上昇による海洋生物の分布域の変化の把握及びそれに対応した漁場整備の推進
漁港・漁村	海面水位が上昇傾向であるほか、高波の有義波高の最大値が増加傾向	海面水位の上昇による漁港施設等の機能低下、高潮や高波による漁港施設等へ被害が及ぶおそれ	潮位偏差、波高の増大に対応するため漁港施設や海岸保全施設の整備を計画的に推進

資料：農林水産省「農林水産省気候変動適応計画」に基づき水産庁で作成

図表3－26　ノリ養殖における秋季高水温の影響評価と適応計画に基づく取組事例

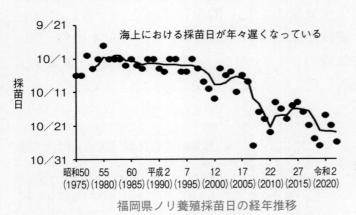

福岡県ノリ養殖採苗日の経年推移

24℃以上で2週間以上生育可能なノリ育種品種

クロダイによる食害と対策
（防護網の開発）

資料：国立研究開発法人水産研究・教育機構及び水産庁「ノリ養殖をめぐる情勢について」
　注：生産開始日の遅れ及び生産量の変化には、地球温暖化以外の要因も考えられる。

〈海洋環境の変化に対応した漁業の在り方に関する今後の方向性を取りまとめ〉

　海洋環境の変化を要因としたサンマ等の不漁が深刻化する中、我が国の漁業においては、こうした変化に対応し、漁業経営の安定を図ることが課題であることから、水産庁では、令和5（2023）年3月から5月にかけて「海洋環境の変化に対応した漁業の在り方に関する検討会」を開催し、同年6月に今後の対応の方向性等の取りまとめを行いました。

　同検討会の取りまとめでは、1）資源調査・評価の充実・高度化、2）漁法や漁獲対象魚種の複合化・転換、3）養殖業との兼業化・転換、4）魚種の変更・拡大に対応し得る加工・流通及び5）魚種・漁法の複合化等の取組を行う経営体の確保・育成とそれを支える人材・

漁協について進めていくべきとされたところであり、これらを踏まえた対策を推進しています（図表3-27）。

> **図表3-27　海洋環境の変化に対応した漁業の在り方に関する検討会取りまとめ（概要）**
>
> ## 対応の方向性（概要）
>
> **１．資源調査・評価の充実・高度化**
>
> ① 資源評価等に関する米国等**関係国との情報交換の促進**
> ② 詳細な海洋環境データや漁業データの収集のための新たな機器の活用や漁船活用型調査の実施等**調査手段の充実**
> ③ 水産資源の分布・回遊や生態に関する情報収集の強化、藻場・干潟の調査推進など**調査・評価内容の充実**
> ④ 漁業者への科学的情報の迅速な伝達と、漁業者からの情報の丁寧な聞き取りなど**対話の促進**
>
> **２．漁法や漁獲対象魚種の複合化・転換**
>
> ① 海洋環境の変化による資源変動に対応した**漁法・魚種の追加・転換、サケに依拠する定置の操業転換、養殖業との兼業化・転換などの推進**
> ② 大臣許可漁業のＩＱの運用方法など複合化等に向けた**制度面の対応の検討**
> ③ 試験研究機関による収益性の実証や、スマート技術の活用促進など**経営形態の変更を後押しする取組の推進**
>
> **３．養殖業との兼業化・転換**
>
> ① 魚粉の国産化や低魚粉飼料の開発等の**飼料対策**　　④ **既存の養殖業の生産性向上**
> ② 人工種苗の普及推進等の**種苗の確保**　　　　　　⑤ **養殖業の輸出・国内流通対策**
> ③ **ニーズやコストを踏まえた兼業先・転換先の選択**
>
> **４．魚種の変更・拡大に対応し得る加工・流通**
>
> ① スマート技術による**流通の効率化**や、資源状況の良い魚種への**加工原材料の転換**等の推進
> ② 水産エコラベル等の取組の推進や輸出先国のニーズに対応したサプライチェーンの構築による**新たな魚種も含めた輸出対策の強化**
> ③ 資源管理や環境に配慮した漁業への**消費者理解の増進**
>
> **５．魚種・漁法の複合化等の取組を行う経営体の確保・育成とそれを支える人材・漁協**
>
> ① 複合化等に取り組む漁業者を**サポートする体制や仕組みの整備**
> ② 必要な知識・技能の習得促進等による**人材の確保・育成**
> ③ 複合化等を**サポートする漁協の体制の強化・充実**

オ　海洋におけるプラスチックごみの問題

〈海洋プラスチックごみの影響への懸念の高まり〉

　海に流出するプラスチックごみの増加の問題が世界的に注目を集めています。年間数百万tを超えるプラスチックごみが海洋に流出しているとの推定[*1]もあり、我が国の海岸にも、海外で流出したと考えられるものも含めて多くのごみが漂着しています。

　海に流出したプラスチックごみは、海鳥や海洋生物が誤食することによる生物被害や、投棄・遺失漁具（網やロープ等）に海洋生物が絡まって死亡するゴーストフィッシング、海岸の自然景観の劣化等、様々な形で環境や生態系に影響を与えるとともに、漁獲物へのごみの混入や漁船のスクリューへのごみの絡まりによる航行への影響等、漁業活動にも損害を与えます。さらに、紫外線等により次第に劣化し破砕・細分化されるなどして発生するマイクロプラスチック[*2]は、表面に有害な化学物質が吸着する性質があることが指摘されており、吸着又は含有する有害な化学物質が食物連鎖を通して海洋生物へ影響を与えることが懸念されています。

---

*1　Jambeck et al.（2015）による。
*2　微細なプラスチックごみ（5mm以下）のこと。

　我が国では、令和元（2019）年５月に、「海洋プラスチックごみ対策アクションプラン」が関係閣僚会議で策定されたほか、海岸漂着物処理推進法*¹に基づく「海岸漂着物対策を総合的かつ効果的に推進するための基本的な方針」の変更及び「第四次循環型社会形成推進基本計画*²」に基づく「プラスチック資源循環戦略」の策定を行い、海洋プラスチックごみ問題に関連する政府全体の取組方針を示しました。また、令和３（2021）年６月に、海洋プラスチックごみ問題への対応を契機の一つとして、プラスチックに係る資源循環の促進等に関する法律*³が成立しました。

　国際的には、令和４（2022）年３月に、海洋プラスチック汚染をはじめとするプラスチック汚染対策に関する法的拘束力のある文書の作成に向けた決議が国連環境総会で採択され、同年11月より同文書の策定に向けた政府間交渉委員会が開催されているほか、令和５（2023）年５月に開催されたG７広島サミットにおいて、「2040年までに追加的なプラスチック汚染をゼロにする野心を持って、プラスチック汚染を終わらせることにコミットしている。」等を含む「G７広島首脳コミュニケ」が発出されるなど国内外の海洋プラスチックごみ問題への取組が加速化しています。

〈生分解性漁具の開発・改良や漁業者による海洋ごみの持ち帰りを促進〉

　海洋プラスチックごみの主な発生源は陸域であると指摘されていますが、海域を発生源とする海洋プラスチックごみも一定程度あり、その一部は漁具であることも指摘されています*⁴。

　そのような中、水産庁は、漁業の分野において海洋プラスチックごみ対策やプラスチック資源循環を推進するため、平成30（2018）年に、漁業関係団体、漁具製造業界及び学識経験者の参加を得て協議会を開催し、平成31（2019）年４月に、同協議会が取りまとめた「漁業におけるプラスチック資源循環問題に対する今後の取組」を公表しました。その主な内容は、１）漁具の海洋への流出防止、２）漁業者による海洋ごみの回収の促進、３）意図的な排出（不法投棄）の防止、４）情報の収集・発信、であり、これらの取組は前述の海洋プラスチックごみ対策アクションプラン等にも盛り込まれたものです。

　また、水産庁は、１）海洋プラスチックごみ対策アクションプランを踏まえ、令和２（2020）年５月に、使用済み漁具の計画的処理を推進するための「漁業系廃棄物計画的処理推進指針」を策定し、２）海洋に流出した漁具による環境への負荷を最小限に抑制するため、生分解性プラスチック等の環境に配慮した素材を用いた漁具開発・改良等の支援や、まき網等の漁網のリサイクル推進に対する支援を行っています。くわえて、３）操業中の漁網に入網するなどして回収される海洋ごみを漁業者が持ち帰ることは、海洋ごみの回収手段が限られる中で重要な取組と考えられるため、環境省や都道府県等と連携し、環境省の海岸漂着物等地域対策推進事業を活用して、海洋ごみの漁業者による持ち帰りを促進する（図表３−28）とともに、４）漁業者や漁協等が環境生態系の維持・回復を目的として地域で行う漂流漂着物等の回収・処理に対し、水産多面的機能発揮対策事業による支援を実施しています。さらに、業

---

*１　平成21年法律第82号。正式名称：美しく豊かな自然を保護するための海岸における良好な景観及び環境並びに海洋環境の保全に係る海岸漂着物等の処理等の推進に関する法律。
*２　平成30（2018）年６月閣議決定
*３　令和３年法律第60号。令和４（2022）年４月施行。
*４　FAO「The State of World Fisheries and Aquaculture 2020」による。

界団体・企業等による自主的な取組に係る情報発信や、マイクロプラスチックが水産動植物に与える影響についての科学的調査結果の情報発信を行っています。

海洋プラスチックごみ対策（漁業における取組）（水産庁）：https://www.jfa.maff.go.jp/j/sigen/action_sengen/190418.html

海岸に漂着したプラスチックごみ　　　　生分解性プラスチックを用いたフロートの試作品と実証試験

（写真提供：公益財団法人海と渚環境美化・油濁対策機構）

生分解性プラスチックを用いたカキパイプ（養殖用資材）

図表3−28　海洋ごみ等の回収・処理について（入網ごみ持ち帰り対策）

水産庁　　←　連携　→　環境省

自治体、漁業関係団体等を通じて、協力依頼・助言

自治体に協力依頼
海岸漂着物等地域対策推進事業による支援

漁業者　→　漁業者を含む関係者と具体的な実施方法について検討し、受入・処理体制を構築　←　自治体

受入・処理体制の例

操業中に回収した海洋ごみを持ち帰り

持ち帰りされた海洋ごみを処分

（写真）香川県提供

【事例】廃漁網の資源循環に向け漁業者と企業がタッグ

　漁業から廃棄されるプラスチック製品のうち、漁網は塩分を含み、付着物が多いことや、構造が複雑であることからリサイクルが困難とされてきました。他方で、近年、環境意識の高まりやリサイクル技術の進歩を背景に、サーキュラーエコノミー（循環型の経済社会活動）の考え方が浸透し、廃漁網のリサイクルの動きが国内外で加速化しています。我が国においても、廃漁網の新たな利活用方法が次々と開発されてきています。

　まき網業界では、まき網漁業者、製網メーカー、繊維メーカー等が業界の枠を超えてTEAM Re:ism（チーム・リズム）を組み、まき網漁網のリサイクルに取り組んでいます。ポリエステル素材の廃漁網から新たな漁網にリサイクル（水平リサイクル）する技術が実用化されたほか、漁業現場で使用するパレット、配膳用トレーなど価値のある新たな製品へのリサイクル（アップサイクル）も行われています。

　また、北海道等では、漁業関係者が中心となった、ナイロン漁網から漁業用のカッパやカバン等へのリサイクルが実現しています。

　さらに、リサイクルが困難と言われてきた複数の素材で仕立てられた漁網や付着物のついた漁網からRPF（Refuse derived paper and plastics densified Fuel）と呼ばれる固形燃料を製造し、石炭代替として熱利用する（サーマルリサイクル）技術も注目されてきています。

　SDGsに象徴されるサステナビリティへの関心が益々高まっていく中で、こうした資源循環の取組を一過性のものとせず、限りある資源の価値を繋いでいく必要も高まっています。今後、漁業者、自治体、企業、地域住民等、より多くの関係者が連携し、廃漁網の効率的な収集や分別に加え、再生技術の開発、付加価値の創造及び再生製品の需要拡大等を行うことで、漁業分野での資源循環の取組が一層拡大していくことが期待されます。

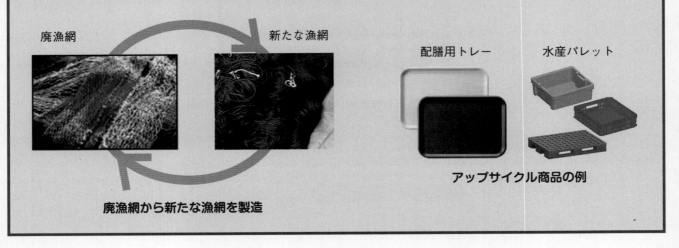

廃漁網　　　　　　　　　　新たな漁網　　　　　　　配膳用トレー　　　　　水産パレット

廃漁網から新たな漁網を製造　　　　　　　　　　　　アップサイクル商品の例

カ　海洋環境の保全と漁業
〈適切に設置・運用される海洋保護区等により、水産資源の増大を期待〉

　漁業は、自然の生態系に依存し、その一部を採捕することにより成り立つ産業であり、漁業活動を持続的に行っていくためには、海洋環境や海洋生態系を健全に保つことが重要です。

　令和4（2022）年には、生物の多様性に関する条約（生物多様性条約）の下で、令和12（2030）年までに陸域と海域のそれぞれ少なくとも30％を海洋保護区（MPA：Marine Protected Area）等の保護地域及び保護地域以外で生物多様性保全に資する地域（OECM：Other Effective area-based Conservation Measures）を通じて保全及び管理すること（30by30目標）を含む「昆明・モントリオール生物多様性枠組」が採択されました。

　我が国において、MPAは、「海洋生態系の健全な構造と機能を支える生物多様性の保全及び生態系サービスの持続可能な利用を目的として、利用形態を考慮し、法律又はその他の効

果的な手法により管理される明確に特定された区域」と定義されていますが、これには水産資源保護法[*1]上の保護水面や漁業法上の共同漁業権区域等が含まれており、漁業者の自主的な共同管理等によって、生物多様性を保全しながら、これを持続的に利用していく海域であることは、日本型海洋保護区の一つの特色になっています。また、適切に設置され運用されるMPA及びOECMは、海洋生態系の適切な管理及び保全を通じて、水産資源の増大にも寄与するものと考えられます。

（6）野生生物による漁業被害と対策

ア　海洋における野生生物による漁業被害

〈トドの個体数管理・駆除、調査・情報提供等の取組を推進〉

海洋の生態系を構成する生物の中には、漁業・養殖業に被害を与える野生生物も存在し、漁具の破損、漁獲物の食害等をもたらします。各地域で漁業被害をもたらす野生生物に対しては、都道府県等が被害防止のための対策を実施していますが、都道府県の区域を越えて広く分布・回遊する野生生物で、広域的な対策により漁業被害の防止・軽減に効果が見通せるなど一定の要件を満たすもの（大型クラゲ、トド、ヨーロッパザラボヤ等）については、水産庁が出現状況に関する調査と漁業関係者への情報提供、被害を効果的・効率的に軽減するための技術の開発・実証、駆除・処理活動への支援等に取り組んでいます（図表3－29）。

特に北海道周辺では、トド等の海獣類による漁具の破損等の被害が多く発生していますが、これらの取組により、近年のトドによる漁業被害額は、平成25（2013）年度の約20億円から令和4（2022）年度には約8億円に減少しました。

イ　内水面における生態系や漁業への被害

〈カワウやオオクチバス等の外来魚の防除の取組を推進〉

内水面においては、カワウやオオクチバス等外来魚による水産資源の食害が問題となっています。このため、カワウについては、「カワウ被害対策強化の考え方」に従い、被害を与える個体数の半減を目指し、カワウの追払いや捕獲等の防除対策を推進しています。また、外来魚については、その効果的な防除手法の技術開発のほか、偽の産卵床の設置等による防除の取組を進めています。

図表3-29 野生生物による漁業被害対策の例

①大型クラゲ国際共同調査

大型クラゲの出現動向を迅速に把握するための日中韓共同による大型クラゲのモニタリング調査等

②被害を与える野生生物の調査及び情報提供

被害を与える野生生物の出現状況・生態の把握及び漁業関係者等への情報提供等

③野生生物による被害軽減技術の開発

トドによる漁獲物の食害を防ぐための強化網の開発、実証等

④野生生物による被害軽減対策

被害を与える野生生物の駆除・処理、改良漁具の導入促進といった被害軽減対策等

海面

〈トド〉

トドによる漁獲物の食害

内水面

〈カワウ〉

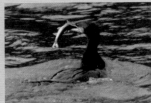

個体数と分布域が拡大し、食害が問題化

〈オオクチバス〉

外来魚による食害

第4章

水産業をめぐる国際情勢

（1）世界の漁業・養殖業生産

ア　世界の漁業・養殖業生産量の推移
〈世界の漁業・養殖業生産量は２億2,322万t〉///////////////////////////////////////

　世界の漁業と養殖業を合わせた生産量は増加し続けています。令和４（2022）年の漁業・養殖業生産量は２億2,322万tとなりました。このうち漁業の漁獲量は、1980年代後半以降横ばい傾向となっている一方、養殖業の収獲量は急激に伸びています（図表４−１）。

　漁獲量を主要漁業国・地域別に見ると、EU・英国、米国、我が国等の先進国・地域は、過去20年ほどの間、おおむね横ばいから減少傾向で推移しているのに対し、インドネシア、ベトナムといったアジアの新興国をはじめとする開発途上国の漁獲量が増大しており、中国が1,318万tで世界の14％を占めています。

　また、魚種別に見ると、ニシン・イワシ類が1,826万tと最も多く、全体の20％を占めていますが、多獲性浮魚類は環境変化により資源水準が大幅な変動を繰り返すことから、ニシン・イワシ類の漁獲量も増減を繰り返しています。タラ類は、1980年代後半以降減少傾向が続いていましたが、2000年代後半以降増加しました。マグロ・カツオ・カジキ類及びエビ類は、長期的に見ると増加傾向で推移しています（図表４−２）。

図表4−1　世界の漁業・養殖業生産量の推移

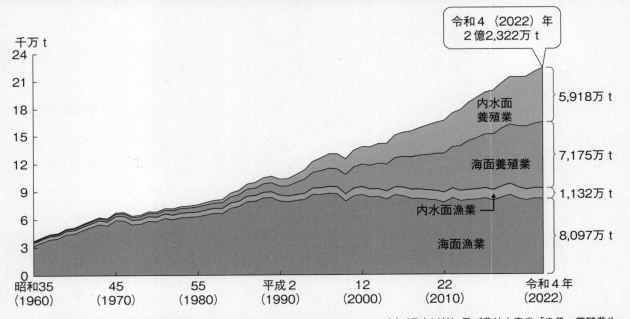

資料：FAO「Fishstat（Global capture production、Global aquaculture production）」（日本以外）及び農林水産省「漁業・養殖業生産統計」（日本）に基づき水産庁で作成

図表4-2 世界の漁業の国別及び魚種別漁獲量の推移

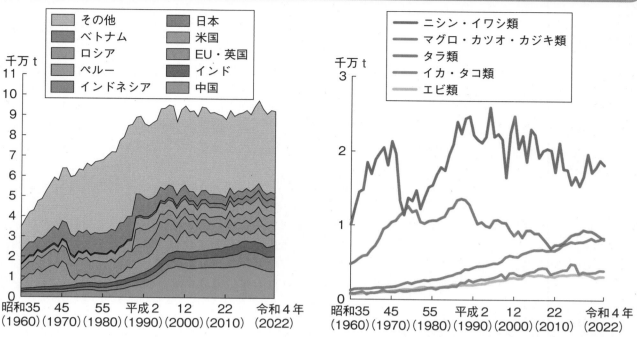

資料：FAO「Fishstat（Global capture production）」（日本以外）及び農林水産省「漁業・養殖業生産統計」（日本）に基づき水産庁で作成

　他方、養殖業の収獲量を国別に見ると、中国及びインドネシアの増加が顕著であり、中国が7,539万tで世界の58％、インドネシアが1,463万tで世界の11％を占めています。

　また、魚種別に見ると、コイ・フナ類が3,216万tで最も多く、全体の25％を占め、次いで紅藻類が2,038万t、褐藻類が1,600万tとなっており、近年、これらの種の増加が顕著となっています（図表4-3）。このうち、紅藻類の多くは、食品その他の工業で使用される増粘剤等となるカラギーナンの原料となっています。

図表4-3 世界の養殖業の国別及び魚種別収獲量の推移

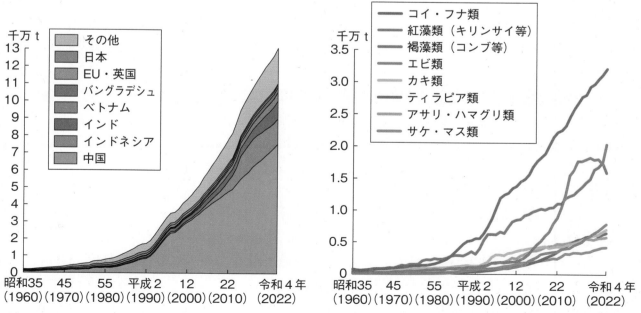

資料：FAO「Fishstat（Global aquaculture production）」（日本以外）及び農林水産省「漁業・養殖業生産統計」（日本）に基づき水産庁で作成

（コラム）世界の海藻養殖市場の成長可能性を示す世界銀行のレポート

　令和5（2023）年8月、世界銀行は、世界の海藻の養殖市場を分析した、「海藻養殖の新しい世界市場2023年版」を公表しました。

　同報告書は、現在大半は食用、養殖魚類の餌料等となっている養殖で生産された海藻について、比較的新たな用途として市場機会が大きい10部門を取り上げ、これらは令和12（2030）年までに最大118億ドルの市場規模に達する可能性があるとしています。

　短期的に有望な新市場として、バイオスティミュラント*、動物飼料添加物、ペットフード等が挙げられ、同年までに市場規模44億ドルに達する可能性があること、中期的には、栄養補助食品、代替タンパク質、バイオプラスチック及び繊維が有望とみられ、60億ドル規模に達する可能性があること、長期的には、医薬品と建設資材への活用で14億ドルに達する可能性があることを予測しています。

　これらの海藻の新たな部門は、技術、コスト、規制上の課題に加え、安定供給や品質等の課題の克服が求められるものの、海藻は、現在の市場を超えた成長の可能性があります。また、短期間に再生が可能で潜在的に生態系の再生に貢献し得る資源であり、このような環境等における利点が、潜在的な新市場の成長の追い風になり得ると分析しています。

＊　同報告書によると、バイオスティミュラントは、生物学的活性を高めることにより、非生物的ストレスを緩和し、植物の生産性を高める農業資材であり、肥料の使用量を増やしたりすることなく、作物の収穫量と品質を維持又は向上させることができるため、作物生産を向上させる革新的な選択肢として、その認知度が高まっている。

令和12（2030）年までに予測される海藻の市場規模（百万ドル）と市場が確立する可能性

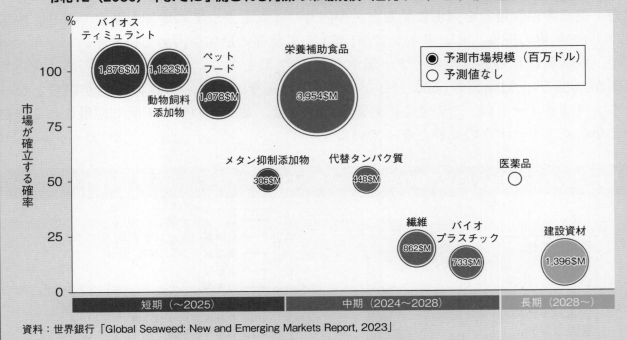

資料：世界銀行「Global Seaweed: New and Emerging Markets Report, 2023」

イ　世界の水産資源の状況

〈生物学的に持続可能なレベルにある資源は65%〉

　国際連合食糧農業機関（FAO）は、世界中の資源評価の結果に基づき、世界の海洋水産資源の状況をまとめています。これによれば、持続可能なレベルで漁獲されている状態の資源の割合は、漸減傾向にあります。昭和49（1974）年には90%の水産資源が適正レベル又はそれ以下のレベルで利用されていましたが、令和元（2019）年にはその割合は65%まで下がってきています。これにより、過剰に漁獲されている状態の資源の割合は、10%から35%まで

上昇しています。また、世界の資源のうち、適正レベルの上限まで漁獲されている状態の資源は57％、適正レベルまで漁獲されておらず生産量を増大させる余地のある資源は７％にとどまっています（図表4－4）。

図表4－4　世界の資源状況

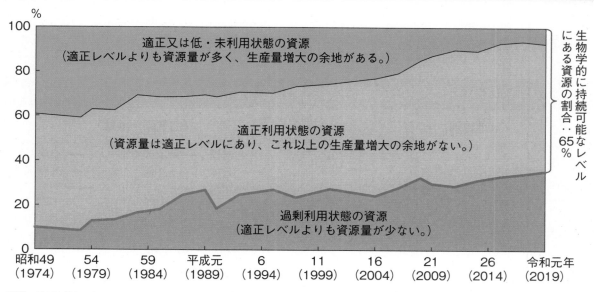

資料：FAO「The State of World Fisheries and Aquaculture 2022」に基づき水産庁で作成

ウ　世界の漁業生産構造
〈世界の漁業・養殖業の従事者は約５千９百万人〉

　FAOによると、世界の漁業・養殖業の従事者は、令和２（2020）年時点で約5,900万人となっています。このうち、約３分の２に当たる約3,800万人が漁業の従事者、約2,100万人が養殖業の従事者です。過去、漁業・養殖業の従事者は増加してきましたが、近年は横ばい傾向で推移しています（図表4－5）。

図表4－5　世界の漁業・養殖業の従事者数の推移

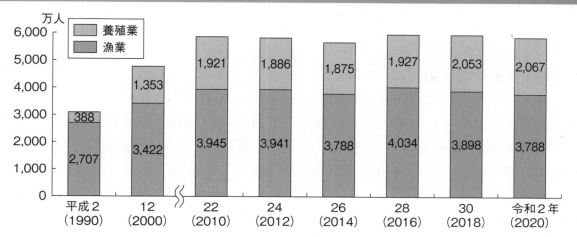

資料：FAO「The State of World Fisheries and Aquaculture 2022」に基づき水産庁で作成

（2）世界の水産物消費

〈世界の1人1年当たりの食用魚介類の消費量は増加傾向〉

世界では、1人1年当たりの食用魚介類の消費量は増加傾向であり、とりわけ、元来魚食習慣のあるアジア地域では、生活水準の向上に伴って顕著な増加を示しています。特に、中国では過去50年で約10倍、インドネシアでは約4倍となるなど、新興国を中心とした伸びが目立ちます。一方、我が国の1人1年当たりの食用魚介類の消費量は、世界平均の約2倍ではあるものの、減少傾向で推移し、世界の中では例外的な動きを見せています（図表4-6）。

図表4-6　世界の1人1年当たり食用魚介類の消費量の推移（粗食料ベース）

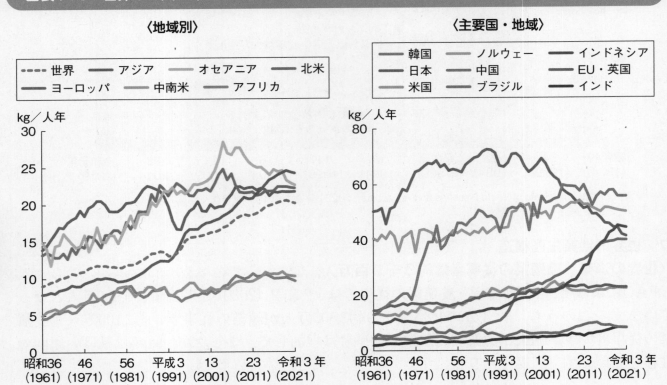

〈地域別〉 〈主要国・地域〉

資料：FAO「FAOSTAT（Food Balance Sheets）」（日本以外）及び農林水産省「食料需給表」（日本）に基づき水産庁で作成
注：1）粗食料とは、廃棄される部分も含んだ食用魚介類の数量。
　　2）中南米は、カリブ海地域を含む。

（3）世界の水産物貿易

〈水産物輸出入量は増加傾向〉

現代では、様々な食料品が国際的に取引され、中でも水産物は国際取引に仕向けられる割合の高い国際商材であり、世界の漁業・養殖業生産量の3割以上が輸出に仕向けられています[1]。世界の水産物消費が増加するなかで、輸送費の低下と流通技術の向上、人件費の安い国への加工場の移転、貿易自由化の進展等を背景として、水産物輸出入量は総じて増加傾向にあります（図表4-7）。

水産物の輸出量ではEU・英国、中国、ノルウェー、ペルー等が上位を占めており、輸入量ではEU・英国、中国、米国、日本等が上位となっています。特に中国による水産物の輸出入

---

* 1 FAO「The State of World Fisheries and Aquaculture 2022」。なお、生産量には藻類の生産量は含まれていない。

量は大きく増加しており、2000年代半ば以降、単独の国としては世界最大の輸出国かつ輸入国となっています。また、米国、EU・英国、日本等が純輸入国・地域となっています（図表4-8）。我が国の魚介類消費量は減少傾向にあるものの、現在でも世界で上位の需要があり、その需要は世界有数の規模の国内漁業・養殖業生産量及び輸入量によって賄われています。

図表4-7　世界の水産物輸出入量の推移

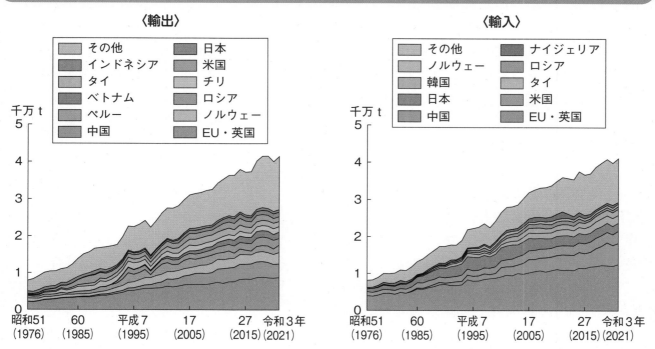

資料：FAO「Fishstat（Global Fish Trade）」（平成30（2018）年以前）、FAO「Fishstat（Global aquatic trade）」（令和元（2019）年以降）に基づき水産庁で作成
注：EUの輸出入量にはEU域内における貿易を含む。

図表4-8　主要国・地域の水産物輸出入額及び純輸出入額

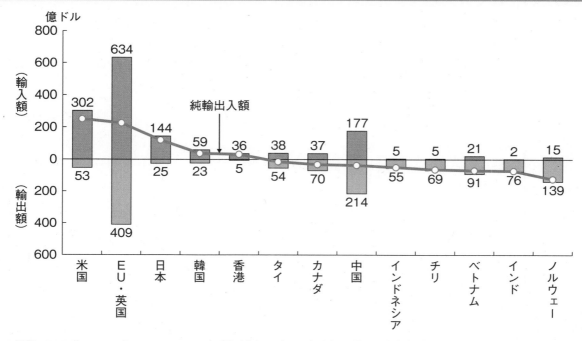

資料：FAO「Fishstat（Global aquatic trade）」（令和3（2021）年）に基づき水産庁で作成
注：EUの輸出入額にはEU域内における貿易を含む。

（4）水産物貿易をめぐる国際情勢

ア　WTOに関する動き
〈漁業補助金協定を追加するWTO協定改正議定書が採択〉

平成13（2001）年に開始された世界貿易機関（WTO）のルール交渉会合においては、漁業補助金の多数国間での適切な規制により海洋生物資源の持続可能な利用に貢献することを目的として、各国の漁業補助金に関するWTO協定の規律を策定するための議論が行われてきました。平成27（2015）年、SDGsが採択されたことを受け、議論が活発化しました。

その結果、令和4（2022）年6月に開催された第12回WTO閣僚会議において、IUU漁業[1]につながる補助金の禁止、濫獲された資源の枯渇を助長する補助金の原則禁止等を内容とする漁業補助金協定を追加するWTO協定改正議定書が採択されました。同協定は、WTO加盟国の3分の2が締結した時に発効します[2]。なお、同協定に盛り込まれなかった過剰な漁獲能力につながる補助金の禁止等については、引き続き議論が継続されることとなりました。

イ　経済連携協定に関する動き
〈CPTPPへの英国加入議定書に署名〉

環太平洋パートナーシップに関する包括的及び先進的な協定（CPTPP）への英国の加入手続について、CPTPP参加国及び英国の間での協議が進められ、令和5（2023）年7月にCPTPPへの英国加入議定書の署名が行われました。日本側の関税に関する措置については、現行のCPTPPの範囲内で合意しました。

我が国においては、同年12月に、同議定書の効力発生のための国内手続が完了しました。

（5）国際的な資源管理

ア　国際的な資源管理の推進
〈EEZ内だけでなく、国際的な資源管理も推進〉

我が国は、排他的経済水域（EEZ）内における水産資源の適切な管理を推進していますが、サンマやサバといった我が国漁船が漁獲する資源は、外国漁船も漁獲し、競合するものも多いことから、我が国の資源管理の取組の効果が損なわれないよう、国際的な資源管理にも積極的に取り組んでいくことが重要です。

このため、我が国は、国際的な資源管理が適切に推進されるよう、地域漁業管理機関の場や二国間での交渉に努めてきています。

イ　地域漁業管理機関
〈資源の適切な管理と持続的利用のための活動に積極的に参画〉

国連海洋法条約[3]では、沿岸国及び高度回遊性魚種を漁獲する国は、当該資源の保存及

---

*1　Illegal, Unreported and Unregulated：違法・無報告・無規制。FAOは、無許可操業（Illegal）、無報告又は虚偽報告された操業（Unreported）、無国籍の漁船、地域漁業管理機関の非加盟国の漁船による違反操業（Unregulated）等、各国の国内法や国際的な操業ルールに従わない無秩序な漁業活動をIUU漁業としている。

*2　令和5（2023）年6月9日に我が国国会で承認。

*3　正式名称：海洋法に関する国際連合条約

び利用のため、EEZの内外を問わず地域漁業管理機関を通じて協力することを定めています。

　地域漁業管理機関では、沿岸国や遠洋漁業国等の関係国・地域が参加し、資源評価や資源管理措置の遵守状況の検討を行った上で、漁獲量規制、漁獲努力量規制、技術的規制等の実効ある資源管理の措置に関する議論が行われます。特に、高度に回遊するカツオ・マグロ類は、世界の全ての海域で、それぞれの地域漁業管理機関による管理が行われています。また、カツオ・マグロ類以外の水産資源についても、底魚を管理する北西大西洋漁業機関（NAFO）等に加え、近年、サンマ、マサバ等を管理する北太平洋漁業委員会（NPFC）等の新たな地域漁業管理機関も設立されました。このほか、令和3（2021）年6月に発効した中央北極海無規制公海漁業防止協定[*1]に基づく第2回締約国会合が令和5（2023）年6月に開催され、共同科学調査・モニタリング計画の骨子が採択されるとともに、令和6（2024）年6月までに策定する必要がある試験操業に係る保存管理措置に関する策定工程が合意されました。

　我が国は、責任ある漁業国として、我が国漁船の操業海域や漁獲対象魚種と関係する地域漁業管理機関に加盟し、資源の適切な管理と持続的利用のための活動に積極的に参画するとともに、これらの地域漁業管理機関で合意された管理措置が着実に実行されるよう、加盟国の資源管理能力向上のための支援等を実施しています。

ウ　カツオ・マグロ類の地域漁業管理機関の動向

　世界のカツオ・マグロ類資源は、地域又は魚種別に五つの地域漁業管理機関によって全てカバーされています（図表4−9）。このうち、中西部太平洋まぐろ類委員会（WCPFC）、全米熱帯まぐろ類委員会（IATTC）、大西洋まぐろ類保存国際委員会（ICCAT）及びインド洋まぐろ類委員会（IOTC）の4機関は、それぞれの管轄水域内のカツオ・マグロ類資源について管理責任を負っています。また、南半球に広く分布するミナミマグロについては、みなみまぐろ保存委員会（CCSBT）が一括して管理を行っています。

図表4−9　カツオ・マグロ類を管理する地域漁業管理機関と対象水域

注：（　）は条約発効年。

＊1　正式名称：中央北極海における規制されていない公海漁業を防止するための協定

まぐろに関する情報（水産庁）：
https://www.jfa.maff.go.jp/
j/tuna/

〈中西部太平洋におけるカツオ・マグロ類の管理（WCPFC）〉

　中西部太平洋のカツオ・マグロ類の資源管理を担うWCPFCの水域には、我が国周辺水域が含まれ、この水域においては、我が国のかつお・まぐろ漁船（はえ縄、一本釣り、海外まき網）約400隻のほか、沿岸はえ縄漁船、まき網漁船、一本釣り漁船、流し網漁船、定置網、ひき縄漁船等がカツオ・マグロ類を漁獲しています。

　北緯20度以北の水域に分布する太平洋クロマグロ等の資源管理措置に関しては、WCPFCの下部組織である北小委員会で実質的な議論を行っています。特に、東部太平洋の米国やメキシコ沿岸まで回遊する太平洋クロマグロについては、太平洋全域での効果的な資源管理を行うために、北小委員会と東部太平洋のマグロ類を管理するIATTCの合同作業部会が設置され、北太平洋まぐろ類国際科学委員会（ISC）[1]の資源評価に基づき議論が行われます。その議論を受け、北小委員会が資源管理措置案を決定し、WCPFCへ勧告を行っています。

　WCPFCでは、太平洋クロマグロの資源量が歴史的最低水準付近まで減少したこと等から、平成27（2015）年以降、1）30kg未満の小型魚の漁獲を平成14（2002）～16（2004）年水準から半減させること、2）30kg以上の大型魚の漁獲を同期間の水準から増加させないこと、等の措置が実施されてきました。くわえて、WCPFCでは、3）暫定回復目標（歴史的中間値（約4万t）[2]）達成後の次の目標を「暫定回復目標達成後10年以内に、60％以上の確率で親魚資源量を初期資源量の20％（約13万t）まで回復させること」とすること、4）資源変動に応じて管理措置を改訂する漁獲制御ルールとして、暫定回復目標の達成確率が（ア）60％を下回った場合、60％に戻るよう管理措置を自動的に強化し、（イ）75％を上回った場合、（i）暫定回復目標の達成確率を70％以上に維持し、かつ、（ii）次期回復目標の達成確率を60％以上に維持する範囲で漁獲上限の増加の検討を可能とすること、等の管理方式が合意されています。

　このような資源管理の取組の結果、太平洋クロマグロの親魚資源量は回復傾向にあり、令和4（2022）年にISCが行った最新の資源評価によると、親魚資源量は、令和2（2020）年時点で約6.5万tにまで回復しています（図表4－10）。

　令和5（2023）年のWCPFC年次会合では、太平洋クロマグロの小型魚から大型魚への振替に当たって漁獲上限を1.47倍とする特例措置の上限の拡大（我が国は10％から30％に拡大）や、熱帯マグロ（カツオ、メバチ及びキハダ）の保存管理措置の改正（カツオについて漁獲量・漁獲努力量が管理方式の基準値を上回った場合の措置の見直し規定、まき網集魚装置（FADs）の使用禁止期間の短縮や、はえ縄メバチ漁獲上限の条件付き増加等）が採択されました。

＊1　日本、中国、韓国、台湾、米国、メキシコ等の科学者で構成。
＊2　親魚資源量推定の対象となっている昭和27（1952）年から平成26（2014）年の親魚資源量推定の中間値。

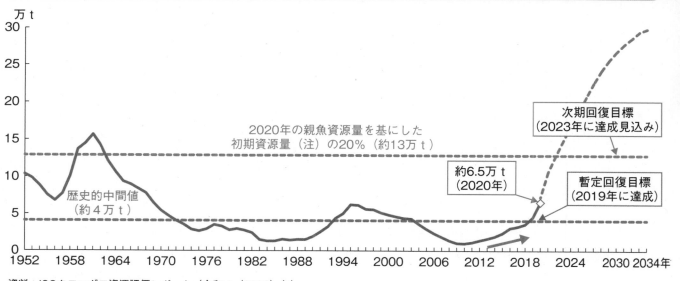

図表4−10　太平洋クロマグロの親魚資源量の回復予測〜現行措置を継続した場合〜

資料：ISCクロマグロ資源評価レポート（令和4（2022）年）
注：初期資源量：資源評価上の仮定を用いて、漁業がない場合に資源が理論上どこまで増えるかを推定した数字。かつてそれだけの資源があったということを意味するものではない。

〈東部太平洋におけるカツオ・マグロ類の管理（IATTC）〉

　東部太平洋のカツオ・マグロ類の資源管理を担うIATTCの水域では、我が国のまぐろはえ縄漁船約30隻が、熱帯性マグロ類（メバチ及びキハダ）、メカジキ等を対象に操業しています。

　令和5（2023）年の年次会合では、太平洋クロマグロの資源回復目標達成後の暫定的な管理ルールや、北太平洋ビンナガの管理枠組みに関する具体的な漁獲制御ルールを含む管理方式が採択されました。

〈大西洋におけるカツオ・マグロ類の管理（ICCAT）〉

　大西洋のカツオ・マグロ類の資源管理を担うICCAT の水域では、我が国のまぐろはえ縄漁船約70隻が、大西洋クロマグロ、メバチ、キハダ、ビンナガ等を対象として操業しています。

　令和5（2023）年の年次会合では、令和6（2024）年以降のメバチの管理措置について議論されましたが、各国の意見の隔たりが大きく、令和5（2023）年の漁獲可能量（TAC）62,000t、我が国への割当量13,980tを令和6（2024）年も継続することになりました。

　また、北大西洋のビンナガのTACを、令和5（2023）年の37,801tから、令和6（2024）〜8（2026）年は40,251tに増加させることが合意されました。我が国の漁獲上限として、大西洋全体のメバチの漁獲量の4.5％に抑えるという努力規定が引き続き適用されます。

〈インド洋におけるカツオ・マグロ類の管理（IOTC）〉

　インド洋のカツオ・マグロ類の資源管理を担うIOTCの水域では、約50隻の我が国のかつお・まぐろ漁船（はえ縄及び海外まき網）が、メバチ、キハダ、カツオ、カジキ等を漁獲しています。

　令和5（2023）年の年次会合では、メバチについて、あらかじめ合意された管理手続に基づき、令和6（2024）〜7（2025）年のTACを80,583tとすることが合意され、また、国別の漁獲上限が新たに合意された結果、我が国の漁獲上限は3,684tとなりました。資源状態が懸念されているキハダの国別の漁獲上限の引下げやFADsの規制についても議論されました

が合意されず、現行の資源管理措置を継続することになりました。

〈ミナミマグロの管理（CCSBT）〉

　南半球を広く回遊するミナミマグロの資源はCCSBTによって管理されており、同魚種を対象として我が国のまぐろはえ縄漁船約80隻が操業しています。

　CCSBTでは、資源状態の悪化を踏まえ、平成19（2007）年からTACを大幅に削減したほか、漁獲証明制度の導入等を通じて資源管理を強化してきた結果、平成19（2007）年に3,000tだった我が国の漁獲割当量は、令和3（2021）年には6,245tまで増加し、さらに、令和5（2023）年の年次会合では、令和6（2024）〜8（2026）年の各年における我が国の漁獲割当量を7,295tとすることが合意されました。

エ　サンマ・マサバ等の地域漁業管理機関の動向
〈サンマ等の管理（NPFC）〉

　北太平洋の公海では、NPFCにおいて、サンマやマサバ、クサカリツボダイ等の資源管理が行われています（図表4−11）。

　サンマは、太平洋の温帯・亜寒帯域に広く生息する高度回遊性魚種です。以前は我が国、韓国及びロシア（旧ソ連）のみがサンマを漁獲していましたが、近年では台湾、中国及びバヌアツも漁獲するようになりました。これまで、我が国及びロシアは主に自国の200海里水域内で、その他の国・地域は主に北太平洋公海で操業していましたが、近年、サンマの漁場が遠方化したため、総漁獲量に占める公海での漁獲量の割合が増加しています。

　このような背景を踏まえ、NPFCにおいては、令和元（2019）年7月に令和2（2020）年における公海でのTACを33万tとすることが合意されたことに続き、令和3（2021）年2月には、令和3（2021）及び4（2022）年におけるサンマの公海でのTACを19.8万t（令和2（2020）年から40％削減）とすること、各国等は公海での漁獲量を平成30（2018）年の漁獲実績から40％削減すること等が合意されました。さらに、令和5（2023）年3月には、令和5（2023）及び6（2024）年における公海でのTACを15万t（令和4（2022）年から25％削減）とすること、各国等は公海での漁獲量を平成30（2018）年の漁獲実績から55％削減することが合意されました。これに加え、小型魚保護のための措置や、操業期間や操業隻数を制限する漁獲努力量削減のための措置が導入されました。引き続き、サンマ資源について、漁獲量の適切な制限等、資源管理を進めていきます。

　また、マサバ（太平洋系群）は、主に我が国EEZ内に分布する魚種であり、近年、資源量の増加に伴って、EEZの外側まで資源がしみ出すようになりました。このため、中国等の外国による漁獲が増加しており、資源への影響が懸念されています。

　このような背景から、NPFCにおいて、平成29（2017）年7月に公海でマサバを漁獲する遠洋漁業国・地域の許可隻数の増加禁止（沿岸国の許可隻数は急増を抑制）が合意されました。

　我が国は、今後とも、EEZ内のマサバ資源が持続的に利用されるよう、資源管理措置の更なる強化を働き掛けていきます。

図表4－11　NPFC等のカツオ・マグロ類以外の資源を管理する主な地域漁業管理機関と対象水域

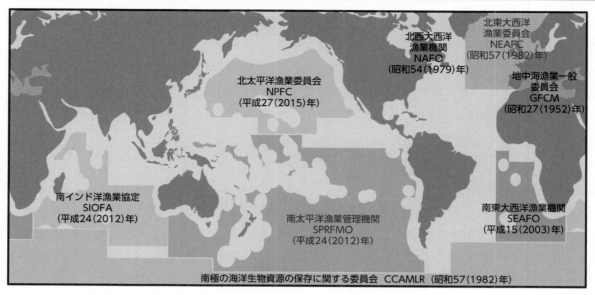

注：1）我が国はSPRFMO及びNEAFCには未加盟。GFCMについては令和2（2020）年に脱退。
　　2）（　）は条約発効年。

オ　IUU漁業の撲滅に向けた動き

〈IUU漁業の抑制・根絶に向けた取組が国際的に進展〉

　各国や地域漁業管理機関等が国際的な資源管理に向け努力している中で、規制措置を遵守せず無秩序な操業を行うIUU漁業は、水産資源に悪影響を与え、適切な資源管理を阻害するおそれがあります。このため、IUU漁業の抑制・根絶に向けた取組が国際的に進められています。

　例えば各地域漁業管理機関においては、正規の漁業許可を受けた漁船等のリスト化（ポジティブリスト）やIUU漁業への関与が確認された漁船や運搬船等をリスト化（ネガティブリスト）する措置が導入されており、さらに、ネガティブリストに掲載された船舶の一部に対して、国際刑事警察機構（ICPO）が各国の捜査機関に注意を促す「紫手配書」を出すなど、IUU漁業に携わる船舶に対する国際的な取締体制が整備されてきています。また、幾つかの地域漁業管理機関においては、漁獲証明制度[*1]によりIUU漁業由来の漁獲物の国際的な流通を防止しています。

　ネガティブリストについては、例えばNPFCでは、平成29（2017）年7月に我が国の提案を基に採択されたIUU漁船リスト（無国籍船23隻）に、平成30（2018）年は4隻、令和元（2019）年は6隻、令和3（2021）年は3隻、令和5（2023）年は4隻が追加で掲載されるなど（合計40隻）、着実にリストが充実されてきています。

　二国間においても、我が国とロシアとの間で、ロシアで密漁されたカニが我が国に密輸出されることを防止する二国間協定が平成26（2014）年に発効したほか、EU、米国及びタイとIUU漁業対策の推進に向けた協力を確認する共同声明を出すなど、IUU漁業の抑制・根絶を目指した取組を行っています。

＊1　漁獲物の漁獲段階から流通を通じて、関連する情報を漁獲証明書に記載し、その内容を関係国の政府が証明することで、その漁獲物が地域漁業管理機関の資源管理措置を遵守して漁獲されたものであることを確認する制度。

また、平成28（2016）年に発効した違法漁業防止寄港国措置協定[*1]は、締約国がIUU漁業に従事した外国漁船の寄港を禁止すること等の寄港国措置を通じて、IUU漁業の抑制・根絶を図るものであり、これにより、広い洋上でIUU漁業に従事している船を探すのではなく、寄港地において効率的・効果的な取締りを行うことが可能となりました。

さらに、令和4（2022）年12月に施行された特定水産動植物等の国内流通の適正化等に関する法律[*2]においては、国際的なIUU漁業防止の観点から特定の水産動植物等の輸入に際して、外国の政府機関が発行した証明書等の添付を義務付けることとしており、この法律の適正な運用を通じて違法漁獲物の流通を防止することとしています。

カ　二国間等の漁業関係

〈ロシアとの関係〉

我が国とロシアとの間では、1）サンマ、スルメイカ、マダラ、サバ等を対象とした相互入漁に関する日ソ地先沖合漁業協定[*3]、2）ロシア系サケ・マス（ロシアの河川を母川とするサケ・マス）の我が国漁船による漁獲に関する日ソ漁業協力協定[*4]、3）北方四島の周辺12海里内での日本漁船の操業に関する北方四島周辺水域操業枠組協定[*5]の三つの漁業に関する政府間協定が結ばれています。また、これらに加え、民間協定として、北方四島のうち歯舞群島の一部である貝殻島の周辺12海里内において我が国の漁業者が安全にコンブ採取を行うための貝殻島昆布協定[*6]が結ばれています。

令和5（2023）年においては、日ソ地先沖合漁業協定、日ソ漁業協力協定及び貝殻島昆布協定に基づく交渉により決定された操業条件の下で、我が国漁船及びロシア漁船による操業が行われました。

一方、北方四島周辺水域操業枠組協定に基づく交渉については、令和5（2023）年分の操業に係る協議からロシア側が応じていない状況が続いています。

〈韓国との関係〉

我が国と韓国との間では、日韓漁業協定[*7]に基づき、相互入漁の条件（漁獲割当量等）のほか、日本海の一部及び済州島南部の水域に設定された暫定水域における資源管理と操業秩序の問題について協議を行っています。

韓国との間においては、我が国のまき網漁船等の操業機会の確保の要請がある一方で、我が国EEZにおける韓国漁船の違法操業や、暫定水域の一部の漁場の韓国漁船による占拠の問題の解決等が重要な課題となっています。

---

*1　平成29（2017）年5月10日に我が国国会で承認され、同年6月18日に我が国について効力が発生。正式名称：違法な漁業、報告されていない漁業及び規制されていない漁業を防止し、抑止し、及び排除するための寄港国の措置に関する協定
*2　令和2年法律第79号
*3　正式名称：日本国政府とソヴィエト社会主義共和国連邦政府との間の両国の地先沖合における漁業の分野の相互の関係に関する協定
*4　正式名称：漁業の分野における協力に関する日本国政府とソヴィエト社会主義共和国連邦政府との間の協定
*5　正式名称：日本国政府とロシア連邦政府との間の海洋生物資源についての操業の分野における協力の若干の事項に関する協定
*6　正式名称：日本漁民による昆布採取に関する北海道水産会とソヴィエト社会主義共和国連邦漁業省との間の協定
*7　正式名称：漁業に関する日本国と大韓民国との間の協定

このような状況を踏まえ、これらの問題の解決に向けて働き掛けていますが、合意に至っておらず、現在、相互入漁は行われていません。

〈中国との関係〉

　我が国と中国との間では、日中漁業協定[*1]に基づき、相互入漁の条件や東シナ海の一部に設定された暫定措置水域等における資源管理等について協議を行っています。

　近年、東シナ海では、暫定措置水域等において非常に多数の中国漁船が操業しており、水産資源に大きな影響を及ぼしていることが課題となっています。また、相互入漁については、中国側が我が国EEZへの入漁を希望しており、競合する我が国漁船への影響を念頭に、中国漁船の操業を管理する必要があります。

　さらに、日本海大和堆（やまとたい）周辺の我が国EEZにおける多数の中国漁船による違法操業を防止するため、漁業取締船を同水域に重点的に配備し、海上保安庁と連携して対応するとともに、中国に対し、漁業者への指導等の対策強化を含む実効的措置を執るよう繰り返し強く申し入れてきており、今後も、繰り返し抗議するなど、関係省庁が連携し、厳しい対応を図っていきます。

　このような状況を踏まえ、違法操業の問題、水産資源の適切な管理及び我が国漁船の安定的な操業の確保について協議を行っていますが、合意に至っておらず、現在、相互入漁は行われていません。

　また、我が国固有の領土である尖閣諸島（せんかくしょとう）周辺においては、中国海警局に所属する船舶による接続水域内での航行や領海侵入等の活動が相次いで確認されており、我が国漁船に近づこうとする動きを見せる事案も繰り返し発生しています。現場海域では、国民の生命・財産及び我が国の領土・領海・領空を断固として守るとの方針の下、関係省庁が連携し、我が国漁船の安全が確保されるよう、適切に対応しています。

〈台湾との関係〉

　我が国と台湾の間での漁業秩序の構築と、関係する水域での海洋生物資源の保存と合理的利用のため、平成25（2013）年に、我が国の公益財団法人交流協会（現在の公益財団法人日本台湾交流協会）と台湾の亜東関係協会（現在の台湾日本関係協会）との間で、「日台民間漁業取決め」が署名されました。この取決めの適用水域はマグロ等の好漁場で、日台双方の漁船が操業していますが、我が国漁船と台湾漁船では操業方法や隻数、規模等が異なることから、一部の漁場において我が国漁船の円滑な操業に支障が生じており、その解消等が重要な課題となっています。このため、我が国漁船の操業機会を確保する観点から、本取決めに基づき設置された日台漁業委員会において、日台双方の漁船が漁場を公平に利用するため、操業ルールの改善に向けた協議が継続されています。

　令和6（2024）年3月、令和6（2024）年漁期の操業ルールについて、令和元（2019）年漁期以降適用されてきた操業ルールを継続することで一致しました。

〈太平洋島しょ国等との関係〉

　カツオ・マグロ類を対象とする我が国の海外まき網漁業、遠洋まぐろはえ縄漁業、遠洋か

---

*1　正式名称：漁業に関する日本国と中華人民共和国との間の協定

つお一本釣り漁業等の遠洋漁船は、公海だけでなく、太平洋島しょ国やアフリカ諸国のEEZでも操業しています。各国のEEZ内での操業に当たっては、我が国と各国との間で、政府間協定や民間取決めが締結・維持され、二国間で入漁条件等について協議を行うとともに、これらの国に対する海外漁業協力を行っています。

　特に太平洋島しょ国のEEZは我が国遠洋漁船にとって重要な漁場となっていますが、近年、太平洋島しょ国側は、カツオ・マグロ資源を最大限活用して、国家収入の増大及び雇用拡大を推進するため、入漁料の大幅な引上げ、漁獲物の現地水揚げ、太平洋島しょ国船員の雇用等を要求する傾向が強まっています。

　これらに加え、太平洋島しょ国をめぐっては、中国が、大規模な援助と経済進出を行うなど、太平洋島しょ国でのプレゼンスを高めており、入漁交渉における競合も生じてきています。このように我が国漁船の入漁をめぐる環境は厳しさを増していますが、海外漁業協力を行うとともに、令和3（2021）年7月に開催された第9回太平洋・島サミット等、様々な機会を活用し、海外漁場での安定的な操業の確保に努めているところです。

（6）捕鯨業をめぐる動き

ア　大型鯨類を対象とした捕鯨業

〈母船式捕鯨業及び基地式捕鯨業の操業状況〉

　我が国は、科学的根拠に基づいて水産資源を持続的に利用するとの基本方針の下、令和元（2019）年6月末をもって国際捕鯨取締条約から脱退し、同年7月から我が国の領海とEEZで、十分な資源が存在することが明らかになっている大型鯨類（ミンククジラ、ニタリクジラ及びイワシクジラ）を対象とした捕鯨業を再開しました。

　また、令和2（2020）年10月に、鯨類の持続的な利用の確保に関する法律[*1]に基づく「鯨類の持続的な利用の確保のための基本的な方針」を策定し、鯨類科学調査の意義や捕獲可能量の算出、捕鯨業の支援に関する基本的事項等を定めました。

　令和5（2023）年の大型鯨類を対象とした捕鯨については、沿岸の基地式捕鯨業はミンククジラの来遊減少等の影響により苦戦し、ミンククジラ109頭の捕獲枠に対し83頭の捕獲にとどまりましたが、母船式捕鯨業は順調に操業を行い、捕獲枠を全量消化しました（図表4-12）。なお、これらの捕鯨業は、国際捕鯨委員会（IWC）で採択された改訂管理方式（RMP）に沿って算出される捕獲可能量以下の捕獲枠で実施されています。

図表4-12　捕鯨業の対象種及び令和5（2023）年の捕獲枠と捕獲頭数

	母船式捕鯨業		基地式捕鯨業	
	ニタリクジラ	イワシクジラ	ミンククジラ	ツチクジラ
捕獲枠	187	24	109	76
捕獲頭数	187	24	83	28
水産庁留保	0	0	27	0

＊1　平成29年法律第76号

捕鯨の部屋（水産庁）：
https://www.jfa.maff.go.jp/
j/whale/

イ 鯨類科学調査の実施

〈北西太平洋や南極海における非致死的調査を継続〉 //

　我が国は、鯨類資源の適切な管理と持続的利用を図るため、昭和62（1987）年から南極海で、平成6（1994）年からは北西太平洋で、それぞれ鯨類科学調査を実施し、資源管理に有用な情報を収集し、科学的知見を深めてきました。

　我が国は、国際捕鯨取締条約脱退後も、国際的な海洋生物資源の管理に協力していくという我が国の従来の方針の下で、引き続き、IWC等の国際機関と連携しながら、科学的知見に基づく鯨類の資源管理に貢献しています。

　例えば、我が国とIWCが平成22（2010）年から共同で実施している「IWC/日本共同北太平洋鯨類目視調査（IWC-POWER）」については、脱退後も継続しています。同調査では、我が国が調査船を提供することに加え、我が国からの調査員も乗船の上、北太平洋において毎年、目視やバイオプシー（皮膚標本）採取等の調査を行っており、イワシクジラ、ザトウクジラ、シロナガスクジラ、ナガスクジラ等の資源量推定等に必要な多くのデータが得られています。また、ロシアとも平成27（2015）年からオホーツク海における共同調査を実施しています。我が国は、このような共同調査を今後も継続していくこととしており、令和4（2022）年4〜5月に開催されたIWC科学委員会においても、本共同調査における我が国のこれまでの協力に対して謝意が示されるとともに、次期調査計画も承認されました。

　今後とも、これらの共同調査に加え、我が国がこれまで実施してきた北西太平洋や南極海における非致死的調査を継続するとともに、商業的に捕獲された全ての個体から科学的データの収集を行い、これまでの調査で収集してきた情報と併せ、関連の国際機関に提供すること等を通じて、国際的な鯨類資源管理に貢献するとともに、科学的根拠に基づく持続的かつ適切な捕鯨業の実施の確保を図っていきます。

（7）海外漁業協力

〈水産業の振興や資源管理のため、水産分野の無償資金協力及び技術協力を実施〉 ///////////

　我が国は、我が国漁船にとって重要な漁場を有する国や海洋生物資源の持続的利用の立場を共有する国を対象に、水産業の振興や資源管理を目的として水産分野の無償資金協力（水産関連の施設整備等）及び技術協力（専門家の派遣や政府職員等の研修の受入れによる人材育成・能力開発等）を実施しています。

　また、海外漁場における我が国漁船の安定的な操業を確保するため、我が国漁船が入漁している太平洋島しょ国等の沿岸国に対しては、民間団体が行う水産関連施設の修繕等に対する協力や水産技術の移転・普及に関する協力を支援しています。

　さらに、東南アジア地域における持続的な漁業の実現のため、東南アジア漁業開発センター（SEAFDEC）への財政的・技術的支援を行っています。

第5章

大規模災害からの復旧・復興と
ALPS処理水の海洋放出をめぐる動き

（1）水産業における東日本大震災からの復旧・復興の状況

〈震災前年比で水揚金額95%〉

　平成23（2011）年3月11日に発生した東日本大震災による津波は、豊かな漁場に恵まれている東北地方太平洋沿岸地域を中心に、水産業に甚大な被害をもたらしました。同年7月に政府が策定した「東日本大震災からの復興の基本方針」においては、復興期間を令和2（2020）年度までの10年間と定め、平成27（2015）年度までの5年間を「集中復興期間」と位置付けた上で復興に取り組んできました。

　平成27（2015）年6月には「平成28年度以降の復旧・復興事業について」を決定し、平成28（2016）年度からの後期5年間を「復興・創生期間」と位置付けて復興を推進してきました。

　その後、令和2（2020）年6月には、令和3（2021）年3月末までとなっていた復興庁の設置期限を10年間延長すること等を内容とする復興庁設置法等の一部を改正する法律[*1]等が成立しました。

　また、令和3（2021）年3月には、「東日本大震災からの復興の基本方針」を、令和2（2020）年6月の福島復興再生特別措置法[*2]の改正（令和3（2021）年4月施行）等を反映させた「『第2期復興・創生期間』以降における東日本大震災からの復興の基本方針」に改定しました。

　これまで被災地域では、漁港施設、漁船、養殖施設、漁場等の復旧が積極的に進められており（図表5-1）、政府は、引き続き、被災地域の水産業の復旧・復興に取り組むこととしています。

「第2期復興・創生期間」以降における東日本大震災からの復興の基本方針の変更について（復興庁）：
https://www.reconstruction.go.jp/topics/main-cat12/sub-cat12-1/20240329132430.html

---

＊1　令和2年法律第46号
＊2　平成24年法律第25号

図表５−１　水産業の復旧・復興の進捗状況（令和6（2024）年3月取りまとめ）

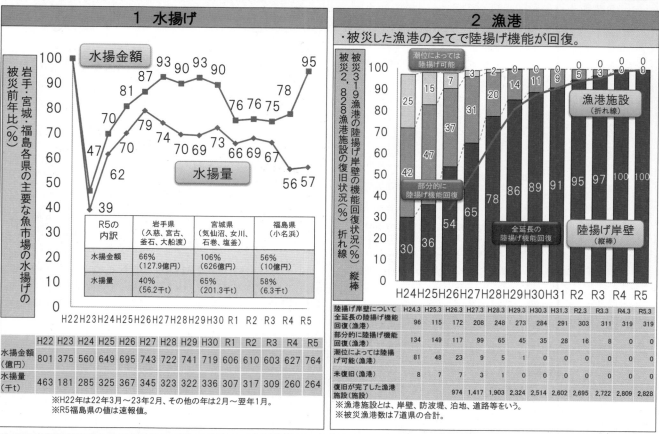

1　水揚げ

岩手・宮城・福島各県の主要な魚市場の水揚げの被災前年比（％）

R5の内訳

R5の内訳	岩手県（久慈、宮古、釜石、大船渡）	宮城県（気仙沼、女川、石巻、塩釜）	福島県（小名浜）
水揚金額	66%（127.9億円）	106%（626億円）	56%（10億円）
水揚量	40%（56.2千t）	65%（201.3千t）	58%（6.3千t）

	H22	H23	H24	H25	H26	H27	H28	H29	H30	R1	R2	R3	R4	R5
水揚金額（億円）	801	375	560	649	695	743	722	741	719	606	610	603	627	764
水揚量（千t）	463	181	285	325	367	345	323	322	336	307	317	309	260	264

※H22年は22年3月〜23年2月、その他の年は2月〜翌年1月。
※R5福島県の値は速報値。

2　漁港

・被災した漁港の全てで陸揚げ機能が回復。

被災2,828漁港施設の復旧状況（％）　折れ線

被災319漁港の陸揚げ岸壁の機能回復状況（％）　縦棒

陸揚げ岸壁について	H24.3	H25.3	H26.3	H27.3	H28.3	H29.3	H30.3	H31.3	R2.3	R3.3	R4.3	R5.3
全延長の陸揚げ機能回復（漁港）	96	115	172	208	248	273	284	291	303	311	319	319
部分的に陸揚げ機能回復（漁港）	134	149	117	99	65	45	35	28	16	8	0	0
潮位によっては陸揚げ可能（漁港）	81	48	23	9	5	1	0	0	0	0	0	0
未復旧（漁港）	8	7	7	3	1	0	0	0	0	0	0	0
復旧が完了した漁港施設（施設）			974	1,417	1,903	2,324	2,514	2,602	2,695	2,722	2,809	2,828

※漁港施設とは、岸壁、防波堤、泊地、道路等をいう。
※被災漁港数は7道県の合計。

3　漁船

・今後再開を希望する福島県の漁船について計画的に復旧。

復旧隻数

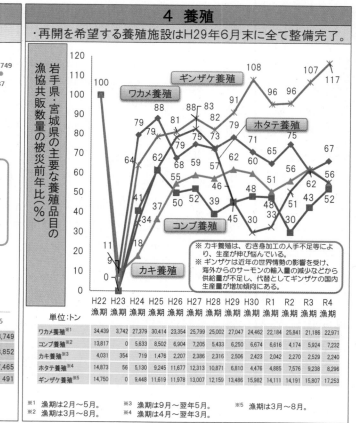

・岩手県、宮城県においては、平成27年度末までに希望する漁業者に対する漁船の復旧は完了。
・平成28年度以降は原発事故の影響で復旧が遅れている福島県について計画的に復旧を目指している。

	H24	H25	H26	H27	H28	H29	H30	H31	R2	R3	R4	R5
復旧隻数	9,195	15,308	17,065	17,947	18,257	18,486	18,651	18,679	18,694	18,720	18,737	18,749
うち岩手	4,217	7,768	8,542	8,805	8,852	8,852	8,852	8,852	8,852	8,852	8,852	8,852
宮城	3,186	5,358	6,293	6,861	7,106	7,310	7,465	7,465	7,465	7,465	7,465	7,465
福島	–	256	289	340	358	383	393	421	436	462	479	491

※各年の隻数はH24〜R4年は3月末。R5年は12月末。
※復旧隻数は21都道県の合計。

4　養殖

・再開を希望する養殖施設はH29年6月末に全て整備完了。

岩手県・宮城県の主要な養殖品目の漁協共販数量の被災前年比（％）

※カキ養殖は、むき身加工の人手不足等により、生産が伸び悩んでいる。
※ギンザケは近年の世界情勢の影響を受け、海外からのサーモンの輸入量の減少などから供給量が不足し、代替としてギンザケの国内生産量が増加傾向にある。

単位：トン

	H22漁期	H23漁期	H24漁期	H25漁期	H26漁期	H27漁期	H28漁期	H29漁期	H30漁期	R1漁期	R2漁期	R3漁期	R4漁期
ワカメ養殖[1]	34,439	3,742	27,379	30,414	23,354	25,799	25,002	27,047	24,462	22,184	25,841	21,186	22,971
コンブ養殖[2]	13,817	0	5,633	8,502	6,904	7,205	5,433	6,250	6,674	6,616	4,174	5,924	7,232
カキ養殖[3]	4,031	354	719	1,476	2,207	2,386	2,316	2,506	2,423	2,042	2,270	2,529	2,240
ホタテ養殖[4]	14,873	56	5,130	9,245	11,677	12,313	10,871	6,810	4,476	4,885	7,576	9,238	8,296
ギンザケ養殖[5]	14,750	0	9,448	11,619	11,978	13,007	12,159	13,486	15,982	14,111	14,191	15,807	17,253

※1 漁期は2月〜5月。
※2 漁期は3月〜8月。
※3 漁期は9月〜翌年5月。
※4 漁期は4月〜翌年3月。
※5 漁期は3月〜8月。

第1部

第5章

5 加工流通施設

・再開を希望する水産加工施設のほとんどが業務再開。

被災3県で被害があった産地市場（34施設）及びの業務再開状況（％）再開を希望する水産加工施設（767施設）

水産加工施設

79　83　86　91　95　96　97　100　100　100　100

68　68　68　68　68　76　79　98　98　98　98

産地市場

（水産加工施設）
・被災3県において、再開を希望する水産加工施設の9割以上が業務再開。

（産地市場）
・岩手県及び宮城県は、22施設全てが再開。
・福島県は、12施設のうち、4施設が集約され、8施設全てが再開。

	H25	H26	H27	H28	H29	H30	R1	R2	R3	R4	R5
業務再開した水産加工施設（施設）[1]	645	672	705	729	749	754	754	755	755	755	755
業務再開した産地市場（施設）[2]	23	23	23	23	23	26	27	30	30	30	30

※1　各年の数字は、H25〜29年は12月末、H30年は9月末、R1〜5年は12月末時点。
※2　各年の数字は、H25年が12月末、H26〜R1年は翌年の2月末、R2年は翌年の1月末時点。
　　R2年に福島県の産地市場が12施設から8施設に集約し、全ての施設が再開し業務再開状況が100％となったため、R3年以降は調査を行っていない。

6 がれき

・がれきにより漁業活動に支障のあった定置及び養殖漁場のほとんどで撤去が完了。

定置漁場

県名	岩手県	宮城県	福島県	合計
撤去完了箇所数	138 (138)	850 (850)	要望なし	988 (988)

※（　）内の数字はがれきにより漁業活動に支障のある漁場の箇所数

養殖漁場

県名	岩手県	宮城県	福島県	合計
撤去完了箇所数	167 (167)	956 (961)	11 (11)	1,134 (1,139)

※（　）内の数字はがれきにより漁業活動に支障のある漁場の箇所数

		H24	H25	H26	H27	H28	H29	H30	R1	R2	R3	R4	R5	R6
がれきにより漁業活動に支障のある漁場（か所）	定置漁場	958	1,003	1,004	987	992	990	988	988	988	988	988	988	988
	うち処理済み	958	975	976	980	988	988	988	988	988	988	988	988	988
	養殖漁場	804	1,071	1,101	1,100	1,129	1,131	1,135	1,135	1,136	1,139	1,139	1,139	1,139
	うち処理済み	801	973	1,045	1,077	1,103	1,116	1,124	1,128	1,130	1,134	1,134	1,134	1,134

※支障のある漁場の箇所数の増減は、気象・海象によるがれきの流入・流出等のため。
※各年の数字は3月末時点（R6のみR6.1月末時点）。

　被災した漁港のうち、水産業の拠点となる漁港においては、流通・加工機能や防災機能の強化対策として、高度衛生管理型の荷さばき所や耐震強化岸壁等の整備を行うなど、新たな水産業の姿を目指した復興に取り組んでいます。このうち、高度衛生管理型の荷さばき所の整備については、流通の拠点となる8漁港（八戸、釜石、大船渡、気仙沼、女川、石巻、塩釜、銚子）において実施し、全漁港で供用されています。

　一方、被災地域の水産加工業においては、令和5（2023）年1〜2月に実施した「水産加工業者における東日本大震災からの復興状況アンケート（第10回）の結果」によれば、生産能力が震災前の8割以上まで回復したと回答した水産加工業者が約7割となっているのに対し、売上げが震災前の8割以上まで回復したと回答した水産加工業者は約5割であり、依然として生産能力に比べ売上げの回復が遅れています。県別に見ると、生産能力と売上げ共に、福島県の回復が他の5県[1]に比べ遅れています（図表5-2）。また、売上げが戻っていない理由としては、「原材料の不足」、「人材の不足」及び「販路の不足・喪失」の3項目で回答の約7割を占めています（図表5-3）。このため、政府は、引き続き、加工・流通の各段階への個別指導、セミナー・商談会の開催、省力化や加工原料の多様化、販路の回復・新規開拓に必要な加工機器の整備等により、被災地域における水産加工業者の復興を支援していくこととしています。

＊1　青森県、岩手県、宮城県、茨城県及び千葉県

図表5-2 水産加工業者における生産能力及び売上げの回復状況

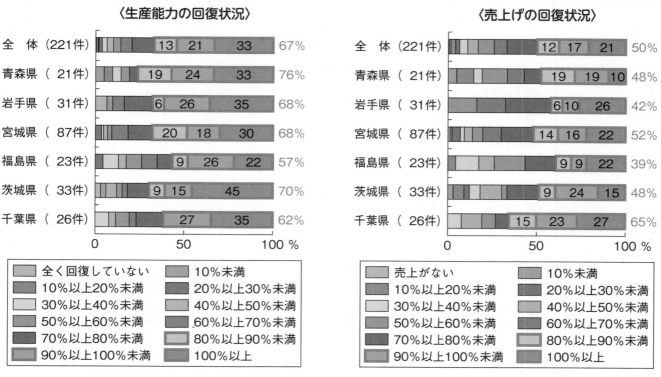

資料：水産庁「水産加工業者における東日本大震災からの復興状況アンケート（第10回）の結果」を基に作成
注：赤字は80%以上回復した割合。

図表5-3 水産加工業者の売上げが戻っていない理由

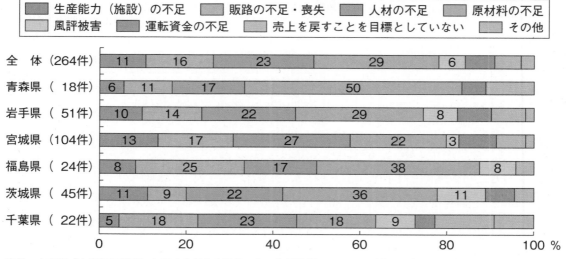

資料：水産庁「水産加工業者における東日本大震災からの復興状況アンケート（第10回）の結果」を基に作成

東日本大震災からの水産業復興へ
向けた現状と課題（水産庁）：
https://www.jfa.maff.go.jp/j/
yosan/23/kongo_no_taisaku.
html

（2）東京電力福島第一原子力発電所事故の影響への対応

ア　水産物の放射性物質モニタリング
〈水産物の安全性確保のために放射性物質モニタリングを着実に実施〉//////////////////////////

　東日本大震災に伴って起きた東京電力福島第一原子力発電所（以下「東電福島第一原発」といいます。）の事故の後、消費者に届く水産物の安全性を確保するため、「検査計画、出荷制限等の品目・区域の設定・解除の考え方」に基づき、国、関係都道県、漁業関係団体が連携して水産物の計画的な放射性物質モニタリングを行っています。水産物のモニタリングは、区域ごとの主要魚種や、前年度に50Bq/kgを超過した放射性セシウムが検出された魚種、出荷規制対象種を主な対象としており、生息域や漁期、近隣県におけるモニタリング結果等も考慮されています。モニタリング結果は公表され、基準値（100Bq/kg）を超過した種は、出荷自粛要請や出荷制限指示の対象となります（図表5−4）。

図表5−4　水産物の放射性物質モニタリングの枠組み

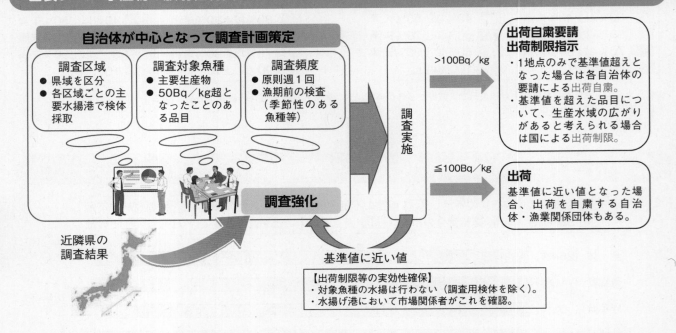

　東電福島第一原発の事故以降、令和6（2024）年3月末までに、福島県及びその近隣県において、合計20万2,715検体の検査が行われてきました。基準値超の放射性セシウムが検出された検体（以下「基準値超過検体」といいます。）の数は、時間の経過とともに減少する傾向にあります。福島県における令和5（2023）年度の基準値超過検体は、ありませんでした。また、福島県以外においては、海産種では平成26（2014）年9月以降、淡水種では令和3（2021）年度以降、基準値超過検体はありませんでした（図表5−5）。

　さらに、令和5（2023）年度に検査を行った水産物の検体は、全て検出限界値[1]未満となりました。

---

*1　分析機器が検知できる最低濃度であり、検体の重量や測定時間によって変化する。厚生労働省のマニュアル等に従い、基準値から十分低い数値になるよう設定。

図表5-5　水産物の放射性物質モニタリング結果（放射性セシウム）

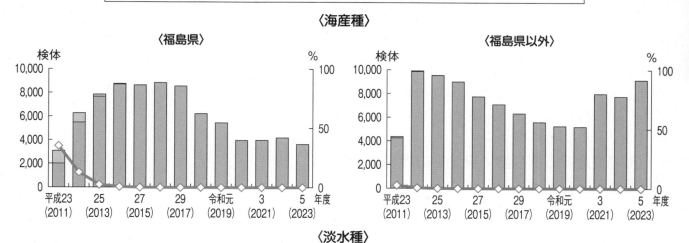

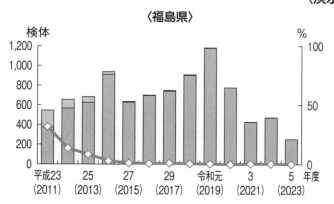

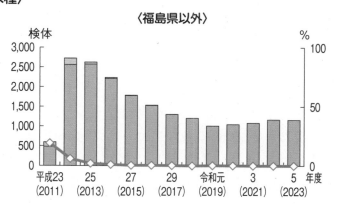

注：令和6（2024）年3月末時点。

水産物の放射性物質調査の結果について（水産庁）：
https://www.jfa.maff.go.jp/j/housyanou/kekka.html

〈国際原子力機関と共同で実施した海洋モニタリングの報告書を公表〉//////////////////

　我が国は、国際原子力機関（IAEA）の支援により、平成26（2014）年度から海洋モニタリングデータの信頼性及び透明性の向上に取り組んでいます[1]。令和4（2022）年11月に実施した共同での海洋モニタリングの報告書が令和5（2023）年12月にIAEAから公表され、「海域モニタリング計画に参加している日本の分析機関が引き続き高い正確性と能力を有している。」と評価されました。

　また、IAEAでは、令和4（2022）年度から、東電福島第一原発におけるALPS処理水[2]の取扱いに関する安全性レビューの一環として、日本の海域における水産物や海水のモニタ

---

*1　水産物については、平成27（2015）年度から実施

*2　多核種除去設備（ALPS：Advanced Liquid Processing System）等によりトリチウム以外の核種について、環境放出の際の規制基準を満たすまで浄化処理した水。

リング結果の信頼性を裏付けるための取組を実施しています。令和4（2022）年11月に採取した試料の分析結果に関する報告書が令和6（2024）年1月にIAEAから公表され、「ALPS処理水に係るトリチウム分析などについて、日本の分析機関の試料採取方法は適切であり、かつ、海洋モニタリングの結果から、参加した日本の分析機関が高い正確性と能力を有している。」と評価されました。

令和5（2023）年度の共同海洋モニタリングでは、IAEA海洋環境研究所に加え、カナダ、中国及び韓国の分析機関が参加し、試料採取から前処理までの状況及び分析手順の確認が行われ、現在各機関で分析が行われているところです。

イ　市場流通する水産物の安全性の確保
〈出荷制限等の状況〉

放射性物質モニタリングにおいて、基準値を超える放射性セシウムが検出された水産物については、国、関係都道県、漁業関係団体等の連携により流通を防止する措置が講じられているため、市場を流通する水産物の安全性は確保されています（図表5－6）。

その上で、時間の経過による放射性物質濃度の低下により、検査結果が基準値を下回るようになった種については、順次出荷制限の解除が行われ、令和3（2021）年12月には、全ての海産種で出荷制限が解除されました。しかしながら、令和4（2022）年1月、福島県沖のクロソイ1検体で基準値超の放射性セシウムが検出され、同年2月に出荷制限が指示されました。

また、淡水種については、令和6（2024）年3月末時点で、5県（宮城県、福島県、栃木県、群馬県及び千葉県）の河川や湖沼の一部において、合計12種が出荷制限又は地方公共団体による出荷・採捕自粛措置の対象となっています。

図表5－6　出荷制限又は自主規制措置の実施・解除に至る一般的な流れ

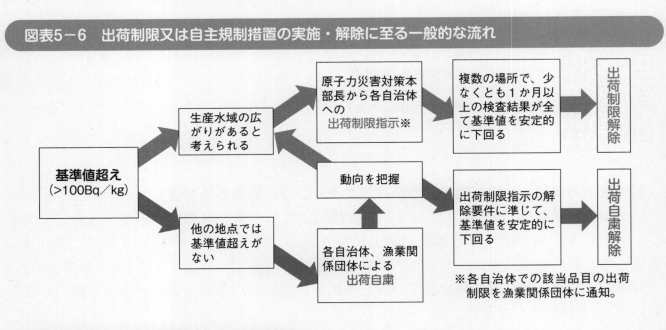

ウ　福島県沖での本格操業に向けた取組
〈試験操業から本格操業に向けた移行期間として水揚げの拡大に取り組む〉

福島県沖では、東電福島第一原発の事故の後、沿岸漁業及び底びき網漁業の操業が自粛され、漁業の本格再開に向けた基礎情報を得るため、平成24（2012）年から令和3（2021）年3月末まで、試験操業・販売（以下「試験操業」といいます。）が実施されました。

試験操業の対象魚種は、放射性物質モニタリングの結果等を踏まえ、漁業関係者、研究機

関、行政機関等で構成される福島県地域漁業復興協議会での協議に基づき決定されてきたほか、試験操業の取組で漁獲される魚種及び加工品共に放射性物質の自主検査が行われるなど、市場に流通する福島県産水産物の安全性を確保するための慎重な取組が行われました。

試験操業の対象海域は、東電福島第一原発から半径10km圏内を除く福島県沖全域であり、試験操業への参加漁船数は、当初の6隻から試験操業が終了した令和3（2021）年3月末には延べ2,183隻となりました。水揚量については、令和2（2020）年から更なる水揚量の回復を目指し、相馬地区の沖合底びき網漁業で計画的に水揚量を増加させる取組等を行ってきました。平成24（2012）年に122tだった水揚量は、令和5（2023）年には6,530t（速報値）まで回復しています（図表5－7）。

この試験操業は、生産・流通体制の再構築や放射性物質検査の徹底等、福島県産水産物の安全・安心の確保に向けた県内漁業者をはじめとする関係者の取組の結果、令和3（2021）年3月末で終了し、同年4月からは操業の自主的制限を段階的に緩和し、地区や漁業種類ごとの課題を解決しつつ、震災前の水揚量や流通量へと回復することを目指しています。

福島県産水産物の販路を拡大するため、多くの取組やイベントが実施されています。福島県漁業協同組合連合会では、全国各地でイベントや福島県内で魚料理講習会を開催しています。このような取組を着実に行っていくことにより、福島県の本格的な漁業の再開につながっていくことが期待されます。

水揚げの様子　　　　　　　　料理教室の様子　　　　　　　　イベントの様子
（写真提供：福島県）　　（写真提供：福島県漁業協同組合連合会）（写真提供：福島県漁業協同組合連合会）

図表5－7　福島県の水揚量（沿岸漁業及び底びき網漁業）

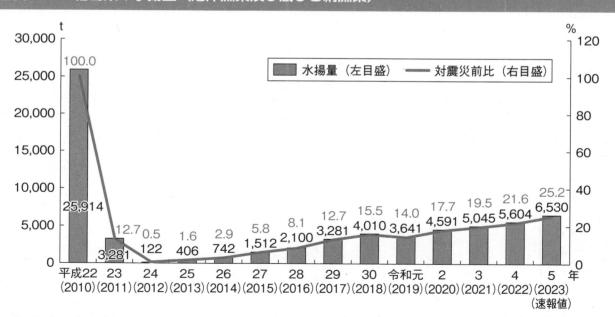

注：平成22（2010）～23（2011）年及び令和3（2021）年4月以降は福島県の港における水揚量。平成24（2012）～令和3（2021）年3月は試験操業の取組による水揚量。

エ　東京電力福島第一原子力発電所事故による風評の払拭
〈最新の放射性物質モニタリングの結果や福島県産水産物の魅力等の情報発信〉

　消費者庁が平成25（2013）年2月から実施している「風評に関する消費者意識の実態調査」によれば、「放射性物質を理由に福島県の食品の購入をためらう」と回答した消費者の割合は減少傾向にあり、令和6（2024）年2月の調査では、4.9％とこれまでの調査で最小となりました（図表5－8）。

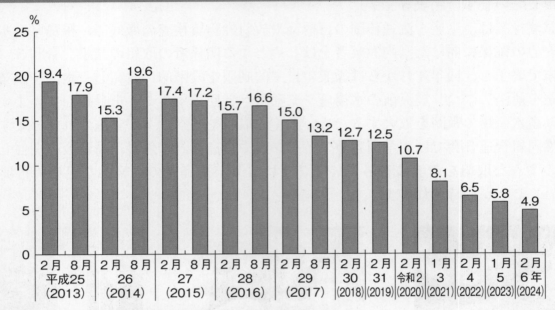

図表5－8　「放射性物質を理由に福島県の食品の購入をためらう」と回答した消費者の割合

資料：消費者庁「風評に関する消費者意識の実態調査」（複数回答可）

　しかしながら、これまでも風評被害が発生してきていることに鑑み、対応していく必要があります。

　風評被害を防ぎ、一日も早く復興を目指すため、水産庁は、最新の放射性物質モニタリングの結果や水産物と放射性物質に関するQ＆A等をWebサイトで公表し、消費者、流通業者、国内外の報道機関等への説明会を行うなど、正確で分かりやすい情報提供に努めています。

　また、被災地県産水産物の販路回復・風評払拭のため、大型量販店において福島県産水産物を「福島鮮魚便」として常設で販売し、専門の販売スタッフが安全・安心とおいしさをPRするとともに、水産物が確実に流通されるよう共同出荷による消費地市場への流通拡大の実証を支援しました。さらに、海外向けに我が国の情報を発信するWebサイトでの福島県を含む被災県産水産物の安全性と魅力をPRする活動等を行いました。これらの取組を通じ、消費者だけでなく、漁業関係者や流通関係者にも正確な情報や福島県産水産物の魅力等の発信を行い、風評の払拭に努めていきます。

東京電力福島第一原子力発電所事故による水産物への影響と対応について（水産庁）：
https://www.jfa.maff.go.jp/j/koho/saigai/

〈令和5（2023）年に5か国・地域で輸入規制措置が撤廃〉

　東電福島第一原発事故に伴い、55か国・地域において、日本産農林水産物・食品の輸入停止や放射性物質の検査証明書等の要求、検査の強化といった輸入規制措置が講じられました。これらの国・地域に対し、政府一体となってあらゆる機会を捉えて規制の撤廃に向けた粘り強い働き掛けを行ってきた結果、令和5（2023）年度にEU等で輸入規制措置が撤廃される等、規制を維持する国・地域は7にまで減少しました（図表5−9）。

図表5−9　原発事故に伴う諸外国・地域の食品等の輸入規制の概要（令和6（2024）年1月時点）

原発事故に伴い諸外国・地域において措置された輸入規制は、政府一体となった働きかけの結果、緩和・撤廃される動き（規制を措置した55の国・地域のうち、48の国・地域で輸入規制を撤廃、7の国・地域で輸入規制を継続）。

規制措置の内容／国・地域数※			国・地域名
事故後輸入規制を措置 55	規制措置を撤廃した国・地域	48	カナダ、ミャンマー、セルビア、チリ、メキシコ、ペルー、ギニア、ニュージーランド、コロンビア、マレーシア、エクアドル、ベトナム、イラク、豪州、タイ、ボリビア、インド、クウェート、ネパール、イラン、モーリシャス、カタール、ウクライナ、パキスタン、サウジアラビア、アルゼンチン、トルコ、ニューカレドニア、ブラジル、オマーン、バーレーン、コンゴ民主共和国、ブルネイ、フィリピン、モロッコ、エジプト、レバノン、UAE、イスラエル、シンガポール、米国、インドネシア、EU、アイスランド、ノルウェー、スイス、リヒテンシュタイン
	輸入規制を継続して措置 7	一部又は全ての都道府県を対象に検査証明書等を要求　2	ロシア、仏領ポリネシア
		一部の都県等を対象に**輸入停止**　5	中国、香港、マカオ、韓国、台湾

※規制措置の内容に応じて分類。規制措置の対象となる都道府県や品目は国・地域によって異なる。

（3）ALPS処理水の海洋放出をめぐる動き

　ALPS処理水の海洋放出をめぐる主な動きは以下のとおりです（図表5−10）。

図表5−10　ALPS処理水の海洋放出をめぐる主な動き

令和3 （2021）年	4月	「東京電力ホールディングス株式会社福島第一原子力発電所における多核種除去設備等処理水の処分に関する基本方針」の決定
	8月	「東京電力ホールディングス株式会社福島第一原子力発電所におけるALPS処理水の処分に伴う当面の対策の取りまとめ」の決定
	12月	「ALPS処理水の処分に関する基本方針の着実な実行に向けた行動計画」の策定 令和3（2021）年度補正予算成立（基金造成のための300億円の措置）
令和4 （2022）年	12月	令和4（2022）年度第2次補正予算成立（基金造成のための500億円の措置）
令和5 （2023）年	8月	ALPS処理水の海洋放出開始 中国、香港及びマカオが日本産水産物の輸入規制の強化を発表
	9月	「水産業を守る」政策パッケージの公表
	10月	ロシアが日本産水産物の輸入規制の強化を発表

ア　ALPS処理水の海洋放出前の取組
〈ALPS処理水の処分に関する基本方針等を策定〉

　ALPS処理水の取扱いについて、令和2（2020）年2月に「多核種除去設備等処理水の取

扱いに関する小委員会」が報告書を取りまとめたことを踏まえて、政府としてALPS処理水の取扱方針を決定するため、福島県の農林水産関係者をはじめ、幅広い関係者からの意見を伺いながら、議論を積み上げてきました。そして、令和3（2021）年4月に開催した「第5回廃炉・汚染水・処理水対策関係閣僚等会議」において、安全性を確保し、政府を挙げて風評対策を徹底することを前提に、「東京電力ホールディングス株式会社福島第一原子力発電所における多核種除去設備等処理水の処分に関する基本方針」を決定しました。

このことを踏まえ、将来生じ得る風評について、現時点で想定し得ない不測の影響が生じ得ることも考えられることから、必要な対策を検討するための枠組みとして、同年4月に「ALPS処理水の処分に関する基本方針の着実な実行に向けた関係閣僚等会議」を開催し、同会議の下に、風評影響を受け得る方々の状況や課題を随時把握していく目的で、経済産業副大臣を座長とする関係省庁によるワーキンググループが新設されました。このワーキンググループは、同年5月から7月まで計6回開催され、地方公共団体・関係団体との意見交換を実施しました。この意見交換を踏まえ、同年8月に開催された同会議において、「東京電力ホールディングス株式会社福島第一原子力発電所におけるALPS処理水の処分に伴う当面の対策の取りまとめ」（以下「当面の対策の取りまとめ」といいます。）が決定され、水産関係では、新たにトリチウム（三重水素）を対象とした水産物のモニタリング検査の実施、生産・流通・加工・消費の各段階における徹底した対策等が盛り込まれました。

また、同年12月には、当面の対策の取りまとめに盛り込まれた対策ごとに今後1年間の取組や中長期的な方向性を整理した「ALPS処理水の処分に関する基本方針の着実な実行に向けた行動計画」（以下「行動計画」といいます。）を策定しました。令和5（2023）年1月には、行動計画が更新・改定され、次世代の担い手となる新規就業者の確保・育成の強化の対象を福島県に加えて近隣県にも拡大する等の取組が追加されたところです。今後も、対策の進捗や地方公共団体・関係団体等の意見も踏まえつつ、随時、対策の追加・見直しを行っていくこととしています。

ALPS処理水の処分に関する基本方針の着実な実行に向けた行動計画（経済産業省）：
https://www.meti.go.jp/earthquake/nuclear/hairo_osensui/pdf/alps_2301_2.pdf

〈ALPS処理水の海洋放出に伴う風評被害の抑制等のため300億円及び500億円の基金を措置〉

当面の対策の取りまとめには、ALPS処理水の海洋放出に伴う風評影響を最大限抑制しつつ、仮に風評影響が生じた場合にも、水産物の需要減少への対応を機動的・効率的に実施することにより、漁業者の方々が安心して漁業を続けていくことができるよう、基金等により、全国的に弾力的な執行が可能となる仕組みを構築することを盛り込んでおり、ALPS処理水の海洋放出に伴う需要対策として「多核種除去設備等処理水風評影響対策事業」を行うため、経済産業省において令和3（2021）年度補正予算により基金造成のために300億円が措置されました。

また、「ALPS処理水の海洋放出に伴う影響を乗り越えるための漁業者支援事業」を行うため、経済産業省において令和4（2022）年度第2次補正予算により基金造成のために500億円が措置されました。

第1部

〈令和4（2022）年6月からトリチウムを対象とする水産物のモニタリングを実施〉

　水産庁は、ALPS処理水の海洋放出に当たり、消費者等の安心の回復と信頼の確保につなげるため、令和4（2022）年6月から新たにトリチウムを対象とする水産物のモニタリング分析を開始しました。ALPS処理水に係るトリチウム等の分析も放射性セシウムの分析と同様の手法により、IAEAとの共同事業の一環として試料採取、分析、比較評価が実施されています。

〈ALPS処理水の海洋放出の決定〉

　ALPS処理水の海洋放出に先立ち、令和5（2023）年8月22日、「第6回廃炉・汚染水・処理水対策関係閣僚等会議」及び「第6回ALPS処理水の処分に関する基本方針の着実な実行に向けた関係閣僚等会議」の合同会議において行動計画が更新・改定され、科学的根拠のない輸入規制措置等への対策が追加されるとともに、「『東京電力ホールディングス株式会社福島第一原子力発電所における多核種除去設備等処理水の処分に関する基本方針』の実行と今後の取組について」が決定され、さらにALPS処理水の具体的な海洋放出時期を同月24日とする見込みが示されました。

第5章

（コラム）トリチウムについて

〈トリチウムとは〉

　トリチウムは水素の一種で、非常に弱い放射線を放出します。トリチウムは原子力発電所の稼働や核実験で生成されるほか、宇宙線の影響によって自然条件下でも生成されます。酸素とトリチウムが結びついた「トリチウム水」は、地球上のあらゆる水の中に普通に存在し、私たちのからだを構成する水分にも数十Bqのトリチウムが存在しています。

〈人体への影響について〉

　放射線には、「α（アルファ）線」、「β（ベータ）線」、「γ（ガンマ）線」、「中性子線」などの種類があります。このうち「トリチウム」が放出するβ線が持つエネルギーは極めて弱く、紙1枚や皮膚で遮られるため、人体への影響は体内に取り込んだ場合に限られます。

　水や食物を通じてトリチウムを体内に取り込んだ場合でも、人体や魚介類に与える影響は極めて小さく、濃縮もされず最終的に体外に排出されます。

主な放射線の種類とその透過力

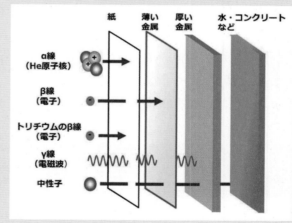

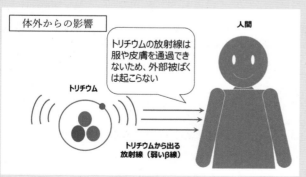

人体にもたらす影響の概要
（資源エネルギー庁Webサイトの図を改変）

〈放出されるALPS処理水の安全性について〉

ALPS処理水は、トリチウム濃度を１L当たり1500Bq未満になるまで海水で薄めてから放出されます。これは、世界保健機構（WHO）の飲料水水質ガイドラインの約７分の１です。また、トリチウムの年間放出量をできるだけ小さくするように、毎年計画を見直すこととしています。

トリチウムは海外の原子力発電所などでも生成され、海洋や河川などへ放出されています。

ALPS処理水によって放出されるトリチウムの年間総量は、海外の多くの原子力発電所等からの放出量と比べても、非常に低い水準となっています。

トリチウムについて（水産庁）：
https://www.jfa.maff.go.jp/
j/koho/saigai/attach/pdf/
index-117.pdf

イ　ALPS処理水の海洋放出とその影響

〈中国等が日本産水産物の輸入を停止〉

令和５（2023）年８月24日のALPS処理水の海洋放出開始を受け、米国は、日本の安全で透明性のある科学に基づいたALPS処理水の海洋放出のプロセスに満足しているとの声明を、EUは、ALPS処理水の海洋放出に対する日本のアプローチが国際的な原子力安全基準及び放射性物質に関する基準の最高水準に合致していると評価したIAEAが令和５（2023）年７月４日に発表した包括的な報告書を歓迎するとの声明を発出しました。

一方、従来の原発事故に伴う輸入規制に加えて、中国及びロシアは全都道府県の水産物を輸入停止としたほか、香港及びマカオは10都県[*1]の水産物等を輸入停止としました（図表5-11）。

我が国では、政府一丸となって、日中首脳会談等の二国間での会議の場や、ASEAN＋3農林水産大臣会合や世界貿易機関（WTO）等の国際的な議論の場において、科学的根拠に基づかない規制の即時撤廃に向けた働きかけを行っています。

図表5-11　ALPS処理水の海洋放出に伴う諸外国・地域の食品等の輸入停止の概要（令和6（2024）年1月時点）

ALPS処理水の海洋放出に伴い諸外国・地域において以下の輸入停止が措置された。

規制措置の内容／国・地域数		国・地域名
海洋放出後輸入停止を措置　4	**全都道府県**の水産物を**輸入停止**	中国、ロシア
	10都県の水産物等を**輸入停止**	香港
	10都県の生鮮食品等を**輸入停止**	マカオ

※この他、タイにおいて日本産水産物に対する輸入時の検査が強化されている。

*1　福島県、宮城県、茨城県、栃木県、群馬県、埼玉県、千葉県、東京都、新潟県及び長野県。

〈トリチウムの迅速分析により分析結果を迅速に公表〉

　ALPS処理水の海洋放出に当たり、水産庁は、令和4（2022）年6月から行っているトリチウムを対象とする水産物のモニタリング分析（精密分析）に加え、令和5（2023）年8月から、短時間でトリチウムの分析が行える手法（迅速分析）を導入し、ALPS処理水の放出口の北北東約4km及び放出口の南南東約5kmで採取した魚類について、採取日から翌々日までに分析結果を公表しています（図表5-12）。

　精密分析は、令和4（2022）年6月から令和6（2024）年3月末までの間、420検体の水産物の分析を実施し、その分析結果は検出限界値（最大で0.408Bq/kg）未満で、放出前後で変化はありませんでした。

　また、迅速分析については、令和5（2023）年8月から令和6（2024）年3月末までの間、174検体の水産物の分析を実施し、その分析結果は検出限界値未満となっており、精密分析と同様に放出前後で変化はなく、海洋放出が問題なく行われていることが裏付けられています。

図表5-12　水産物の放射性物質モニタリングの検体採取地点（トリチウム）

〈精密分析〉

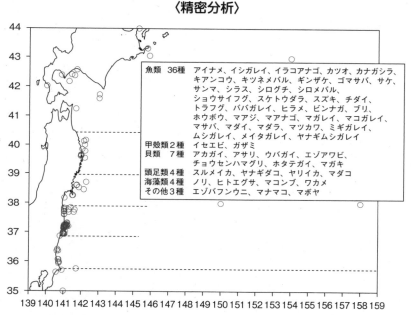

魚類　36種	アイナメ、イシガレイ、イラコアナゴ、カツオ、カナガシラ、キアンコウ、キツネメバル、ギンザケ、ゴマサバ、サケ、サンマ、シラス、シログチ、シロメバル、ショウサイフグ、スケトウダラ、スズキ、チダイ、トラフグ、ババガレイ、ヒラメ、ビンナガ、ブリ、ホウボウ、マアジ、マアナゴ、マガレイ、マコガレイ、マサバ、マダイ、マダラ、マツカワ、ミギガレイ、ムシガレイ、メイタガレイ、ヤナギムシガレイ
甲殻類2種	イセエビ、ガザミ
貝類　7種	アカガイ、アサリ、ウバガイ、エゾアワビ、チョウセンハマグリ、ホタテガイ、マガキ
頭足類4種	スルメイカ、ヤナギダコ、ヤリイカ、マダコ
海藻類4種	ノリ、ヒトエグサ、マコンブ、ワカメ
その他3種	エゾバフンウニ、マナマコ、マボヤ

〈迅速分析〉

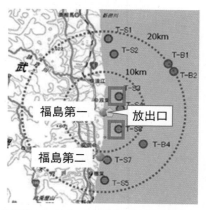

8魚種：ヒラメ、ホウボウ、マゴチ、マダイ、トラフグ、イシガレイ、メイタガレイ、ババガレイ

資料：水産庁調べ
注：1）精密分析の検体の採取地は、北海道、青森県、岩手県、宮城県、福島県、茨城県及び千葉県。
　　2）迅速分析の検体の採取地は、ALPS処理水放出口から南北に約5kmの2地点（赤枠）（福島県下組合長会議資料を改変）。

〈中国への水産物輸出が減少〉

　令和4（2022）年の我が国の水産物輸出額の割合を国別に見ると、中国が22.5%と最も高く、次いで香港が19.5%となっています。また、マカオは0.5%、ロシアは0.1%であり、ALPS処理水の海洋放出開始に伴い我が国水産物の輸入規制を行った4か国・地域の水産物輸出額総額に占める割合は4割を超えています。

　品目別に見ると、ホタテガイ、ナマコ調整品及びホタテガイ調整品においてはこれらの国・地域の占める割合は5割を超え、カツオ・マグロ類においては35%を超えています（図表5-13）。

　このような中、令和5（2023）年7月の中国による輸入審査の厳格化を受け、同月から我が国から中国への水産物輸出に際し通関手続の所要日数の大幅な延長が一部発生し、同月の

中国向け水産物の輸出額は対前年同月比で約23％減少しました。

その後、同年8月の中国による輸入規制の強化により、8月以降中国への輸出額が大幅に減少し、令和5（2023）年の中国への水産物輸出額は対前年で約30％減少しました。一方、香港への水産物輸出額は、真珠等の輸出の増加により約35％増加しました（図表5－14）。

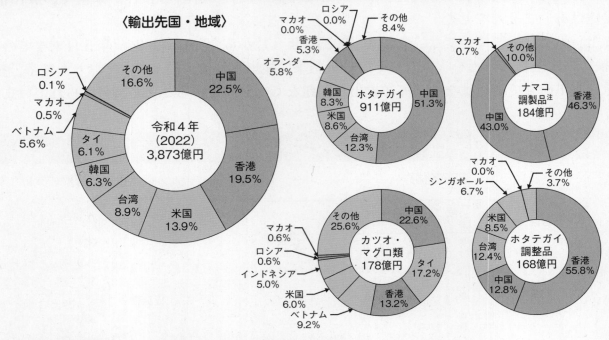

資料：財務省「貿易統計」（令和4（2022）年）に基づき水産庁で作成
注：ナマコについては、このほかナマコ（調整品以外）（28億円）が輸出されている。

図表5－14　中国及び香港への水産物の輸出額の推移

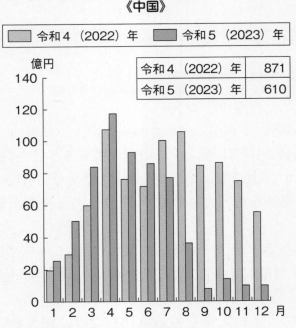
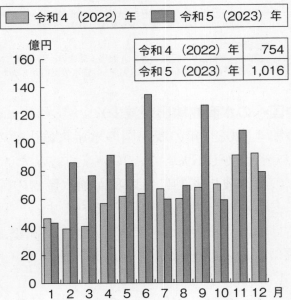

資料：財務省「貿易統計」に基づき水産庁で作成

〈国内における水産物等の動向〉

ALPS処理水の海洋放出以降、東京都中央卸売市場等の大規模消費地市場では国内の水産物価格は全体の傾向として大幅な下落は見受けられていません。一方、中国への輸出に依存していた一部の魚介類については、産地では価格の下落が見られており、特に中国での殻剥き加工等用に輸出していた北海道のホタテガイについては、加工業者等の在庫が滞留し、一部の産地で価格の下落が継続しているとの声もあります。このように、国内における全体的な風評影響は見受けられないものの、中国等の輸入規制による影響が見られています。

こうした状況の中、引き続き、影響を受ける水産物について、一層の消費拡大や輸出先の転換・多角化が必要となっています。

ウ 「水産業を守る」政策パッケージの実施等

〈「水産業を守る」政策パッケージの策定〉

令和5（2023）年9月4日、政府は、ALPS処理水の海洋放出開始以降の中国等の輸入規制強化を踏まえ、科学的根拠に基づかない措置の即時撤廃を求めていくとともに、全国の水産業支援に万全を期するため、既に措置された300億円及び500億円の基金による支援、東京電力による賠償等に加え、特定の国・地域への依存を分散するための207億円の緊急支援事業を創設し、1）国内消費拡大・生産持続対策、2）風評影響に対する内外での対応、3）輸出先の転換対策、4）国内加工体制の強化対策及び5）迅速かつ丁寧な賠償の5本柱からなる「水産業を守る」政策パッケージを示しました（図表5－15）。

また、令和5（2023）年11月には、補正予算により輸出拡大に必要なHACCP[*1]等対応の施設・機器整備、加工原材料の買取・一時保管、「地域の加工拠点」施設等を整備する事業等の支援が措置されました。

---

*1 Hazard Analysis and Critical Control Point：危害要因分析・重要管理点。原材料の受入れから最終製品に至るまでの工程ごとに、微生物による汚染や金属の混入等の食品の製造工程で発生するおそれのある危害要因をあらかじめ分析（HA）し、危害の防止につながる特に重要な工程を重要管理点（CCP）として継続的に監視・記録する工程管理システム。国際連合食糧農業機関（FAO）とWHOの合同機関である食品規格（コーデックス）委員会がガイドラインを策定して各国にその採用を推奨している。

図表5-15 「水産業を守る」政策パッケージの概要

「水産業を守る」政策パッケージ
総額1007億円【300億円基金、500億円基金、予備費207億円】

令和5年9月4日
農林水産省、経済産業省、
復興庁、外務省

- ALPS処理水の海洋放出以降の一部の国・地域の輸入規制強化等を踏まえ、科学的根拠に基づかない措置の即時撤廃を求めていくとともに、全国の水産業支援に万全を期すべく、既に用意した800億円の基金による支援や東電による賠償に加え、特定国・地域依存を分散するための緊急支援事業を創設（3、4①②）する。
- 具体的に、以下の5本柱の政策パッケージを策定し、早急に実行に移すとともに、必要に応じて機動的に予算の確保を行い、全国の水産業支援に万全を期す。

1．国内消費拡大・生産持続対策

①国内消費拡大に向けた国民運動の展開（ふるさと納税の活用等）
②産地段階における一時買取・保管や漁業者団体・加工/流通業者等による販路拡大等への支援（300億円基金の活用）
③国内生産持続対策（相談窓口の設置、漁業者・加工/流通業者等への資金繰り支援、出荷できない養殖水産物の出荷調整への支援、新たな魚種開拓等支援、燃油コスト削減取組支援）（300億円基金、500億円基金の活用等）等

2．風評影響に対する内外での対応

①一部の国・地域の科学的根拠に基づかない措置の即時撤廃の働きかけ
②国内外に向けた科学的根拠に基づく透明性の高い情報発信、誤情報・偽情報への対応強化
③販売促進・消費拡大に向けた働きかけやイベント実施、観光需要創出、小売業界の取引継続に向けた環境整備等

3．輸出先の転換対策

①輸出減が顕著な品目（ほたて等）の一時買取・保管支援や海外も含めた新規の販路開拓を支援【予備費】
②ビジネスマッチングや、飲食店フェアによる海外市場開拓、ブランディング支援　【予備費】　等

4．国内加工体制の強化対策

①既存の加工場のフル活用に向けた人材活用等の支援【予備費】
②国内の加工能力強化に向けた、加工/流通業者が行う機器の導入等の支援【予備費】
③輸出先国等が定めるHACCP等の要件に適合する施設や機器の整備や認定手続を支援（既存予算の活用）

5．迅速かつ丁寧な賠償

一部の国・地域の措置を受け輸出に係る被害が生じた国内事業者には、東京電力が丁寧に賠償を実行
（注）今回の予備費による措置は、単年度事業として対応。

〈国内消費拡大に向けた取組〉

中国等の輸入規制措置により影響を受ける水産物の国内の消費拡大に向けた対策として、学校給食・子ども食堂等への水産物の提供や、創意工夫による多様な販路拡大の取組への支援を行っています。また、補正予算においては、特に影響の大きいホタテガイやナマコについて、当該支援を積み増して支援しています。

また、消費者に向けた多様な媒体・方法によるALPS処理水に関する広報活動の実施や、公正な取引が行われるよう、流通事業者等に対する説明会等の実施への支援を行っており、例えば量販店等において、三陸・常磐産の水産物の魅力や安全性について発信するイベント等が行われました。農林水産省においても、SNS*1等を活用した消費拡大に向けた発信を行っており、例えば農林水産省公式X（旧Twitter）による「#食べるぜニッポン」の投稿は令和6（2024）年3月末時点で3,022万回以上の閲覧がありました。

くわえて、輸入停止等により影響を受ける産地水産物を返礼品とするふるさと納税への寄付の増加が見られていることや、駐日米国大使が在日駐留米軍向けに日本産水産物を購入する意向を明らかにするなど、輸入停止等により影響を受ける産地を応援する取組が見られています。また、北海道森町等の産地自治体が、全国の小中学校に対し影響を受けた北海道産

---

*1　Social Networking Service：登録された利用者同士が交流できるWebサイトの会員制サービス。

のホタテガイを学校給食の食材として無償提供する取組を行うなど、各地で消費拡大の取組が行われています。

〈国内生産持続に向けた取組〉

輸入規制措置等により影響を受ける水産物の需要減少への対応として、漁業者団体等が行う販路拡大等の取組や水産物の一時的買取り・保管への支援を行うとともに、出荷が困難となった養殖水産物を養殖場に留め置くために追加的に必要な飼餌料費等の支援も措置しています。

また、ALPS処理水海洋放出の影響のある漁業者に対し、売上高向上や基本コスト削減により持続可能な漁業継続を実現するため、当該漁業者が創意工夫を凝らして取り組む新たな魚種・漁場の開拓等に係る漁具等の必要経費、燃油コスト削減や魚箱等コストの削減に向けた取組、省エネルギー性能に優れた機器の導入に要する費用に対して支援を行っています。

さらに、水産関係事業者への資金繰り支援として、株式会社日本政策金融公庫の農林漁業セーフティネット資金等について、対象要件の緩和や特別相談窓口の設置等を行うとともに、漁業信用基金協会の保証付き融資について、実質無担保・無保証人化措置を講じました。

〈輸出先転換に向けた取組〉

中国等の輸入規制措置を踏まえ、安定的な輸出を継続できるサプライチェーンを構築することが必要です。このため、輸入規制措置等により影響を受ける水産物の輸出先の転換に向けた対策として、独立行政法人日本貿易振興機構（JETRO）においては、令和5（2023）年8月に特別相談窓口を設置し、輸入規制等に影響を受けた企業からの相談に対応しているほか、同年9月に「水産品等食品輸出支援にかかる緊急対策本部」を設置し、「水産業を守る」政策パッケージに基づき、海外見本市への出展やバイヤー招へい等による商談機会の組成、また、日本食品海外プロモーションセンターでは、海外の要人が参加する国際会議等での水産物のプロモーションイベント、海外の飲食・小売店等と連携した水産物フェア等に取り組んでいます。

また、中国へ冷凍両貝で輸出されたホタテガイの一部は、中国でむき身に加工された後に米国向けに輸出されていることから、農林水産省は、JETRO等と連携しベトナム、メキシコ等で殻剥き加工を行い米国等へ輸出するルートの構築等を進めて、輸出先の多角化に取り組んでいます。

〈国内加工体制の強化に向けた取組〉

中国等による輸入規制強化を踏まえ、特定国・地域依存を分散し、国内外の販路拡大を行うため、例えば中国に殻剥き依存していたホタテガイについては、輸出先のニーズに合わせ、国内で殻を剥くことが重要です。このため、予備費において、加工作業員確保のための人件費の支援や加工能力強化に係る機器導入への支援に加え、補正予算においても、広く地域のホタテガイ加工に貢献し、欧米等海外への輸出拠点となる「地域の加工拠点」の整備費用を支援しています。

また、EUや米国等へ水産物を輸出するためには、水産加工施設等が輸出先国・地域から求められているHACCPの実施、施設基準の適合が必要であることから、HACCP等の要件に適合する施設や機器の整備や認定手続きを支援しています。

（4）令和6年能登半島地震*1からの復旧・復興

〈地震・津波による被害の状況〉//

　令和6（2024）年1月1日午後4時10分、石川県能登地方（輪島市の東北東30km付近）の深さ16kmを震源として、マグニチュード7.6（暫定値）の地震（以下「本地震」といいます。）が発生しました。本地震により、石川県輪島市や志賀町で最大震度7を観測したほか、能登地方の広い範囲で、震度6強や6弱の揺れを観測し、様々な被害が発生しました。この揺れの前後にも、規模の大きな地震が発生し、強い揺れが長く続きました。本地震は、逆断層型で、地殻内で発生した地震でした。

　本地震により、津波も引き起こされました。この津波は、震源に近い石川県を中心に、富山県、新潟県、福井県をはじめとした北海道から九州地方にかけての日本海沿岸で観測されました。現地調査での推定によると、石川県能登町や珠洲市で4m以上の津波の浸水高が、新潟県上越市で5m以上の遡上高*2が見られました。また、本地震により、地盤隆起も、能登半島の外浦地域の海岸等において生じました。国土地理院による測地観測データの解析によれば、最大4m程度の地盤隆起が報告されており、漁港内の海底でも隆起が見られ、漁港の利用や漁業の操業に支障が生じているところです。

　本地震による死者は244人を超え（令和6（2024）年3月29日時点。災害関連死を含む。）、多くの人命が失われました。建造物の被害は、全壊約9千戸、半壊約1万9千戸、一部損壊約8万4千戸（同月26日時点）となっており、多くの方々が家や家財道具を失いました。いまだに約8千人の被災者が避難生活を余儀なくされています（同月29日時点）。また、石川県では、最大で約4万戸が停電し、電力、水道、ガス等のインフラに多大な被害がありました。電力、ガスについては、ほぼ復旧しましたが、水道については、最大で約5万6千戸が断水し、石川県輪島市、珠洲市、能登町などで、約8千戸について、給水が再開されていません（同月29日時点）。

現地調査で約4mの隆起を確認
（鹿磯漁港　画像提供：国土地理院）

地盤が隆起し、磯に乗り上げた船
（鹿磯漁港）

---

*1　気象庁が定めた名称で、令和6（2024）年1月1日に石川県能登地方で発生したM7.6の地震及び令和2（2020）年12月以降の一連の地震活動のことを指す。

*2　津波が海岸に到達後、陸地をはい上がり、最も高くなった地点の高さを、平常潮位面から計測した高さ。

本地震の震源に近い石川県は、遠浅の砂浜が広がる加賀海域、岩礁域が広がる能登外浦海域、急深な能登内浦海域、一年を通じて平穏な七尾湾など変化に富んだ海岸線を有し、各海域でそれぞれの環境に応じた多種多様な漁業が営まれています。加賀海域には、ズワイガニ、ホッコクアカエビ（アマエビ）、カレイ類などが生息する砂泥域が広がり、底びき網漁業が発達しています。能登外浦海域は、岩礁や離島が点在する複雑な海底地形が特徴であり、底びき網漁業、刺網漁業、釣り漁業、定置漁業、まき網漁業、海女漁など、多種多様な漁法が発達しています。能登内浦海域は、急深であり、ブリなどの回遊魚が岸近くまで来遊するため、定置漁業が発達しているほか、小木港は、沖合でのいか釣り漁業の基地となっています。七尾湾は、波静かで、小河川が多く流れ込み、栄養塩類が豊富なため、カキやトリガイの垂下式養殖業が行われているほか、内湾に生息するナマコなどを漁獲する底びき網漁業も発達しています。石川県では、底びき網漁業、いか釣り漁業、まき網漁業、定置漁業が、基幹となる漁業であり、令和4（2022）年には、この四つの漁法で、県全体の生産量の75％[*1]を占めています。このほか、小規模な個人経営体が主体である刺網漁業、釣り漁業、海女漁などが営まれており、これらの漁法は、平成30（2018）年の経営体数としては、県内の全経営体数の61％[*2]を占めています。

　富山県では、海岸線がゆるやかな弓状をなし、総延長約100kmに及んでいます。富山湾は急峻で、最深部は1,100〜1,200mとされ、沿岸部には海底谷が複雑に発達しています。沿岸では、古くから定置漁業が盛んで、ブリ、マイワシ、アジ、ホタルイカなどの浮魚類が主な漁獲対象となっているほか、シロエビやアマエビを漁獲対象とする小型底びき網漁業、ヒラメ等の底魚類を漁獲対象とする刺網漁業が行われています。令和4（2022）年には、この三つの漁法で、県全体の生産量の75％[*3]を占めています。このほか、沿岸部ではワカメ等の養殖業が行われています。また、沖合では、ベニズワイガニやバイ類を漁獲対象とするかごなわ漁業が富山湾近辺で行われています。

　新潟県は佐渡島と粟島の2島を有し、海岸線は、総延長630kmに及んでいます。中越及び下越地区では広い大陸棚を有し、上越地区は、沿岸から急峻となる異なった地形となっています。佐渡地区は、岩礁域の海岸線が長く、沖合には、天然礁が点在し、複雑な漁場が形成されています。県内では、漁船漁業中心であり、定置、小型底びき網、刺網、かご漁業の割合が大きくなっています。

　本地震の発生により、水産業関係では、漁船、漁具、漁港施設（岸壁、護岸等）、荷さばき所、給油施設、製氷・貯氷施設、冷凍庫・冷蔵庫、漁具倉庫、水産加工場、カキ、トリガイ等の養殖施設、サケふ化場、造船所など、水産業を支えるあらゆる生産基盤に甚大な被害がもたらされました。本地震による地盤隆起により、漁港内の海底が露出したり、泊地等の水深が浅くなることで、漁船が出港できなくなる、岸壁に接岸しての陸揚作業が難しくなる、津波により、大量のがれきや泥が漁港内や港につながる航路、漁場等に堆積する、漁船が漁港内外に打ち上げられるといった被害も生じています。海上保安庁の調査では、富山湾の海底において、谷の斜面が本地震により崩壊していることが明らかになり、津波の発生源である可能性が指摘されています。本斜面の崩壊により、漁場が荒廃し、漁業への影響が生じる

＊1　農林水産省「漁業・養殖業生産統計」

＊2　農林水産省「2018年漁業センサス」。経営体における販売金額1位の漁業種類が、刺網漁業、釣漁業、潜水器漁業及び採貝・採藻漁業の割合。

＊3　農林水産省「漁業・養殖業生産統計」

ことが懸念されているところです。

　さらに、漁港の後背地の漁村集落においても、本地震により、多数の漁業者の住居が損壊しました。被害が甚大だった能登地域は、三方を海に囲まれる半島であり、山がちで道路網の整備が難しく、また、幹線交通体系から離れているなどの交通アクセスの面で不利な条件を抱えていました。このため、陸路でのアクセスが困難な被災地が多数あったことから、本地震の発生を受け、一部地域では、道路、水道、電気等の復旧に時間を要し、生活再建の動きを始められない状況や外部からのアクセスが途絶する孤立集落が発生する状況が見られました。このような状況の下、水産関係の被害状況の全容把握には、時間を要しています（図表5－16）。

津波により転覆したいか釣り漁船
（鹿磯漁港）

地震による物揚場の沈下と割れ
（石崎漁港）

地震により岸壁が損傷し、
津波により漁船が乗り上げた様子
（鵜飼漁港）

津波により漁船が岸壁に乗り上げた様子
（松波漁港）

図表5－16　令和6年能登半島地震による水産関係の被害状況

この表は、地震発生後から令和6（2024）年3月29日までに都道府県から報告を受けた被害状況を取りまとめたものであり、調査中のものや推定値を多く含む暫定的なものです。

主な被害	被害数	主な被害地域
漁船	291隻以上	石川県（調査途上であり、今後大幅に増加することが見込まれる）、富山県、新潟県
漁港施設	73漁港	
卸売市場、加工施設等共同利用施設	96施設以上	
養殖施設	8件以上	
漁具	90件以上	

石川県	・265隻以上の漁船が被害。 ・60漁港が被害。 ・石川県漁協の27か所で、断水や浸水が起こるとともに、冷凍冷蔵施設、倉庫、選別機の損壊等の被害。 ・七尾市公設地方卸売市場では、断水、地盤陥没等の被害。金沢市中央卸売市場では、卸売場や低温貯蔵庫の天井材が一部落下する被害。 ・カキ及びトリガイの養殖施設が被害。
富山県	・8隻の漁船が被害。 ・10漁港が被害。 ・給油施設の建屋及び燃油タンクの傾き、製氷貯氷庫の損傷、種苗生産施設の損傷等の被害。 ・とやま市漁業協同組合四方地方卸売市場では、場内で段差が生じ、新湊漁業協同組合地方卸売市場では、断水の被害。 ・定置網45ヶ統で、破損、流出等。かご縄や刺網の流出（38件）の被害。
新潟県	・17隻の漁船が被害。 ・3漁港が被害。 ・荷さばき所の液状化、漁船巻き上げ機の浸水、加工場のシャッター破損等の被害。 ・刺網やばい篭の流出・損傷、定置網のアンカーロープの切断、陸上で保管していた漁網の流出の被害。
福井県	・1隻の漁船が被害。

資料：石川県、富山県、新潟県、福井県からの報告に基づき、水産庁で作成

〈政府及び農林水産省の対応〉

　政府においては、本地震の発生を受けて、令和6（2024）年1月1日、内閣府特命担当大臣（防災担当）を本部長とする「特定災害対策本部」が設置され、その後、同日、内閣総理大臣を本部長とする「非常災害対策本部」に移行されました。また、非常災害現地対策本部を設置し、各府省から多数の職員が、地方公共団体の復旧、復興の取組を支援するために派遣されました。さらに、本地震を対象とし、同月11日に「特定非常災害」及び「激甚災害」、19日に「非常災害」の指定が行われるとともに、25日に「被災者の生活と生業（なりわい）支援のためのパッケージ」を政府として取りまとめ、被災地支援を行っていくこととしています（図表5－17）。

　また、政府では、本地震からの復旧・復興を、関係府省の連携の下、政府一体となって迅速かつ強力に進めるため、同月31日に、閣僚全員を構成員とする「令和6年能登半島地震復旧・復興支援本部」を設置しました。同本部を司令塔として、被災地方公共団体と緊密に連

第1部

第5章

携し、被災者の方々の帰還と被災地の再生まで責任を持って取り組むこととしています。農林水産省としても、漁港、農地、林地等の早期復旧や事業再開に向けた支援など、被災した農林漁業者の一日でも早い生業再建に向け、全力で取り組んでいくこととしています。

図表5－17　被災者の生活と生業（なりわい）支援のためのパッケージ

水産関係に対する支援

漁港の被害（海底地盤隆起）、
漁船の座礁

- 地域の将来ビジョンを踏まえた復旧方針検討、**水産基盤の被害実態の緊急調査**等の被害状況調査を早期に行い、災害復旧事業等による漁港、海岸等の**早期復旧**を支援（激甚指定による国庫補助率嵩上げ：漁港等の公共土木施設70%→83%※）、（査定前着工制度の活用、机上査定限度額引上げによる査定効率化）
  ※過去5か年の実績の平均
- 災害復旧と連携した里海資源を活かした海業振興等の**漁港機能強化対策**等を実施（国庫補助率1/2等）
- **漁業者等による漁場の復旧の取組**を支援（定額）
- **漁船・漁具**、養殖施設の復旧に向けた取組や、荷さばき施設、冷凍冷蔵施設等の**水産業共同利用施設の復旧**、加工原料の確保に向けた取組等を支援（国庫補助率1/2等）
- 被災漁業者等の漁業の再開までの間、他の漁船や他地域の漁業者等が被災漁業者等を一時的に雇用して行う**研修を支援**（最大18.8万円/月、２年間）、被災漁業者等への**金融支援**（貸付当初５年間の実質無利子化、農林漁業セーフティネット資金等の貸付限度額の引上げ　等）

農林水産省においても、同月１日、農林水産大臣を本部長とする「農林水産省緊急自然災害対策本部」を設置しました。水産庁においても、同本部からの情報等を踏まえ、随時、庁内関係者による打合せを開催するなどにより、情報共有を図り、水産関係の被害状況を把握し、復旧・復興のための地域ニーズへの対応を迅速に図ってきています。

上空から蛸島漁港の被害状況を確認する
坂本農林水産大臣

輪島港の被害状況について説明を受ける
坂本農林水産大臣

水産庁では、同月６日から14日にかけて、水産関係団体等から無償で提供を受けた支援物資（飲料水、缶詰、カイロ等）及び北陸農政局から提供された備蓄食料（アルファ化米等）を積み込んだ水産庁の漁業取締船「はやと」（499トン）、「おおくに」（1,282トン）、「白萩

丸」（916トン）、「白嶺丸」（913トン）が、石川県珠洲市の蛸島漁港へ支援物資を輸送（石川県や石川県漁協と調整の上、地元の漁業者と連携）しました。「はやと」は、蛸島漁港及び同市の狼煙漁港の被災状況の調査も行いました。同月31日から2月7日には、石川県の要請を受け、水産庁は、国立研究開発法人水産研究・教育機構に緊急調査を依頼し、同機構は漁業調査船「北光丸」（902トン）を能登半島及び舳倉島周辺に派遣して、ドローンによる漁港・漁場の調査並びに海洋環境及び魚礁の緊急調査を実施しました。

金融関係においても、水産庁は、関係金融機関等に、本地震による被害を受けた漁業者等に対する資金の円滑な融通や既住債務の償還猶予等が適切に講じられるよう要請しました。また、漁業共済団体及び漁船保険団体に対しても、被害の早期把握、迅速な損害評価の実施及び共済金・保険金の早期支払を依頼しました。これを受け、漁業共済団体及び漁船保険団体は、被災漁業者の現地調査を行い、被害を早期に把握し、迅速に損害を評価し、共済金・保険金の早期支払の実施に努めているところです。

さらに、水産庁は、MAFF-SAT[*1]として、職員を現地に派遣し（123人日。同年3月末時点。）、水産関係被害の把握、技術支援等を行いました。また、22都道県[*2]から、職員を派遣いただき（781人日。同年3月末時点。水産庁調べ。）、水産庁からの派遣職員と連携し、被災地の漁港施設の被災状況の把握調査、災害査定などを支援しました。

水産庁の漁業取締船「おおくに」への
支援物資の積込みの様子

漁船保険団体の現地調査の模様

〈水産関係団体の被災地支援の取組〉

全国の水産関係団体も迅速に被災地支援に取り組みました。JF全漁連と一般社団法人大日本水産会は、地震発生直後に対策本部を設置し、被害状況の把握や現地への支援の取組を開始しました。

JF全漁連では、被災地に向けて、水産庁の漁業取締船を通じて、支援物資の提供を行ったほか、会員中心に支援募金を呼びかけるなどの取組を行いました。一般社団法人大日本水産会も、同様に、支援物資の提供や会員などからの義援金の募集を行いました。同会は、令和6（2024）年2月21日及び22日に開催された第21回シーフードショー大阪において、「能

---

*1　農林水産省・サポート・アドバイス・チームの略称で、災害発生時に、農林水産省から被災した地方公共団体に職員を派遣し、迅速な被害の把握や被災地の早期復旧を支援。

*2　北海道、青森県、岩手県、宮城県、山形県、福島県、千葉県、東京都、神奈川県、福井県、静岡県、愛知県、三重県、島根県、岡山県、広島県、山口県、愛媛県、福岡県、長崎県、熊本県及び鹿児島県。

登半島地震支援ブース」を設け、石川県の水産業に係る被害状況や操業再開についての情報提供などを行いました。

　また、一般社団法人水産土木建設技術センターは、職員を派遣し、水産庁からの派遣職員と連携し、被災地の漁港施設の被災状況の把握調査を支援しました。一般財団法人漁港漁場漁村総合研究所は、被災地の漁港及び漁業集落排水施設の被災状況調査を行いました。公益社団法人全国漁港漁場協会も、漁港の災害復旧のため、同協会のボランティア派遣制度を活用して、石川県に漁港の災害復旧支援のためボランティアを派遣しました。

〈漁港の復旧事業への着手及び被災地域の水産業の再開状況〉

　本地震では、主に石川県の漁港で、地盤隆起や津波により、甚大な被害が生じました。水産庁では、被災した漁港、海岸等の被害実態の緊急調査を実施するとともに、災害復旧事業等による早期復旧を支援しています（図表5-18）。また、今回の被災状況の甚大さ及び複雑さに鑑み、大規模災害からの復興に関する法律[*1]に基づき、国の代行による漁港及び漁港海岸の復旧工事を実施することとしました。具体的には、石川県管理の狼煙漁港及び珠洲市管理の鵜飼漁港海岸について、石川県知事及び珠洲市長からの要請を受け、水産庁が代行工事を実施することとしています。さらに、地震で被災した輪島港等において、水産庁及び国土交通省は、石川県と連携して、座礁や損傷によって身動きが取れない漁船の移動に向けた対応を行っています。国土交通省は、漁船の航行に必要な水深を確保するため、漁船だまりの啓開作業及び港湾内の浚渫作業を実施するとともに、水産庁は、サルベージ船による漁船の移動に対する支援を行うこととしています。

＊1　平成25年法律第55号

図表5-18 能登半島の漁港の被災調査状況

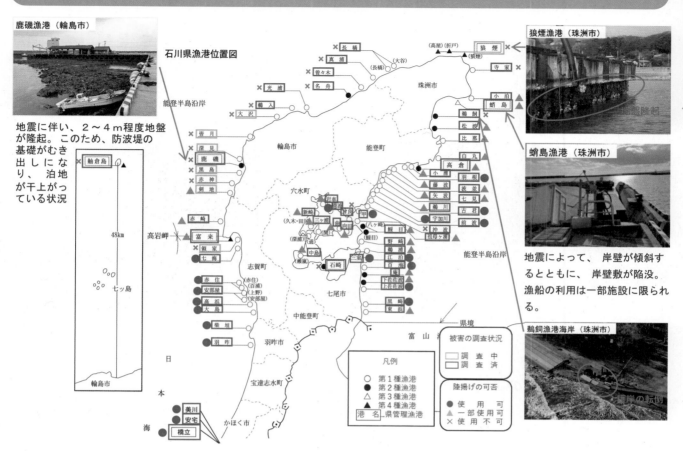

鹿磯漁港（輪島市）

地震に伴い、2～4m程度地盤が隆起。このため、防波堤の基礎がむき出しになり、泊地が干上がっている状況

石川県漁港位置図

狼煙漁港（珠洲市）

蛸島漁港（珠洲市）

地震によって、岸壁が傾斜するとともに、岸壁敷が陥没。漁船の利用は一部施設に限られる。

鵜飼漁港海岸（珠洲市）

被害の調査状況
□ 調査中
□ 調査済

陸揚げの可否
● 使用可
▲ 一部使用可
× 使用不可

凡例
○ 第1種漁港
● 第2種漁港
△ 第3種漁港
▲ 第4種漁港
港名..県管理漁港

資料：石川県からの報告に基づき水産庁で作成
注：令和6（2024）年3月28日時点

被災した輪島港の全景

地盤隆起により出航できなくなった漁船

　石川県や富山県内の漁業については、地震により操業が休止した地域が多数ありました。被災者の生活も完全に平常に復帰したとはいえず、漁業関係施設が損傷している中、岸壁、物揚場などの漁港設備の応急復旧工事を進め、断水したり、燃油タンクが損傷している状況下、操業に必要な氷や燃油を、金沢市、七尾市などから輸送するといった対応を進め、一部では順次操業の再開が見られるようになりました。能登半島の外浦地域においては、志賀町の富来漁港で、令和6（2024）年1月中旬から月末にかけて、定置漁業、底びき網漁業などが再開しました。内浦地域の七尾市や能登島周辺でも、1月上旬に定置漁業が、1月中旬から一部のかき養殖事業者の出荷が、3月24日から底びき網漁業が再開しました。特に被害が大きかった珠洲市においても、蛸島漁港で、1月下旬に定置漁業が、3月下旬には底びき網

漁業が再開しました。

　さらに、卸売市場についても、七尾市公設地方卸売市場が、地震による断水、敷地内の一部での陥没等により、1月中の営業（競り）停止となりましたが、2月1日から、営業を再開しました。

　水産加工業においても、多数の事業者が被災しましたが、徐々に製造を再開しているところも見られます。

七尾市公設地方卸売市場の構内の被災状況

〈被災地域の水産業の復旧・復興に向けて〉

　被災地域の水産業の早期の復興を図ることは、地域経済や生活基盤の復興に直結するだけでなく、国民に対する豊かな水産物の供給を確保する上でも、極めて重要な課題です。

　被災した水産関係者の方々が、困難を乗り越え、将来への希望と展望をもって水産業を再開できるよう、政府としても、漁業・加工流通業の再建や、漁港、漁場、漁船、養殖施設、さらには、漁村全体の復旧・復興に取り組むこととしています。

　漁業・漁村の復旧・復興に際しては、生業の場としての漁場と漁港は、生活の場としての漁村集落と一体性があるため、生業と生活のあり方をまとめて考えていく必要があります。こうしたあり方を踏まえると、漁業やそれを支える漁村集落の将来像を描いていくためには、漁場や漁港、製氷施設等の共同利用施設など漁業に必要となる施設と、漁村集落のインフラをどうしていくのかについては、漁業者、漁協などの漁業関係者だけでなく、漁村集落に居住する地域住民も含めた関係者全体で議論していくことが必要となります。

　令和6（2024）年2月22日には、内閣府と内閣官房が、「復興まちづくりに当たっての参考資料」を作成し、被災した地方公共団体に、情報提供を行い、関係府省が連携の上、被災した地方公共団体の復興まちづくりを継続的に支援することとしています。農林水産省としても、被災した地方公共団体が、これを参考にして地域の実情に応じた創意工夫が施された復興まちづくりを進められるよう、地域の計画の策定、事業の実施について、丁寧に相談に応じていくこととしています。また、被災地域の漁業関係者をはじめとした地域住民の方々が、各地域で、議論して描いた姿を実現するための支援を、各地域の実情を見据えつつ、行っていくこととしています。

　当面の復旧対策として、令和5（2023）年度の予備費により、漁港の災害復旧等、災害復旧と連携した漁港機能回復・強化対策、漁船、市場、加工施設、関連施設等の回復（被災した漁船・定置網等の漁具の復旧のため、漁協等が行う漁船・定置網等の漁具の導入、被害を受けた養殖施設の復旧支援等）、漁業活動再開・継続への支援（被災した漁場の機能や生産

力の再生・回復を図るため、漁業者等が行う漁場の状況を把握するための調査、漂流・堆積物の除去、漁場環境の改善等の取組支援等）を行うこととしています。

また、石川県、富山県、新潟県で、令和6（2024）年3月末時点では、合わせて20漁港と一部の共同利用施設について、応急工事を進めているところです。具体的には、2月20日に、石川県珠洲市の蛸島漁港で、地震により大きな段差が生じた岸壁の段差の解消工事を行い、岸壁の利用を再開しました。同県七尾市の鰀目漁港では、同様に、段差が生じた物揚場の段差を解消する工事を、1月26日から2月9日まで行い、物揚場の利用を再開しました。他の漁港でも、順次、応急工事を進めているところです。さらに、石川県における地盤隆起等甚大な被害を受けた漁港等について、県全体の復旧方針を検討するため、国も協力しつつ、漁業者・漁業関係団体、市町等の行政機関、研究機関などで構成する協議会を、3月25日に設置し、議論を開始しています。

そのほか、水産関係の支援策を漁業者等にきめ細かく周知するなど、現地対応力を強化するため、3月22日、石川県金沢市に水産庁の職員が常駐する事務所を開設し、4月12日、同事務所を奥能登地域（穴水町）に移転しました。

蛸島漁港（石川県珠洲市）の応急工事の模様

（被災後）

（復旧作業の状況）

鰀目漁港（石川県七尾市）の応急工事の模様

（被災後）

（復旧作業の状況）

水産業・漁村地域の活性化を目指して
―令和5（2023）年度農林水産祭受賞者事例紹介―

天皇杯受賞（水産部門）
産物（水産加工品）
株式会社半七（代表：窪田　博晃　氏）

　富山県北西部に位置する氷見市は、様々な魚種の好漁場となっている富山湾に面しています。定置網漁業発祥地の一つとされており、氷見漁港で水揚げされる「ひみ寒ぶり」はブランド魚として有名です。

　大正2（1913）年に創業した株式会社半七が製造する「とろ旨氷見いわし」は、氷見産の厳選された体長25cm以上の良質なマイワシを原料に、創業以来引き継がれてきた秘伝の調味液を用いて、手開き等の丁寧な作業で作られている大羽イワシのみりん干しです。伝統的な手法で製造された本品は、令和5（2023）年に導入した最新のプロトン冷凍機で急速冷凍を行って品質向上を図り、また、脂質含量が高い原料を使用していることから、賞味期限を短く設定することで製品の脂質の酸化を防いでいます。

　また同社は、氷見の魅力発信の代表となる製品の製造や、氷見の朝獲れ魚を使用した幼児食チルド宅配サービスの製造等、氷見の魚のブランド力を高める取組を行っているほか、市内の小学生を対象とした魚さばき教室への従業員の派遣や、町内の除雪作業を通じ、地域に大きく貢献しています。

　従来のみりん干しの硬いイメージを打破した柔らかく食べやすい本品は、加工品製造の多くが機械化されている現代において、全て手作業で製造されていることに希少価値があり、手作りの良さが見直されている潮流から、普及性が高いと考えられることが評価されました。また、同社は、伝統を守りつつ時代に沿った形の鮮魚、水産製品の提供に努め、SDGsへつなげる取組を計画していることから、今後の発展が期待されます。

（写真提供：株式会社半七）

内閣総理大臣賞受賞（水産部門）
技術・ほ場（資源管理・資源増殖）
鐘崎あまはえ縄船団（代表：権田　義則　氏）

　福岡県北西部に位置する宗像市は、玄界灘や響灘に面し、中・小型まき網や刺し網、はえ縄漁業等が営まれています。福岡県宗像漁協に所属する鐘崎あまはえ縄船団は、令和5（2023）年時点で74名が所属しており、主に底はえ縄漁業でアマダイ類、マダイ、キダイ等を漁獲しています。

　同船団の漁業者は、九州大学や福岡県を含む関係機関によって組織された「九州北部スマート漁業推進チーム」に参画し、データの測定と提供を行いました。自ら観測機器を用いて潮流の方向・速さ、水深ごとの水温・塩分濃度の測定を行い、結果を解析機関に提供するとともに、その情報等を基に解析、配信された海況予測データを用いた操業を行いました。その結果、出港時点で適切な

漁場選択が可能となり、漁場探索のための航海時間の減少や、燃油消費コストの削減につながっただけでなく、潮流を詳細に予測できたことで、底はえ縄漁具の損失も回避可能となり、燃油・資材コストの削減、操業時間の短縮という多面的な成果を得ました。

　漁業者参加型のスマート漁業を導入することでコスト削減や操業時間の短縮を果たした本取組は、漁家の経営改善や後継者の確保を目指す他地域への普及が期待されます。今後も引き続き漁業者がそれぞれの操業形態に応じて、観測の負担を軽減する方法を見いだし、費用対効果をより高めていくことで、普及性が高まると評価されています。

（写真提供：福岡県宗像漁協）

日本農林漁業振興会会長賞（水産部門）
産物（水産加工品）
有限会社酒の一斗（代表：池野　晋一　氏）

　松浦市は長崎県北部に位置し、まき網漁船で漁獲されたサバ類、アジ類、イワシ類等が水揚げされています。県内有数の水揚量を誇る松浦魚市場は、高度衛生管理施設として令和4（2022）年に対EU輸出認定施設に認定されています。

　酒の小売・流通業を営んでいる有限会社酒の一斗は、県北部地域を中心に構築している幅広いネットワークを活用し、令和3（2021）年から酒に合う水産物の加工品製造と販売を開始しました。

　「酒屋が作ったレモンしめ鯖　香る炙り焼き仕上げ」は、松浦魚市場にその日に水揚げされたマサバをレモンで漬け込んでから表面を炙り、真空包装後直ちにアルコールブラインで急速凍結する新しいサバ加工品です。本品は、従来ブランド価値の低かった小型のサバでも製造できることから、今後、松浦魚市場に水揚げされるマサバの価格の安定化と認知度の向上に貢献すると考えられます。

　同社は、今後は加工場の整備を視野に入れており、「酒屋が作った」シリーズの水産加工品の開発に意欲的であることから、地域の活性化と長崎県産の魚介類の価値向上が期待されます。

（写真提供：有限会社酒の一斗）

第2部

令和5年度　水産施策

令和5年度に講じた施策

概説

1　施策の重点

　我が国の水産業は、国民に安定的に水産物を供給する機能を有するとともに、漁村地域の経済活動や国土強靱化の基礎をなし、その維持発展に寄与するという極めて重要な役割を担っています。しかし、水産資源の減少によって漁業・養殖業生産量は長期的な減少傾向にあり、漁業者数も減少しているという課題を抱えています。

　また、近年顕在化してきた海洋環境の変化を背景に、サンマ、スルメイカ、サケ等の我が国の主要な魚種の不漁が継続しています。これらの魚種の不漁の継続は、漁業者のみならず、地域の加工業者や流通業者に影響を及ぼし得るものです。

　一方、社会経済全体では、少子・高齢化と人口減少による労働力不足等が懸念されることに加え、持続的な社会の実現に向けた持続可能な開発目標（SDGs）等の様々な環境問題への国際的な取組の広がり、デジタル化の進展が人々の意識や行動を大きく変えつつあります。

　こうした水産業をめぐる状況の変化に対応するため、新たな「水産基本計画」（令和4（2022）年3月閣議決定）を策定し、①海洋環境の変化も踏まえた水産資源管理の着実な実施、②増大するリスクも踏まえた水産業の成長産業化の実現、③地域を支える漁村の活性化の推進の3点を柱と位置付けました。本計画を実行することにより、水産資源の適切な管理等を通じた水産業の成長産業化を図り、次世代を担う若い漁業者の安定的な生活の確保に向けた十分な所得の確保、年齢バランスの取れた漁業就業

構造の確立に必要な施策を講じました。

2　財政措置

　水産施策を実施するために必要な関係予算の確保とその効率的な執行を図ることとし、令和5（2023）年度水産関係当初予算として、1,919億円を計上しました。また、令和5年（2023）年度水産関係補正予算として、1,261億円を計上しました。

3　法制上の措置

　第211回国会において、「漁港漁場整備法及び水産業協同組合法の一部を改正する法律」（令和5年法律第34号）及び「遊漁船業の適正化に関する法律の一部を改正する法律」（令和5年法律第39号）が成立し、令和6（2024）年4月1日に施行されました。

4　税制上の措置

　水産施策の推進に向け、輸入・国産農林漁業用A重油等に係る石油石炭税（地球温暖化対策のための課税の特例による上乗せを含む。）の免税・還付措置の適用期限を延長するとともに、漁業信用基金協会が受ける抵当権の設定登記等に対する登録免許税の税率軽減措置の適用期限の延長、漁業協同組合が株式会社日本政策金融公庫資金等の貸付けを受けて取得した漁業経営の近代化又は合理化のための共同利用施設に係る不動産取得税の課税標準の特例措置の適用期限の延長等、税制上の所要の措置を講じました。

5　金融上の措置

　水産施策の総合的な推進を図るため、地域の水産業を支える役割を果たす漁協系統金融機関及び株式会社日本政策金融公庫による制度資金等について、所要の金融上の措置を講じました。

　また、都道府県による沿岸漁業改善資金の貸付けを促進し、省エネルギー性能に優

れた漁業用機器の導入等を支援しました。

さらに、ALPS処理水の海洋放出、令和6年能登半島地震、新型コロナウイルス感染症及び原油価格・物価高騰等の影響を受けた漁業者の資金繰りに支障が生じないよう、農林漁業セーフティネット資金等の実質無利子・無担保化等の措置を講ずるとともに、新型コロナウイルス感染症の影響による売上げ減少が発生した水産加工業者に対しては、セーフティネット保証等の中小企業対策等の枠組みの活用も含め、ワンストップ窓口等を通じて周知を図りました。

6　政策評価

効率的かつ効果的な行政の推進及び行政の説明責任の徹底を図る観点から、「行政機関が行う政策の評価に関する法律」（平成13年法律第86号）に基づき、農林水産省政策評価基本計画（5年間計画）及び毎年度定める農林水産省政策評価実施計画により、事前評価（政策を決定する前に行う政策評価）及び事後評価（政策を決定した後に行う政策評価）を推進しました。

I　海洋環境の変化も踏まえた水産資源管理の着実な実施

1　資源調査・評価の充実
（1）MSYベースの資源評価及び評価対象種の拡大

これまで、令和2（2020）年12月に施行した「漁業法等の一部を改正する等の法律」（平成30年法律第95号）による改正後の「漁業法」（昭和24年法律第267号。以下「改正漁業法」という。）及び令和2（2020）年9月に策定した「新たな資源管理の推進に向けたロードマップ」（以下「ロードマップ」という。）に基づき、22種38資源についてMSY（最大持続生産量）ベースの資源評価を実施してきており、主要魚種について

は再生産関係その他の必要な情報の収集及び第三者レビュー等を通じて資源評価の高度化を図りました。

改正漁業法では、全ての有用水産資源について資源評価を行うよう努めるものとすることが規定され、都道府県及び国立研究開発法人水産研究・教育機構とともに実施する資源評価の対象種を200種程度に拡大しました。このような状況を踏まえて、調査船調査、市場調査、漁船活用調査等に加え、迅速な漁獲データ、海洋環境データの収集・活用や電子的な漁獲報告を可能とする情報システムの構築・運用等のDXを推進しました。

（2）資源評価への理解の醸成

MSY等の高度な資源評価について、外部機関とも連携して動画の作成等による分かりやすい情報提供・説明を行うとともに、漁船活用調査や漁業データ収集に漁業関係者の協力を得て、漁業現場からの情報を取り入れ、資源評価への理解促進を図りました。

また、地域性が強い沿岸資源の資源評価について専門性を有する機関等の参加を促進し、さらに、資源調査から得られた科学的知見や資源評価結果については、地域の資源管理協定等の取組に活用できるよう速やかに公表・提供しました。

2　新たな資源管理の着実な推進
（1）資源管理の全体像

新たな資源管理の推進に当たっては、関係する漁業者の理解と協力が重要であり、適切な管理が収入の安定につながることを漁業者等が実感できるよう配慮しつつ、ロードマップに盛り込まれた工程を着実に実現すべく取組を進めました。

また、「令和12（2030）年度までに、平成22（2010）年当時と同程度（目標444万t）まで漁獲量を回復」させるという目標に向け、資源評価結果に基づき、必要に応じて、

漁獲シナリオ等の管理手法を修正するとともに、資源管理を実施していく上で新たに浮かび上がった課題の解決を図りつつ、資源の維持・回復に取り組みました。

（2）TAC魚種の拡大

改正漁業法においては、TAC（漁獲可能量）による管理が基本とされており、令和3（2021）年漁期から8魚種について、改正漁業法に基づくTAC管理が開始されています。引き続き、ロードマップ及びTAC魚種拡大に向けたスケジュールに従い、漁獲量ベースで8割をTAC管理とすべく、TAC魚種の拡大を推進しました。

また、TAC管理を円滑に進めるため、定置漁業の管理や混獲への対応を含め、対象となる水産資源の特徴や採捕の実態等を踏まえつつ、数量管理を適切に運用するための具体的な方策を漁業者等の関係者に示しました。特に、クロマグロの資源管理の着実な実施に向け、混獲回避・放流の支援等を行いました。

以上の取組の結果として、令和6（2024）年1月から、新たにカタクチイワシ対馬暖流系群及びウルメイワシ対馬暖流系群のTAC管理が始まりました。

（3）IQ管理の導入

IQ（漁獲割当て）による管理については、ロードマップ及びTAC魚種拡大に向けたスケジュールに従い、TAC魚種を主な漁獲対象とする沖合漁業（大臣許可漁業）に原則導入を目指した取組を進めました。具体的には、令和3（2021）年漁期からIQ管理を導入した大中型まき網漁業（サバ類）に加え、令和4（2022）年漁期からは、近海まぐろはえ縄漁業（クロマグロ）、大中型まき網漁業（マイワシ、クロマグロ）で、令和5（2023）年漁期からは、かじき等流し網漁業（クロマグロ）、さんま漁業（サンマ）、いか釣り漁業（スルメイカ）でIQ

管理を実施しました。

（4）資源管理協定

漁業者の自主的取組は、従前、資源管理計画に定めて行われ、特に、沿岸漁業においては、関係漁業者間の話合いにより、実態に即した形で様々な管理が行われてきました。国や都道府県による公的規制と漁業者の自主的取組の組合せによる資源管理推進の枠組みは、今後も存続し、新たな資源管理の枠組みにおいても重要な役割を担うため、改正漁業法に基づく資源管理協定により行うこととし、令和5（2023）年度において、現行の資源管理計画から、改正漁業法に基づく資源管理協定への移行を完了しました。

また、沿岸漁業の振興には非TAC魚種を適切に管理することが重要であるため、資源評価結果のほか、報告された漁業関連データや都道府県の水産試験場等が行う資源調査等の利用可能な最善の科学情報を用い、資源管理目標を設定し、その目標達成を目指すことにより、資源の維持・回復に効果的な取組の実践を推進しました。

（5）遊漁の資源管理

これまでも遊漁における資源管理は、漁業者が行う資源管理に歩調を合わせて実施するよう求められてきましたが、水産資源管理の観点からは、魚を採捕するという点では、漁業も遊漁も変わりはないため、今後、資源管理の高度化に際しては、遊漁についても漁業と一貫性のある管理を目指すべく取組を進めました。

遊漁に対する資源管理措置の導入が早急に求められ、令和3（2021）年6月から小型魚の採捕制限、大型魚の報告義務付けを試行的取組として開始したクロマグロについては、引き続き、この取組を進めるとともに、その運用状況や定着の程度を踏まえつつ、TACによる数量管理の導入に向け

た検討を進めました。

また、漁業における数量管理の高度化が進展し、クロマグロ以外の魚種にも遊漁の資源管理、本格的な数量管理の必要性が高まっていくことが予見されることから、アプリや遊漁関係団体の自主的取組等を活用した遊漁における採捕量の情報収集の強化に努め、遊漁者が資源管理の枠組みに参加しやすい環境整備を進めました。

（6）栽培漁業

資源造成効果や施設維持、受益者負担等に関して将来の見通しが立ち安定的な運営ができる種苗生産施設について、整備を推進しました。

都道府県の区域を越えて広域を回遊し漁獲される広域種において、資源造成の目的を達成した魚種や放流量が減少しても資源の維持が可能な魚種については、種苗放流による資源造成から適切な漁獲管理措置への移行を推進しました。また、資源回復の途上の広域種であって適切な漁獲管理措置と併せて種苗放流を実施している魚種についても、放流効果の高い手法や適地での放流を実施するとともに、公平な費用負担の仕組みを検討し、種苗生産施設においては、複数県での共同利用や、状況によっては、養殖用種苗生産を行う多目的利用施設への移行を推進しました。

3　漁業取締・密漁監視体制の強化等
（1）漁業取締体制の強化

現有勢力の取締能力を最大限向上させるため、代船建造計画の検討を進めるとともに、VMS（衛星船位測定送信機）の活用、訓練等による人員面での取締実践能力の向上、専属通訳の確保、監視オブザーバー等の確保・養成、用船への漁業監督官3名乗船、取締りに有効な装備品の導入等を推進しました。また、漁業取締船が係留できる岸壁の整備を進めました。

（2）外国漁船等による違法操業への対応

日本海の大和堆周辺水域は、我が国排他的経済水域内に位置し、いか釣り漁業、かにかご漁業、底びき網漁業の好漁場となっています。近年、この漁場を狙って、我が国排他的経済水域に進入し、違法操業を行う外国漁船等が跡を絶たず、我が国漁船の安全操業の妨げにもなっていることから重大な問題となっています。このような状況を踏まえ、特に大和堆周辺水域においては、違法操業を行う外国漁船等を我が国排他的経済水域から退去させるなどにより我が国漁船の安全操業を確保するとともに、これら外国漁船等による違法操業について関係国等に対し、繰り返し抗議するなど、関係府省が連携し、厳しい対応を図りました。

また、オホーツク海、山陰、九州周辺海域では、外国漁船等が、かご、刺し網、はえ縄等の漁具を違法に設置するなど、我が国漁船の操業に支障を及ぼすといった問題も発生しています。

さらに、外国漁船等が許可なく我が国排他的経済水域で操業を行うことのないよう監視・取締りを行うとともに、外国漁船等によって違法に設置されたものとみられる漁具の押収を行いました。

（3）密漁監視体制の強化

近年、漁業関係法令違反の検挙件数のうち、漁業者による違反操業が減少している一方で、漁業者以外による密漁が増加し、特に組織的な密漁が悪質化・巧妙化しているため、改正漁業法による罰則強化等の措置を踏まえ、以下の取組を推進しました。

① 密漁を抑止するため、漁業者や一般人に向けた普及啓発、現場における密漁防止看板の設置や監視カメラの導入等

② 都道府県、警察、海上保安庁、水産庁を含めた関係機関との緊密な連携の強化や合同取締り

③　財産上の不正な利益を得る目的で採捕されるおそれが大きく、その採捕が当該水産動植物の生育又は漁業の生産活動に深刻な影響をもたらすおそれが大きいものとして指定された特定水産動植物（あわび、なまこ、うなぎの稚魚）の許可等に基づかない採捕の取締り

（4）国際連携

サンマ、サバ、スルメイカ等主たる分布域や漁場が我が国排他的経済水域内に存在する資源あるいは我が国排他的経済水域と公海を大きく回遊する資源であって、かつ、我が国がTACにより厳しく管理している資源が我が国排他的経済水域のすぐ外側や暫定措置水域等で無秩序に漁獲され、結果的に我が国の資源管理への取組効果が減殺されることを防ぐため、関係国間や関係する地域漁業管理機関（以下「RFMO」という。）における協議や協力を積極的に推進しました。特に、我が国周辺資源の適切な管理の取組を損なうIUU（違法、無報告、無規制）漁業対策については、周辺国等との協議のほか、違法漁業防止寄港国措置協定（以下「PSM協定」という。）等のマルチの枠組みを活用した取組を推進しました。

4　海洋環境の変化への適応
（1）気候変動の影響と資源管理

気候変動の影響も検証しつつ、新たな資源管理システムによる科学的な資源評価に基づく数量管理の取組を着実に推進しました。

また、MSYに基づく新たな資源評価を着実に進めるとともに、不漁等海洋環境の変化が資源変動に及ぼす影響に関する調査研究を進め、これらに適応した的確なTAC等の資源管理とこれを前提とした漁業構造の構築を図りました。

さらに、産官学の連携により、人工衛星による気象や海洋の状況の把握、ICT等を活用したスマート水産業による海洋環境や漁獲情報の収集等、迅速かつ正確な情報収集とこれに基づく気候変動の的確な把握、これらを漁業現場に情報提供する体制の構築を図るほか、国内外の気象・海洋研究機関との幅広い知見の共有や共同研究も含めた調査研究のプラットフォームの検討、気候変動に伴う分布・回遊の変化等の資源変動等への順応に向けた漁船漁業の構造改革を進めました。

（2）新たな操業形態への転換
ア　複合的な漁業等操業形態の転換

近年の海洋環境の変化等に対する順応性を高める観点から、資源変動に適応できる漁業経営体の育成と資源の有効利用を行っていく必要があります。このため、大臣許可漁業のIQ化の進捗を踏まえ、漁業調整に配慮しながら、漁獲対象種・漁法の複合化、複数経営体の連携による協業化や共同経営化、兼業等による事業の多角化等の複合的な漁業への転換等操業形態の見直しを段階的に推進しました。

また、海洋環境の変化の一因である地球温暖化の進行を抑えていくためには、二酸化炭素をはじめとする温室効果ガスの排出量削減を漁業分野においても推進していく必要があり、衛星利用の漁場探索による効率化、グループ操業の取組、省エネルギー機器の導入等による燃油使用量の削減を図りました。

イ　次世代型漁船への転換推進

複合的な漁業や燃油使用量の削減等、新たな漁業の将来像に合致し、地球環境問題等の中長期的な課題に適応した次世代型の漁船を造ろうとする漁業者による漁業構造改革総合対策事業（以下「もうかる漁業事業」という。）の活用等、多目的漁船や省エネルギー型漁船の導入を推進しました。

また、漁船の脱炭素化に適応する観点

から、必要とする機関出力が少ない小型漁船を念頭に置いた水素燃料電池化、国際商船や作業船等の漁業以外の船舶の技術の転用・活用も視野に入れた漁船の脱炭素化の研究開発を推進しました。

（3）サケに関するふ化放流と漁業構造の合理化等

ア　ふ化放流の合理化

サケはふ化放流によって資源造成されていますが、近年の海洋環境の変化により回帰率が低下し、漁獲量及び漁獲金額が減少傾向にあるため、ふ化放流技術開発について、環境変化への適応や回帰率の良い取組事例の横展開等を進めるほか、活用可能な既存施設において養殖用種苗を生産してサーモン養殖と連携するなど、ふ化放流施設の有効活用や再編・統合も含めた効率化を図りました。また、漁獲量及び漁獲金額が減少している現状を踏まえた持続的なふ化放流体制を検討しました。

イ　さけ定置漁業の合理化等

サケを目的とするさけ定置漁業においては、漁獲量が増加している魚種（ブリやサバ類等）の有効活用を進めるとともに、漁具・漁船等や労働力の共有等を通じた協業化、経営体の再編や合併等による共同経営化、操業の効率化・集約化の観点からの定置漁場の移動や再配置、ICT等の最新技術の活用等による経費の削減等、経営の合理化を推進しました。さらに、地域振興として新たに養殖業を始める地域における必要な機器等の導入を促進しました。

Ⅱ　増大するリスクも踏まえた水産業の成長産業化の実現

1　漁船漁業の構造改革等

（1）沿岸漁業

ア　沿岸漁業の持続性の確保

日々操業する現役世代を中心とした漁業者の生産活動が持続的に行われるよう、操業の効率化・生産性の向上を促進しつつ、多様な生産構造を地域ごとの漁業として活かし、持続性の確保を図りました。その際、海洋環境の変化を踏まえ、低・未利用魚の活用も含め、漁獲量が増加している魚種の有効活用を進めるとともに、地域振興として新たに養殖業を始める地域における必要な機器等の導入を促進しました。

また、沿岸漁業で漁獲される多種多様な魚について、生産と消費の場が近いなどの地域の特徴を踏まえ、消費者に届ける加工・流通のバリューチェーンの強化による高付加価値化を図りました。

さらに、養殖をはじめとする漁場の有効活用を推進しました。

イ　漁村地域の存続に向けた浜プランの見直し

次世代への漁労技術の継承、漁業を生業とし日々操業する現役世代を中心とした効率的な操業・経営、漁業種類の転換や新たな養殖業の導入等による漁業所得の向上に併せ、海業（うみぎょう）の推進や農業・加工業等の他分野との連携等漁業以外での所得を確保することが、地域の漁業と漁村地域の存続には必要であることから、これまで浜ごとの漁業所得の向上を目標としてきた浜の活力再生プラン（以下「浜プラン」という。）において、海業や渚泊（なぎさはく）等の漁業外所得確保の取組の促進や、関係府省や地方公共団体の施策も活用し

第2部

た漁村外からのUIターンの確保、次世代への漁労技術の継承や漁業以外も含めた活躍の場の提供等による地域の将来を支える人材の定着と漁村の活性化についても推進していけるよう見直しを行いました。

また、漁業や流通・加工等の各分野において、女性も等しく活躍できる環境が各地域で整えられる取組を推進しました。

ウ　遊漁の活用

遊漁が秩序を持って、かつ、持続的に発展することは漁村地域の振興・存続にとって有益であり、漁業と一貫性のある資源管理を目指す中で、漁場利用調整に支障のない範囲で水産関連産業の一つとして遊漁を位置付けています。特に、遊漁船業は漁業者にとって地元で収入が得られる有望な兼業業種の一つであり、登録制度を通じた業の管理を適切に行うとともに、地域の実情に応じた秩序ある業の振興を図り、漁村の活性化に活用しました。また、陸上からの釣りやプレジャーボート等の遊漁については、関係団体との連携によるマナー向上やルールづくり等を進めました。

さらに、遊漁船業の安全性向上等のため、第211回国会において、「遊漁船業の適正化に関する法律の一部を改正する法律」（令和5年法律第39号）が成立し、令和6（2024）年4月1日に施行されました。

エ　海面利用制度の適切な運用

改正漁業法における海面利用制度が適切に運用されるよう制定された「海面利用ガイドライン」を踏まえ、各都道府県で漁場を有効利用し、漁場の生産力を最大限に活用しました。

① 都道府県等への助言・指導

漁業・養殖業における新規参入や規模拡大を進めるため、改正漁業法における新たな漁業権を免許する際の手順・スケジュールの十分な周知・理解を図るとともに、漁場の活用に関する調査を行い、漁業権の一斉切替えに向け都道府県に対して必要な助言・指導を行いました。

また、国に設置した漁業権に関する相談窓口を通じて、現場からの疑問等に対応しました。

② 漁場の有効利用

漁業権等の「見える化」のため、漁場マップの充実を図り、漁場の利用に関する情報の公開を図るほか、改正漁業法に基づき提出される資源管理状況や漁獲情報報告を活用した課題の分析を行い、漁場の有効活用に向けて必要な取組を促進しました。

（2）沖合漁業

近年の海洋環境の変化等に対する順応性を高める観点から、資源変動に適応できる弾力性のある漁業経営体の育成と資源の有効利用を行っていく必要があります。このため、漁業調整に配慮しながら、漁獲対象種・漁法の複合化、複数経営体の連携による協業化や共同経営化、兼業等による事業の多角化等の複合的な漁業への転換を段階的に推進しました。

この際、TAC/IQ対象魚種の拡大が複合的な漁業において効果的に活用されるよう制度運用を行いました。くわえて、許可制度についても、魚種や漁法に係る制限が歴史的な経緯で区分されていることを踏まえつつ、TAC/IQ制度の導入、近年の海洋環境の変化への適応や複合的な漁業への転換も見据え、変化への弾力性を備えた生産構造が構築されるよう制度運用の検討を行いました。

また、労働人口の減少により、従来どおりの乗組員の確保が困難である状況におい

て、水産物の安定供給や加工・流通等の維持・発展の観点から、沖合漁業の生産活動の継続が重要であるため、機械化による省人化やICTを活用した漁場予測システム導入等の生産性向上に資する取組を推進しました。

さらに、経営安定にも資するIQ導入の推進と割当量の有効活用、透明性確保等の的確な運用を確保し、併せて、IQが遵守される範囲であれば漁法等に関係なく資源に与える漁獲の影響が同等であることを踏まえて、関係漁業者との調整を行い、船型や漁法等の見直しに向けた検討を推進しました。

このほか、IQの導入に併せて、加工・流通業者との連携強化による付加価値向上、輸出も視野に入れた販売先の多様化等、限られた漁獲物を最大限活用する取組を推進するとともに、新たな資源管理を着実に実行し、資源の回復による生産量の増大を図っていくことに併せて、陸側のニーズに沿った水揚げ、低・未利用魚の活用等の取組を推進し、水産バリューチェーン全体の収益性向上を図りました。

（3）遠洋漁業
ア　遠洋漁業の構造改革

我が国の遠洋漁業は、近年、主要漁獲物であるマグロ類の市場の縮小や養殖・蓄養品の増加等による価格の低迷、船員の高齢化となり手不足、高船齢化、操業の国際規制や監視の強化、沿岸国への入漁コストの増大等、その経営を取り巻く状況は厳しいものとなっており、現行の操業形態・ビジネスモデルのままでは、立ち行かなくなる経営体が多数出てくることが懸念されます。

こうした状況を踏まえ、業界関係者と危機意識を共有しつつ、将来にわたって収益や乗組員の安定確保ができ、様々な国際規制等にも対応していくことができ

る経営体の育成・確立が求められます。
このような経営体への体質強化を目指し、従来の操業モデルの変革を含め、操業の効率化・省力化、それを実現するための代船建造や海外市場を含めた販路の多様化、さらに必要な場合は経営の集約化も含め様々な改善方策を検討・展開しました。

また、入漁先国のニーズやリスクを踏まえ、安定的な入漁を確保するための取組を推進しました。

イ　国際交渉等

漁業交渉については、カツオ・マグロ等公海域や外国水域に分布する国際資源について、RFMOや二国間における協議において、科学的根拠に基づく適切な資源評価と、それを反映した適切な資源管理措置や操業条件等の実現を図りつつ、我が国漁船の持続的な操業を確保するとともに、太平洋島しょ国をはじめとする入漁先国のニーズを踏まえた海外漁業協力の効果的な活用等により海外漁場での安定的な操業の確保を推進しました。

また、サンマ、サバ、スルメイカ等主たる分布域や漁場が我が国排他的経済水域内に存在する資源又は我が国排他的経済水域と公海を大きく回遊する資源であって、かつ、我が国がTACにより厳しく管理している資源が我が国排他的経済水域のすぐ外側や暫定措置水域等で無秩序に漁獲され、結果的に我が国の資源管理への取組効果が減殺されることを防ぐため、関係国間や関係するRFMOにおける協議や協力を積極的に推進しました。特に、我が国周辺資源の適切な管理の取組を損なうIUU漁業対策については、周辺国等との協議のほか、PSM協定等のマルチの枠組みを活用した取組を推進しました。

さらに、気候変動の影響への適応につ

いては、従来のRFMOによる取組に加え、国内外の研究機関が連携して地球規模の気候変動の水産資源への影響を解明するなど、国際的な連携により資源管理を推進しました。

くわえて、水産資源の保存及び管理、水産動植物の生育環境の保全及び改善等の必要な措置を講ずるに当たり、海洋環境の保全並びに海洋資源の将来にわたる持続的な開発及び利用を可能とすることに配慮しつつ、海洋資源の積極的な開発及び利用を目指しました。

ウ　捕鯨政策

我が国の捕鯨は、科学的根拠に基づいて海洋生物資源を持続的に利用するとの我が国の基本姿勢の下、国際法に従って、持続的に行われています。捕鯨の実施に当たっては、鯨類を含む水産資源の持続的利用という我が国の立場に対する理解の拡大を引き続き推進する必要があります。

このため、「鯨類の持続的な利用の確保のための基本的な方針」に則り、科学的根拠に基づく鯨類の国際的な資源管理とその持続的利用を推進するため、鯨類科学調査を継続的に実施し、精度の高いデータや科学的知見を蓄積・拡大するとともに、それらをIWC（国際捕鯨委員会：日本はオブザーバーとして参加）等の国際機関に着実に提供しながら、我が国の立場や捕鯨政策への理解と支持の拡大を図りました。

また、鯨類をはじめとする水産資源の持続的利用の推進のため、我が国と立場を共有する国々との連携を強化しつつ、国際社会への適切な主張・発信を行うとともに必要な海外漁業協力を行うことにより、我が国の立場への理解と支持の拡大を推進しました。

さらに、捕鯨業の安定的な実施と経営面での自立を図るため、科学的根拠に基

づく適切な捕獲枠を設定するとともに、操業形態の見直し等によるコスト削減の取組や、販路開拓・高付加価値化等による売上拡大等の取組を推進しました。

2　養殖業の成長産業化

（1）需要の拡大

定時・定質・定量・定価格で生産物を提供できる養殖業の特性を最大化し、国内外の市場維持及び需要の拡大を図りました。

また、MEL（Marine Eco-Label Japan）の普及や輸出先国が求める認証等（ASC（Aquaculture Stewardship Council）、BAP（Best Aquaculture Practices））の水産エコラベル認証、ハラール認証等の取得を促進しました。

ア　国内向けの取組

輸入品が国内のシェアを大きく占めるもの（サーモン等）については、国産品の生産の拡大を推進しました。

また、マーケットイン型養殖（国内外の需要に応じた適正な養殖）に資する高付加価値化の取組、養殖水産物の商品特性を活かせる市場への販売促進、所得向上に寄与する販路の開拓や流通の見直し、観光等を通じた高い品質をPRしたインバウンド消費等を推進しました。くわえて、DtoC（ネット直販、ライブコマース等）による販路拡大や量販店における加工品等の新たな需要の掘り起こしの取組を推進しました。

イ　海外向けの取組

令和2（2020）年12月に策定された「農林水産物・食品の輸出拡大実行戦略」（以下「輸出戦略」という。令和5（2023）年12月改訂）において選定した輸出重点品目（ぶり、たい、ホタテ貝、真珠、錦鯉）や令和2（2020）年7月に制定された「養殖業成長産業化総合戦略」（以下「養

殖戦略」という。令和3（2021）年7月改訂）において選定した戦略的養殖品目（ブリ類、マダイ、クロマグロ、サケ・マス類、新魚種（ハタ類等）、ホタテガイ、真珠）を中心に、カキ等の今後の輸出拡大が期待される水産物を含め、高鮮度・高品質な我が国の養殖生産物の強みを活かしたマーケティングに必要な商流構築・プロモーションの実施や輸出産地・事業者の育成（日本ブランドの確立による市場の獲得等）を推進しました。

　また、輸出戦略を踏まえ、各産地は機能的なバリューチェーンを構築して物流コストの削減に取り組むとともに、品目団体は独立行政法人日本貿易振興機構（以下「JETRO」という。）、日本食品海外プロモーションセンター（以下「JFOODO」という。）と連携し、商談会の開催やプロモーション等を行いました。

　さらに、輸出先国との輸入規制の緩和・撤廃に向けた協議や、輸出先国へのインポートトレランス申請（輸入食品に課せられる薬剤残留基準値の設定に必要な申請）に必要となる試験・分析の取組等を推進しました。

　特に真珠については、「真珠の振興に関する法律」（平成28年法律第74号）を踏まえ、幅広い関係業界や研究機関による連携の下で、宝飾品のニーズを踏まえた養殖生産、養殖関係技術者の養成、研究開発の推進、輸出の促進等の施策を推進しました。

（2）生産性の向上
ア　漁場改善計画及び収益性の向上
　漁場改善計画における過去の養殖実績に基づいた適正養殖可能数量の見直しにより柔軟な養殖生産が可能となるよう検討を進めました。

　また、マーケットイン型養殖への転換を更に推進するとともに、養殖業へ転換しようとする地域の漁業者の収益性向上等の取組への支援（もうかる漁業事業等）を行いました。

イ　餌・種苗
　魚類養殖は、支出に占める餌代の割合が大きいため、価格の不安定な輸入魚粉に依存しない、飼料効率が高く魚粉割合の低い配合飼料の開発、魚粉代替原料（大豆、昆虫、水素細菌等）の開発等を推進しました。

　また、持続可能な養殖業を実現するために必要な養殖用人工種苗の生産拡大に向けて、人工種苗に関する生産技術の実用化、地域の栽培漁業のための種苗生産施設や民間の施設を活用した養殖用種苗を安定的に量産する体制の構築を推進しました。さらに、優良系統の保護を図るため、「水産分野における優良系統の保護等に関するガイドライン」及び「養殖業における営業秘密の保護ガイドライン」の周知に取り組みました。

ウ　安全・安心な養殖生産物の安定供給及び疾病対策の推進
　養殖業の生産性向上及び安定供給のため、養殖場における衛生管理の徹底、種苗の検査による疾病の侵入防止、ワクチン接種による疾病の予防等、複数の防疫措置の組合せにより、疾病の発生予防に重点を置いた総合的な対策を推進しました。

　また、養殖業の成長産業化に資する水産用医薬品について、研究・開発と承認申請を促進しました。

　さらに、普及・啓発活動の実施等により、水産用医薬品の適正使用及び抗菌剤に頼らない養殖生産体制を推進するとともに、貝毒の発生状況を注視し、二枚貝等の安全な流通の促進を図りました。

第2部

エ　ICT等の活用

　養殖業においても人手不足の問題が生じてきており、省人化・省力化に向けて、AIによる最適な自動給餌システムや餌の配合割合の算出、餌代や人件費等の経費を「見える化」する経営管理等、スマート技術を活用した養殖管理システムの高度化を推進しました。

（3）経営体の強化
ア　事業性評価

　持続的な養殖経営の確保に向け、養殖業の経営実態の評価を容易にし、漁協系統・地方金融機関等の関係者からの期待にも応える「養殖業の事業性評価ガイドライン」を通じた養殖経営の「見える化」や経営改善・生産体制改革の実証を支援しました。

イ　マーケットイン型養殖業への転換

　生産・加工・流通・販売等に至る規模の大小を問わない養殖のバリューチェーンの各機能との連携の仕方を明確にして、マーケットイン型の養殖経営への転換を図りました。

（4）沖合養殖の拡大

　漁場環境への負荷や赤潮被害の軽減が可能な沖合の漁場が活用できるよう、静穏水域を創出するなど沖合域を含む養殖適地の確保を進めました。また、台風等による波浪の影響を受けにくい浮沈式生簀等を普及させるとともに、大規模化による省力化や生産性の向上を推進しました。

（5）陸上養殖

　陸上養殖については、「内水面漁業の振興に関する法律」（平成26年法律第103号）に基づく届出養殖業の対象として定め、令和5（2023）年4月から届出制を開始しました。

3　経営安定対策
（1）漁業保険制度

　漁船保険制度及び漁業共済制度は、自然災害や水産物の需給変動といった漁業経営上のリスクに対応して漁業の再生産を確保し、漁業経営の安定を図る重要な役割を果たしており、漁業者ニーズへの対応や国による再保険の適切な運用等を通じて、事業収支の改善を図りつつ、両制度の持続的かつ安定的な運営を確保しました。

　資源管理や漁場改善に取り組む漁業者の経営を支える漁業収入安定対策については、海洋環境の変化等に対応した操業形態の見直しや養殖戦略、輸出戦略等を踏まえた養殖業の生産性の向上等、資源管理や漁場改善を取り巻く状況の変化に対応しつつ、漁業者の経営安定を図るためのセーフティーネットとして効率的かつ効果的にその機能を発揮させる必要があります。このため、改正漁業法附則の規定に基づく必要な法制上の措置について、新型コロナウイルス感染症の影響や漁獲量の動向等の漁業者の経営状況に十分配慮しつつ、漁業共済制度の在り方を含めて検討を進めました。

（2）漁業経営セーフティーネット構築事業

　燃油や養殖用配合飼料の価格高騰に対応するセーフティーネット対策については、原油価格や配合飼料価格の推移等を踏まえつつ、漁業者や養殖業者の経営の安定が図られるよう適切に運営しました。

（3）漁業経営に対する金融支援

　「漁業経営の改善及び再建整備に関する特別措置法」（昭和51年法律第43号）に基づく漁業経営の改善に関する指針を見直し、漁業者が融資制度を利用しやすくするとともに、意欲ある漁業者の多様な経営発展を金融面から支援するため、利子助成等の資金借入れの際の負担軽減や、実質無担保・無保証人による融資に対する信用保証

を推進しました。

4　輸出の拡大と水産業の成長産業化を支える漁港・漁場整備

（1）輸出拡大

生産者に裨益（ひえき）する効果を分析しながら、輸出戦略に基づき、令和12（2030）年までに水産物の輸出額を1.2兆円に拡大することを目指し、マーケットインの発想に基づき、以下の取組を展開しました。

① 大規模沖合養殖の本格的な導入の推進

② 生産者、加工業者、輸出業者が一体となった輸出拡大の取組の促進（特に、主要な輸出先国・地域において、在外公館、JETRO海外事務所、JFOODO海外駐在員を主な構成員とする輸出支援プラットフォームを形成し、カントリーレポートの作成、オールジャパンでのプロモーション活動への支援、新たな商流の開拓等の実施）

③ 輸出に取り組む事業者に対し、輸出先のニーズや規制に対応した輸出産地を形成するための生産・加工体制の構築や商品開発、生産拡大のために必要な設備投資の促進、輸出商社や現地小売業者等とのマッチングなどこれらの者へ売り込む機会創出の支援

④ 新たな輸出先・取引相手の開拓の促進とともに、事業者や業界団体では対応が困難な新たな輸出先の規則等についての計画的な撤廃協議等の実施

（2）水産業の成長産業化を支える漁港・漁場整備

水産物の生産又は流通に一体性を有する圏域において、漁協の経済事業の強化の取組とも連携し、産地市場等の漁港機能の再編・集約を推進するとともに、拠点漁港等における高度衛生管理型荷さばき所、冷凍・冷蔵施設等の整備や漁船の大型化に対応し

た施設整備を推進しました。

また、水産物の輸出拡大を図るため、HACCP対応の市場及び加工場の整備、認定取得の支援等、ハード・ソフト両面からの対策を推進しました。

さらに、マーケットイン型養殖業に対応し、需要に応じた安定的な供給体制を構築するため、養殖水産物の生産・流通の核となる地域を「養殖生産拠点地域」として圏域計画に新たに位置付け、養殖適地の拡大のための静穏水域の確保、漁港周辺水域の活用、種苗生産施設から加工・流通施設等に至る一体的な整備を推進しました。

5　内水面漁業・養殖業

（1）内水面漁業

ア　漁業生産の振興

湖沼等で行われている漁業生産については、関係都道府県において、浜プラン等を活用した振興が進むよう、地域水産物の付加価値を高め、所得向上に寄与する販路の開拓等の取組を推進しました。また、漁業被害を与える外来魚の低密度管理等に資する技術の開発・実装・普及を推進しました。漁業権に基づきオオクチバスが遊漁利用されている湖沼においては、関係機関と協力して外来種に頼らない生業の在り方の検討を進めました。

イ　漁場環境の保全

漁業生産のほか、釣り等の自然に親しむ機会を国民に提供する場として重要な役割を果たす河川等の漁場を良好に保全し、持続的に管理していくため、ウナギ等の資源回復に取り組むことに加え、より効果的な管理体制・手法の検討・実践を進めました。

また、カワウ等の野生生物による食害や災害の頻発化・大規模化等により、河川漁場の環境が悪化していることも踏まえ、関係部局と連携し、多自然川づくり

等による河川環境の保全・創出、カワウ等の野生生物管理の促進を図りました。

（2）内水面養殖業
ア　海面で養殖されるサケ・マス類の種苗生産

海面で養殖されるサケ・マス類の種苗を安定的に供給するため、ふ化放流施設等の民間の施設を活用した生産体制の構築を推進しました。

イ　うなぎ養殖業

内水面養殖業の生産量・生産額の大部分を占めるうなぎ養殖業については、シラスウナギの漁獲・流通・池入れから、ウナギの養殖・出荷・販売に至る各事業者が、利用可能な情報の中で順応的にウナギ資源の管理・適正利用をすることが持続的な養殖業につながるとの認識の下、以下の対策を講じました。

① シラスウナギ漁獲の知事許可制の新たな導入による漁業管理体制の強化、水産動植物等の国内流通及び輸出入の適正化を図るため、国内流通においては令和4（2022）年12月に施行された「特定水産動植物等の国内流通の適正化等に関する法律」（令和2年法律第79号。以下「水産流通適正化法」という。）に基づくシラスウナギの流通の透明化を図るシステム構築の推進、輸出入においては日台直接取引の再開の推進、シラスウナギの池入れ数量制限の着実な実施及び数量管理システムの利用普及による継ぎ目のない資源管理体制の構築

② 河川・湖沼における天然遡上ウナギの生息環境改善、内水面漁業とうなぎ養殖業の連携による内水面放流用種苗の確保・育成技術開発及び下りウナギ保護によるウナギ資源の豊度を高める取組の推進

③ 天然資源に依存しない養殖業の推進のため、人工シラスウナギの大量生産システムの研究・実証と実装に向けた検討

ウ　錦鯉養殖業

我が国の文化の象徴として海外でも人気が高く、輸出が継続的に増加している錦鯉については、業界団体等が実施する海外マーケット調査やプロモーション等、更なる輸出拡大に向けた取組を促進しました。また、輸出拡大に向け、各養殖場での清浄性を担保する疾病管理体制の構築を図るとともに、外国産錦鯉との差別化に資する認証の取得等に向けた業界団体の取組を支援しました。

6　人材育成
（1）新規漁業者の確保・育成

他産業並みに年齢バランスの取れた活力ある漁業就業構造への転換を図るため、就業フェアや水産高校での漁業ガイダンス、インターンシップ等の取組を通じ、若者に漁業就業の魅力を伝え、就業に結び付ける取組の継続・強化を図りました。

また、新規就業者と受入先とのマッチングの改善等により、地域への定着を促進しました。

さらに、漁業に必要な免許・資格の取得に加えて、経営スキルやICTの習得・学び直し等を支援しました。

（2）水産教育

水産業の将来を担う人材を育成する水産に関する課程を備えた高校・大学や国立研究開発法人水産研究・教育機構水産大学校においては、水産業を担う人材育成のための水産に関する学理・技術の教授及びこれらに関連する研究を推進し、水産業が抱える課題を踏まえ、水産業の現場での実習等実学を重視した教育を実施するなどによ

り、水産関連分野への高い就職割合の確保に努めました。

また、水産高校においては、文部科学省と連携し、マイスター・ハイスクール事業における水産高校と産業界が一体となった教育課程の開発等により、地域社会で求められる最先端の職業人材の育成を推進しました。

さらに、「スマート水産業等の展開に向けたロードマップ」等に基づき、水産高校等における水産新技術の普及を推進しました。

（3）海技士等の人材の確保・育成

漁船漁業の乗組員不足が深刻化し、かつ高齢に偏った年齢構成となっている中、年齢バランスの取れた漁業就業構造の確立を図るためには、次世代を担う若手の海技士の確保・育成や漁船乗組員の確保が重要となることから、水産高校や業界団体、関係府省等の関係者の連携を図り、水産高校生等に漁業の魅力を伝え就業を働きかける取組を推進したほか、海技試験の受験に必要となる乗船履歴を早期に取得できる仕組みの実践等の海技士の計画的な確保・育成のための取組を支援しました。

あわせて、Wi-Fi環境の確保や居住環境の改善等、若者にとって魅力ある就業環境の整備、漁船乗組員の労働負担の軽減や効率化も推進しました。

（4）外国人材の受入れ・確保

生産性向上や国内人材確保のための取組を行ってもなお不足する労働力について、特定技能制度を活用し、円滑な受入れを進めるためには、我が国の若者と同様に、外国人材にとっても日本の漁業を魅力あるものとしていくことが重要であることから、生活支援や相談対応の充実等、外国人材にとって満足度の高い受入環境の整備を進めました。

また、外国人材を安定的かつ長期的に確保するため、外国人材が日本人と同様に、漁村において幅広く水産関連業務に従事し技能を高めることや、漁業活動に必要な資格を取得し漁業現場で活かすなど、将来を見据えて、キャリアアップしながら就労できる環境の在り方について、関係団体、関係府省とともに検討を進めました。

7　安全対策
（1）安全確保に向けた取組
ア　安全推進員・安全責任者の養成

漁船の労働環境改善や安全対策を行う安全推進員及びその取組を指導する安全責任者を養成するとともに、両者が講じた優良な対策事例の情報共有等を図ることで、両者の必要性の認識を広げ、養成人数の増加を促進しました。

また、関係機関等と連携し、漁業に特有の事故情報の収集・分析や対策の検討・実施に加え、これらの取組の効果の検証等を行い、関係者全体でPDCAサイクルを回すことにより、漁業労働災害防止を推進しました。

イ　ライフジャケットの普及促進

漁業者の命を守るライフジャケットについては、平成30（2018）年2月からその着用が義務化され、令和4（2022）年2月から罰則が適用されたことを踏まえ、関係省庁及び関係都道府県とともに、より一層着用の徹底を図りました。

（2）安全確保に向けた技術導入

漁業では、見張りの不足や操船ミスなどの人為的要因による衝突事故等が数多く発生しているため、安全意識啓発等の取組に加え、人為的過誤等を防止・回避するための新技術の開発・実装・普及を促進しました。

第2部

III 地域を支える漁村の活性化の推進

1 浜の再生・活性化

（1）浜プラン・広域浜プラン

これまで浜ごとの漁業所得の向上を目標としてきた浜プランにおいて、今後は、海業や渚泊等の漁業外所得確保のための取組の促進や、関係府省や地方公共団体の施策も活用した漁村外からのUIターンの確保、次世代への漁労技術の継承、漁業以外も含めた活躍の場の提供等による地域の将来を支える人材の定着と漁村の活性化についても推進していけるよう見直しを行いました。

また、「浜の活力再生広域プラン」（以下「広域浜プラン」という。）に基づき、複数の漁村地域が連携して行う浜の機能再編や担い手育成等の競争力を強化するための取組への支援を通じて、漁業者の所得向上や漁村の活性化を主導する漁協の事業・経営改善を図るとともに、拠点漁港等の流通機能の強化と併せて、関連する海業を含めた地域全体の付加価値の向上を図りました。

（2）海業等の振興

漁村の人口減少や高齢化、漁業所得の減少等、地域の活力が低下する中で、地域の理解と協力の下、地域資源と既存の漁港施設を最大限に活用した海業等の取組を一層推進することで、海や漁村の地域資源の価値や魅力を活用した取組を根付かせて水産業と相互に補完し合う産業を育成し、地域の所得と雇用機会の確保を図りました。また、地域の漁業実態に合わせ、漁港施設の再編・整理、漁港用地の整序により、漁港を海業等に利活用しやすい環境の整備を推進しました。

（3）民間活力の導入

海業等の推進に当たり、民間事業者の資金や創意工夫を活かして新たな事業活動が発展・集積するよう、漁港において長期安定的な事業運営を可能とするため、漁港施設・用地又は漁港の区域内における水域若しくは公共空地の利活用に関する新たな仕組みを導入することとし、第211回国会で成立した「漁港漁場整備法及び水産業協同組合法の一部を改正する法律」（令和5年法律第34号。以下「改正法」という。）により新たに漁港施設等活用事業が創設され、改正法が令和6（2024）年4月1日に施行されました。

また、防災・防犯等の観点から必要となる環境を整備し、民間事業者の利用促進を図りました。

さらに、漁業者の所得向上により漁村の活性化を目指す浜プランに基づく取組と併せて、漁村の魅力を活かした交流・関係人口の増大に資する取組を推進するとともに、地域活性化を担う人材確保のため、地域おこし協力隊等の地域外の人材を受け入れる仕組みの利用促進を図りました。

（4）漁港・漁村のグリーン化の推進

漁港・漁村においては、環境負荷の低減や脱炭素化に向けて、漁港漁場整備法の改正により漁港施設への電力供給のための発電施設を漁港施設として位置付け、再生可能エネルギーの活用や更なる導入促進を図るとともに、省エネルギー対策の推進、漁港や漁場利用の効率化による燃油使用量の削減、二酸化炭素の吸収源としても期待される藻場の保全・創造等を推進しました。

また、洋上風力発電については、漁業等の海域の先行利用者との協調が重要であることから、政府は、事業者等による漁業影響調査の実施や漁場の造成、洋上風力発電による電気の地域における活用等を通じた地域漁業との協調的関係の構築を進めました。

（5）水産業等への女性参画等の推進

漁村の活性化のためには、女性が地域の担い手としてこれまで以上に活躍できるようにすべきであり、漁協経営への女性の参画については、漁協系統組織が女性役員の登用を推進するような取組を促進しました。

また、企業等との連携や地域活動の推進を通じて女性が活動しやすい環境の整備を図るとともに、女性グループの起業的取組や、経営能力の向上、加工品の開発・販売等の実践的な取組を推進しました。

さらに、年齢、性別、国籍等によらず地域の水産業を支える多様な人材が活躍できるよう、漁港・漁村において、安全で働きやすい環境と快適な生活環境の整備を推進しました。

くわえて、関係部局や関係府省と連携し、水福連携（障害者等が水産分野で活躍することを通じ、自信や生きがいを持って社会参画を実現していく取組）の優良事例を収集・横展開しました。

また、漁村の活性化等を図るため、生産者、加工・流通業者、地方公共団体その他の多様な関係者が参画する地域コンソーシアムを主体に地域が一体となってデジタル技術を活用するなどの取組を推進しました。

（6）離島対策

離島地域の漁業集落が共同で行う漁業の再生のための取組を支援するとともに、離島における新規漁業就業者の定着を図るため、漁船・漁具等のリースの取組を推進しました。

また、「有人国境離島地域の保全及び特定有人国境離島地域に係る地域社会の維持に関する特別措置法」（平成28年法律第33号）を踏まえ、特定有人国境離島地域の漁業集落の社会維持を図るため、特定有人国境離島地域において漁業・海業を新たに行う者、漁業・海業の事業拡大により雇用を創出する者の取組を推進しました。

2　漁協系統組織の経営の健全化・基盤強化

漁業就業者の減少・高齢化、水揚量の減少等、厳しい情勢の中、漁業者の所得向上を図るためには、漁協の経済事業の強化が必要であり、複数漁協間での広域合併や経済事業の連携等の実施、漁協施設の機能再編、漁協による海業の取組を進めることにより、漁業者の所得向上及び漁協の経営の健全性確保のための取組を推進しました。

また、経営不振漁協の収支改善に向けた漁協系統組織の取組を促進するとともに、信用事業実施漁協等の健全性を確保するため、公認会計士監査の円滑な導入及び監査の品質向上等に向けた取組を支援しました。

あわせて、指導監督指針や各種ガイドライン等に基づく漁協のコンプライアンス確保に向けた自主的な取組を促進しました。

3　加工・流通・消費に関する施策の展開
（1）加工
ア　環境等の変化に適応可能な産業への転換

特定魚種の不漁や漁獲される魚種の変化に適応するため、資源量が増えている又は資源状況が良い加工原料への転換や多様化を進めることにより、環境等の変化に適応可能な産業に向けた取組を促進しました。

また、環境対策としては、環境負荷低減に資する加工機器や冷蔵・冷凍機器の導入等を通じた温室効果ガスの発生抑制及び省エネルギーへの取組を推進しました。

イ　国産加工原料の安定供給等

漁業経営の安定に資するため、水産物の価格の著しい変動を緩和し、加工原料を水産加工業へ安定的に供給するなど、水産物供給の平準化の取組を推進しました。

また、国民に対する水産物の安定供給を図るため、輸入原材料から国産原材料

へ転換する水産加工業者に対して、国産原材料を安定的に供給する漁業者団体等の取組を支援しました。

ウ　中核的水産加工業者の育成

　地域の意欲ある経営者を中核的水産加工業者として育成し、それぞれの知恵やノウハウを持ち寄り、1社ではできない新製品開発や新規販路開拓等の経営改善に資する取組を促進することにより、各中核的水産加工業者の経営体力強化を図りました。

　また、後継者不足により廃業が見込まれる小規模な事業者の持つブランドや技術を中核的水産加工業者や次世代に継承する取組を促進しました。

エ　生産性向上と外国人材の活用

　外国人材に過度に依存しない生産体制を構築するため、先端技術を活用した省人化・省力化のための機械の導入により、生産性向上を図りました。

　また、機械では代替困難な業務を外国人材が担えるよう育成するとともに、外国人材の地域社会での円滑な受入れ及び共生を図るための受入環境整備の取組を行いました。

（2）流通
ア　水産バリューチェーンの構築

　沿岸漁業で漁獲される多種多様な魚については、消費地に近い地域では直接届け、消費地から遠い地域では一旦ストックして加工するなど地域の特徴を踏まえ、消費者に届ける加工・流通のバリューチェーンの強化を図りました。

　加工流通システムの中で健全なバリューチェーンの構築を図るため、マーケットインの発想に基づく「売れるものづくり」を促進し、生産・加工・流通が連携したICT等の活用による低コスト化、高付加価値化等の生産性向上の取組を全国の主要産地等に展開しました。

イ　産地市場の統合・重点化の推進

　我が国水産業の競争力強化を図るため、市場機能の集約・効率化を推進し、漁獲物を集約すること等により価格形成力の強化を図りました。

　また、広域浜プランとの連携の下、水産物の流通拠点となる漁港や産地市場において、高度な衛生管理や省力化に対応した荷さばき所、冷凍・冷蔵施設等の整備を推進しました。

　水産物の流通については、従来の多段階流通に加え、消費者や需要者のニーズに直接応える形で水産物を提供するなど様々な取組が広がっています。このため、最も高い価値を認める需要者に商品が効率的に届くよう、ICT等の他産業の新たな技術や最新の冷凍技術を活用し、多様な流通ルートの構築により取引の選択肢の拡大等を図りました。

ウ　水産物等の健全な取引環境の整備

　水産物が違法に採捕され、それらが流通することで水産資源の持続的な利用に悪影響を及ぼすおそれがあります。したがって、輸出入も含め違法に採捕された水産物の流通を防止する必要があるとともに、水産物の食品表示の適正化やビジネスと人権との関係等、健全な取引環境の整備を図っていく必要があります。

　このため、IUU漁業の撲滅に向けて、IUU漁業国際行動計画やPSM協定等に基づく措置を適切に履行しました。また、令和4（2022）年12月に施行された水産流通適正化法に基づき、対象水産物についての取扱事業者間における漁獲番号等の情報の伝達や輸出入時の適法採捕を証する証明書の添付等の措置の適正な運用を推進し、違法に採捕された水産動植物

の流通の防止を図りました。

さらに、水産物の産地における食品表示の適正化に向け、適切な指導を行いました。

くわえて、近年、重要性がより一層増してきている人権問題に関するサプライチェーンの透明性について、サプライチェーンのビジネスと人権に関する透明性の確保を企業に促すための啓発等を行いました。

（3）消費
ア　国産水産物の消費拡大
天然魚、養殖魚を問わず国産水産物の活用を促進するための地産地消の取組及び低・未利用魚の有効活用の取組等に併せて、学校給食向け商品の開発や販路開拓、若年層・学校栄養士等に対する魚食普及活動等を推進しました。

また、内食における簡便化志向、地域ブランドへの関心の高まり等の多様化する消費者ニーズに対応した水産物の提供を促進しました。

さらに、水産物の消費機運を向上させるため、民間企業の創意工夫によって行われる消費拡大の取組等と連携し、消費者に対する国産水産物の魅力や「さかなの日」の情報発信を推進しました。

イ　水産エコラベルの活用の推進
我が国の水産物が持続可能な漁業・養殖業由来であることを示す水産エコラベルの活用に向けて、水産加工業者や小売業者団体への働きかけを通じて、傘下の水産物加工業者・流通業者による水産エコラベル認証の活用を含めた調達方針等の策定を促進しました。

また、インターナショナルシーフードショーをはじめとする国際的なイベント等において、日本産水産物の水産エコラベル認証製品を積極的に紹介し、海外で

の認知度向上を図るとともに、マスメディアやSNS等の媒体等を通じ、国内消費者に対し取組への理解の促進を図りました。

4　水産業・漁村の多面的機能の適切な発揮
水産業・漁村の持つ水産物の供給以外の多面的な機能が将来にわたって適切に発揮されるよう、一層の国民の理解の増進を図りつつ効率的かつ効果的に取組を促進しました。また、NPO・ボランティア・海業に関わる人といった、漁業者や漁村住民以外の多様な主体の参画や、災害時の地方公共団体・災害ボランティアとの連携の強化を推進するとともに、活動組織が存在しない地域において活動組織の立ち上げを図り、環境生態系保全の取組を進めました。

特に国境監視の機能については、全国に存在する漁村と漁業者による海の監視ネットワークが形成されていることから、漁業者と国・地方公共団体の関係部局との協力体制の下で監視活動の取組を推進しました。

5　漁場環境の保全・生態系の維持
（1）藻場・干潟等の保全・創造
藻場・干潟の保全活動を行う漁業者等の高齢化や担い手不足に加え、ブルーカーボン生態系としての藻場・干潟の重要性や保全活動への社会的な関心の高まり等を踏まえて、各海域における持続可能な保全体制を構築するとともに、カーボンニュートラルにも資するよう、令和5（2023）年12月に藻場・干潟ビジョンを改訂しました。

また、漁業者等が行う藻場・干潟の保全などの水産業・漁村の多面的機能の適切な発揮に資する取組、高水温に強い藻場の造成手法等の技術開発を推進しました。

さらに、藻場の二酸化炭素固定効果の評価手法の開発、干潟における砕石敷設等の新技術の開発・活用、サンゴ礁の保全・回

復に関する技術の開発・実証等を推進したほか、藻類・貝類の海洋環境や生態系への影響の把握も進めました。

（2）栄養塩類管理

瀬戸内海等の閉鎖性水域において水質浄化が進む中で、ノリの色落ちの発生やイカナゴ、アサリ等の水産資源の減少の問題が発生していることから、瀬戸内海については地方公共団体、学術機関及び漁業関係者等と連携し、水産資源の生産性の確保に向けた地域による栄養塩類管理方策の策定に貢献するため、栄養塩類も含めた水域の状況及び栄養塩類と水産資源との関係に関するデータの収集や共有等を進めました。

また、栄養塩類の不足が懸念されている他の水域についても、地方公共団体等と協力・連携して、栄養塩類と水産資源との関係に関する調査・研究を推進しました。

さらに、栄養塩類管理と連携した藻場・干潟の創出や保全活動等により、閉鎖性水域における漁場環境改善を推進しました。

（3）赤潮対策

赤潮・貧酸素水塊による漁業被害の軽減対策のためには、早期かつ的確な赤潮等の情報の把握及び提供が重要であることから、従来とは異なる海域で赤潮が発生している状況も踏まえて、地方公共団体及び研究機関等と連携し、赤潮発生のモニタリング、発生メカニズムの解明、発生の予測手法及び防除技術等の開発に取り組みました。

（4）野生生物による漁業被害対策

都道府県の区域を越えて広く分布・回遊し、漁業に被害を与えるトド、ヨーロッパザラボヤ、大型クラゲ等の生物で、広域的な対策により漁業被害の防止・軽減に効果が見通せるなど一定の要件を満たすものについて、国と地方公共団体との役割分担を踏まえ、出現状況に関する調査、漁業関係者への情報提供、被害を効率的かつ効果的に軽減するための技術の開発・実証、駆除・処理活動への支援等に取り組みました。

特に、トドについては、漁業被害の軽減及び絶滅回避の両立を図ることを目的として平成26（2014）年に水産庁が策定した「トド管理基本方針」に基づく管理を継続するとともに、令和6（2024）年度末までに科学的知見に基づき同方針を見直すこととしました。

（5）生物多様性に配慮した漁業の推進

漁業は、自然の生態系に依存し、その一部の海洋生物資源を採捕することにより成り立つ産業であることから、漁業活動を持続的に行うため、海洋保護区やOECM（Other Effective Area-based Conservation Measures：保護地域以外で生物多様性保全に資する地域）の考え方をもとに、海洋環境や海洋生態系を健全に保ち、生物多様性の保全と漁業の振興との両立を図る取組について検討を進めました。

海洋生態系のバランスを維持しつつ、持続的な漁業を行うため、国際的な議論も踏まえ、サメ、ウミガメ、ウナギ等に関する国内管理措置等の検討・普及等を進めました。

（6）海洋環境の保全（海洋プラスチックごみ、油濁）

環境省や都道府県等と連携し、漁業者による海洋ごみの持ち帰りの取組や廃棄物処理に関する施策の周知及び処理の促進に加え、漁業・養殖業用の漁具や資機材について、実用性を確保しつつ、環境にも配慮した生分解性素材を用いた漁具開発への支援等に取り組みました。

また、マイクロプラスチックが水産生物に与える影響等についての科学的調査を行い、その結果について情報発信を行いました。

漁場の油濁被害防止については、海上の船舶等からの油流出により海面及び内水面

において漁業被害が発生していることから、国、都道府県及び民間事業者が連携して、引き続き専門家の派遣や防除・清掃活動を支援するほか、講習会等を通じ、事故対応策について漁業者等への普及を図りました。

（7）環境変化に適応した漁場生産力の強化

海水温の上昇等、海洋環境の変化による漁場変動や魚種の変化が顕在化してきている中、持続可能な漁業生産を確保するため、環境変化等に伴う漁獲対象種の多様化に適応した漁場整備、海域環境を的確に把握するための海域環境モニタリング、都道府県等の研究機関との連携体制の構築、調査・実証の強化等、海洋環境の変化に適応した漁場整備を推進しました。

また、新たな資源管理の着実な推進の方針の下、沖合におけるフロンティア漁場整備、水産生物の生活史に配慮した広域的な水産環境整備、資源回復を促進するための種苗生産施設の整備等を推進しました。

6　防災・減災、国土強靱化への対応

漁業地域において、「国土強靱化基本計画」（令和5（2023）年7月閣議決定）等を踏まえ、災害発生に備えた事前の防災・減災対策、災害発生後の円滑な初動対応や漁業活動の継続に向けた支援等を推進するとともに、老朽化が進む漁港施設等の機能を確保するため、以下の対策に取り組みました。

（1）事前の防災・減災対策

漁業地域の安全・安心の確保のため、今後発生が危惧される大規模地震・津波の被害想定や気候変動による水位上昇の影響等を踏まえた設計条件の点検・見直しを推進し、持続的な水産物の安定供給に資する漁港施設の耐震化・耐津波化・耐浪化や浸水対策を推進しました。

また、緊急物資輸送等の災害時の救援活動等の拠点となる漁港や離島等の生活航路を有する漁港の耐震・耐津波対策を推進しました。

さらに、漁港の就労者や来訪者、漁村の生活者等の安全確保のため、避難路や避難施設の整備、避難・安全情報伝達体制の構築等の避難対策を推進しました。

くわえて、漁港海岸について、大規模地震による津波やゼロメートル地帯の高潮等に対し、沿岸域における安全性向上を図る津波・高潮対策を推進しました。

（2）災害からの早期復旧・復興に向けた対応

災害発生後の迅速な被害状況把握のため、国と地方公共団体、関係団体との情報連絡体制の強化、ドローンをはじめとするICT等の新技術の活用を図るとともに、災害時の円滑な初動対応に向け、漁港管理者と建設関係団体の間、更には、漁協等漁業関係者も含めた災害協定締結を促進しました。

また、災害復旧の早期化や改良復旧も推進するとともに、復旧・復興に当たっては、災害復旧事業等関連事業を幅広く活用し、漁業地域の将来を見据えた復旧・復興を推進しました。

さらに、災害時に地域の水産業の早期再開を図るため、漁場から陸揚げ、加工・流通に至る漁業地域を対象とした広域的な事業継続計画の策定を推進しました。

くわえて、水産業従事者の経営再開支援に向け、災害の発生状況及び地域の被害状況に応じて、支援策の充実や柔軟的な運用を行うなど、きめ細かい総合的な支援に努めました。

また、令和6（2024）年1月1日に発生した能登半島地震においては、技術指導等のため、MAFF-SAT（農林水産省・サポート・アドバイス・チーム）を派遣し、被災地方公共団体に対し人的支援を行いました。

第2部

（3）持続可能なインフラ管理

　老朽化により機能低下が懸念される漁港施設等のインフラは、水産業や漁村の振興を図る上で必要不可欠であることから、これら施設の機能の維持・保全が図られるよう、「水産庁インフラ長寿命化計画」（令和3（2021）年3月改定）に基づき、これまでの事後保全型の老朽化対策から、損傷が軽微である早期段階に予防的な修繕等を実施する予防保全型の老朽化対策に転換を図るとともに、新技術を積極的に活用したライフサイクルコストを縮減する取組を支援するなどにより、総合的かつ計画的に長寿命化対策を推進しました。

Ⅳ　水産業の持続的な発展に向けて横断的に推進すべき施策

1　みどりの食料システム戦略と水産政策

　SDGsや環境を重視する国内外の動きが加速していくと見込まれる中、我が国の食料・農林水産業においてもこれらに的確に対応し、持続可能な食料システムの構築に向けて、食料・農林水産業の生産力向上と持続性の両立をイノベーションで実現する「みどりの食料システム戦略」を令和3（2021）年5月に策定しました。

　水産関係では、令和12（2030）年までに漁獲量を平成22（2010）年と同程度（444万t）まで回復させるための施策を講ずることや、令和32（2050）年までにニホンウナギ、クロマグロ等の養殖において人工種苗比率100％を実現することに加え、養魚飼料の全量を環境負荷が少なく給餌効率の高い配合飼料に転換し、天然資源に負荷をかけない持続可能な養殖体制を構築することを推進しました。さらに、令和22（2040）年までに漁船の電化・水素化等に関する技術を確立すべく検討を進めました。

　また、水産関係の上場企業における気候関連非財務情報の開示等も含め、気候変動への適応が円滑に行われるよう必要な取組を実施しました。

　具体的には、これらの取組について、今後の技術開発やロードマップ等を踏まえ、関係者の理解を得ながら、食料・農林水産業の生産力向上と持続性の両立に向けて着実に実行しました。

（1）調達面での取組
ア　養殖業における持続的な飼料及び種苗

　魚類養殖は、支出に占める餌代の割合が大きいため、価格の不安定な輸入魚粉に依存しない飼料効率が高く魚粉割合の低い配合飼料の開発、魚粉代替原料（大豆、昆虫、水素細菌等）の開発等を推進しました。

　また、持続可能な養殖業を実現するために必要な養殖用人工種苗の生産拡大に向けて、人工種苗に関する生産技術の実用化、地域の栽培漁業のための種苗生産施設や民間の施設を活用した養殖用種苗を安定的に量産する体制の構築を推進しました。

　さらに、優良系統の保護を図るため、「水産分野における優良系統の保護等に関するガイドライン」及び「養殖業における営業秘密の保護ガイドライン」の周知に取り組みました。

イ　漁具のリサイクル

　漁業者、地方公共団体、企業等が連携した廃漁網のリサイクルの取組に係る情報発信等に取り組みました。

（2）生産面での取組
ア　資源管理の推進

　新たな資源管理の推進に当たっては、関係する漁業者の理解と協力が重要であり、適切な管理が収入の安定につながる

第2部

ことを漁業者等が実感できるよう配慮しつつ、ロードマップに盛り込まれた工程を着実に実現すべく取組を進めました。

また、「令和12（2030）年までに、平成22（2010）年と同程度（目標444万t）まで漁獲量を回復」させるという目標に向け、資源評価結果に基づき、必要に応じて、漁獲シナリオ等の管理手法を修正するとともに、資源管理を実施していく上で新たに浮かび上がった課題の解決を図りつつ、資源の維持・回復に取り組みました。

イ　養殖業における環境負荷低減

漁場環境への負荷軽減が可能な沖合の漁場が活用できるよう、静穏水域の創出等沖合域を含む養殖適地の確保を進め、また、台風等による波浪の影響を受けにくい浮沈式生簀等を普及させるとともに、大規模化による省力化や生産性の向上を推進しました。

（3）加工・流通での取組（IUU漁業の撲滅）

水産物が違法に採捕され、それらが流通することで水産資源の持続的な利用に悪影響を及ぼすおそれがあり、輸出入も含め違法に採捕された水産物の流通を防止する必要があります。

このため、IUU漁業の撲滅に向けて、IUU漁業国際行動計画やPSM協定等に基づく措置を適切に履行しました。

また、令和4（2022）年12月に施行された水産流通適正化法に基づき、対象水産物についての取扱事業者間における漁獲番号等の情報の伝達や適法採捕を証する証明書の輸出入時の添付等の措置の適正な運用を推進し、違法に採捕された水産動植物の流通の防止を図りました。

（4）消費での取組（水産エコラベルの活用の推進）

我が国の水産物が持続可能な漁業・養殖業由来であることを示す水産エコラベルの活用に向けて、水産加工業者や小売業者団体への働きかけを通じて、傘下の水産加工業者・流通業者による水産エコラベル認証の活用を含めた調達方針等の策定を促進しました。

また、インターナショナルシーフードショーをはじめとする国際的なイベント等において、日本産水産物の水産エコラベル認証製品を積極的に紹介し、海外での認知度向上を図るとともに、マスメディアやSNS等の媒体等を通じ、国内消費者に対し取組への理解の促進を図りました。

2　スマート水産技術の活用

ICTを活用して漁業活動や漁場環境の情報を収集し、適切な資源評価・管理を促進するとともに、生産活動の省力化や効率化、漁獲物の高付加価値化により、生産性を向上させる「スマート水産技術」を活用するため、以下の施策を推進しました。

また、関係府省とも連携を行い、漁村や洋上における通信環境等の充実やデジタル人材の確保・育成等を推進しました。

（1）資源評価・管理に資する技術開発と現場実装

従来の調査船調査、市場調査、漁船活用調査等に加え、迅速な漁獲データ、海洋環境データの収集・活用や電子的な漁獲報告を可能とする情報システムの構築・運用等のDXを推進しました。この中で、国は、主要な漁協・市場の全て（400か所以上）でのデータ収集システムの構築がされるよう取り組みました。

また、これらの取組から得られたデータに基づく資源評価の高度化や適切な資源管理の実施等を行いました。

第2部

（2）成長産業化に資する技術開発と現場実装

漁労作業の省人化・省力化、海流や水温分布等の漁場環境データの提供、養殖における成長データや給餌量データの分析・活用といった漁業者・養殖業者からのニーズの把握を進めました。また、開発企業等が共同で新技術の開発・実証・導入に取り組む試験・開発プラットフォームにより、民間活力を活用した技術開発を推進しました。

（3）水産加工・流通に資する技術開発と現場実装

マーケットインの発想に基づく「売れるものづくり」を促進するため、生産・加工・流通が連携し、ICT等の活用による荷さばき、加工現場の自動化等の低コスト化、鮮度情報の消費者へのPR等の高付加価値化等の生産性向上のための取組を全国の主要産地等に展開しました。

また、水産流通適正化法の義務履行に当たり、関係事業者の負担軽減を図りつつ、制度の円滑な実施を行うため、漁獲番号等を迅速かつ正確・簡便に伝達するための情報システムを整備するなど、電子化を推進しました。

3　カーボンニュートラルへの対応

（1）漁船の電化・燃料電池化

水産業に影響を及ぼす海洋環境の変化の一因である地球温暖化の進行を抑えていくためには、二酸化炭素をはじめとする温室効果ガス排出量削減を漁業分野においても推進していく必要があることから、衛星利用による漁場探索の効率化、グループ操業の取組、省エネルギー機器の導入等による燃油使用量の削減を図りました。

また、漁船の脱炭素化に適応する観点から、必要とする機関出力が少ない小型漁船を念頭に置いた水素燃料電池化、国際商船や作業船等の漁業以外の船舶の技術の転

用・活用も視野に入れた漁船の脱炭素化の研究開発を引き続き推進しました。

（2）漁港・漁村のグリーン化の推進

漁港・漁村における環境負荷の低減や脱炭素化に向けて、漁港漁場整備法の改正により漁港施設への電力供給のための発電施設を漁港施設として位置付け、再生可能エネルギーの活用や更なる導入促進を図るとともに省エネルギー対策の推進、漁港や漁場利用の効率化による燃油使用量の削減等を推進しました。

また、藻場・干潟等は豊かな生態系を育む機能を有し、水産資源の増殖に大きな役割を果たしていることから、藻場・干潟ビジョンに基づき、効果的な藻場・干潟等の保全・創造を図りました。

さらに、近年では、ブルーカーボンの吸収源としても注目が高まっていることから、海藻類を対象として藻場の二酸化炭素固定効果の評価手法の開発、ブルーカーボン・クレジットを活用した藻場の維持・保全体制の構築に向けた社会実装を推進しました。

V　東日本大震災からの復旧・復興及びALPS処理水の海洋放出に係る水産業支援

1　地震・津波被災地域における着実な復旧・復興

地震・津波被災地域では、漁港施設、水産加工施設等の水産関係インフラの復旧はおおむね完了していますが、サケ、サンマ及びスルメイカといった被災地域において依存度の高い魚種の長期的な不漁もあり、被災地域の中核産業である漁業の水揚げの回復や水産加工業の売上げの回復が今後の課題となっています。

そのため、漁場のがれき撤去等による水

揚げの回復や水産加工業における販路の回復・開拓、加工原料の転換や水産資源の造成・回復等の取組を引き続き支援しました。また、官民合同チームは、令和3（2021）年6月から福島県浜通り地域等の水産仲買・加工業者への個別訪問・支援を開始しており、継続的に取組を進めました。

2　ALPS処理水の海洋放出の影響及び水産業支援

原子力災害被災地域である福島県では、令和3（2021）年4月から「本格操業への移行期間」という位置付けの下、水揚げの拡大に取り組んでいます。しかし、沿岸漁業及び沖合底びき網漁業の水揚量は、震災前と比較し依然として低水準の状況にあり、水揚量の増加とそのための流通・消費の拡大が課題となっています。

こうした中で、多核種除去設備（ALPS：Advanced Liquid Processing System）等により浄化処理した水（以下「ALPS処理水」という。）に関し、令和3（2021）年4月13日に開催された第5回廃炉・汚染・処理水対策関係閣僚等会議において、安全性を確保し、政府を挙げて風評対策を徹底することを前提に、海洋放出することとした「東京電力ホールディングス株式会社福島第一原子力発電所における多核種除去設備等処理水の処分に関する基本方針」を決定しました。

その後、風評対策が重要な課題となっていることを受け、同年8月24日の第2回ALPS処理水の処分に関する基本方針の着実な実行に向けた関係閣僚等会議において、「東京電力ホールディングス株式会社福島第一原子力発電所におけるALPS処理水の処分に伴う当面の対策の取りまとめ」（以下「当面の対策の取りまとめ」という。）を、同年12月28日の第3回ALPS処理水の処分に関する基本方針の着実な実行に向けた関係閣僚等会議において、当面の対策の

取りまとめに盛り込まれた対策ごとに今後1年間の取組や中長期的な方向性を整理した「ALPS処理水の処分に関する基本方針の着実な実行に向けた行動計画」（以下「行動計画」という。）を決定しました。また、令和5（2023）年1月13日の第5回ALPS処理水の処分に関する基本方針の着実な実行に向けた関係閣僚等会議においても行動計画を改定し、これを踏まえ、生産・加工・流通・消費の各段階における徹底した対策等に取り組みました。

具体的には、風評を生じさせないための取組として、水産物の信頼確保のため、トリチウム（三重水素）を対象とするモニタリングを強化するほか、食品中の放射性セシウムのモニタリング検査を継続的に行い、これらの調査の結果やQ&Aを日本語にくわえて英語等の他言語でWebサイトに掲載し、正確で分かりやすい情報提供を実施しました。また、一般消費者向けのなじみやすいパンフレットも作成し、消費者等への説明に活用するとともに、漁業者、加工業者、消費者等様々な関係者に対して、引き続き、説明を実施しました。

さらに、原発事故に伴う我が国の農林水産物・食品に対する輸入規制を維持している国・地域に対して、政府一体となって、あらゆる機会を活用し、科学的知見に基づき輸入規制を早期に撤廃するよう、より一層の働き掛けを実施しました。

くわえて、風評に打ち克ち、安心して事業を継続・拡大するための取組として、生産段階においては、福島県並びに青森県、岩手県、宮城県、茨城県及び千葉県（以下「近隣県」という。）の太平洋側の漁業者等が新船の導入又は既存船の活用により水揚量の回復を図る取組や、養殖業者等が収益性の高い操業・生産体制への転換等を推進し、より厳しい環境下でも養殖業を継続できる経営体の効率的かつ効果的な育成のため実施する取組や水産資源造成・回復の

取組を支援するほか、福島県の漁業を高収益・環境対応型漁業へ転換させるべく、生産性向上、省力化・省コスト化に資する漁業用機器設備の導入を支援しました。

また、次世代の担い手となる新規漁業就業者の確保・育成を強化するため、漁家子弟を含めた新規漁業就業者への長期研修等や就業に必要な漁船・漁具のリース方式による導入について、福島県に加え近隣県でも実施できるよう支援しました。

さらに、不漁の影響を克服するため、複数経営体の連携による協業化や共同経営化又は多目的船の導入等、操業・生産体制の改革による水揚量の回復及び収益性の向上を図るほか、養殖業への転換の取組を福島県に加え近隣県においても推進しました。

くわえて、加工・流通・消費段階では、福島県をはじめとした被災地域の水産物を販売促進する取組や水産加工業の販路回復に必要な取組等を支援し、販売力の強化の取組を推進しました。

また、当面の対策の取りまとめに基づき、令和3（2021）年度補正予算において予算措置された基金事業では、ALPS処理水の海洋放出に伴う風評影響を最大限抑制しつつ、仮に風評影響が生じた場合にも、水産物の需要減少への対応を機動的・効率的に実施し、漁業者の方々が安心して漁業を続けていくことができるよう、水産物の販路拡大等の取組への支援を実施しました。

さらに、令和4（2022）年度補正予算において予算措置された基金事業により、売上高向上や基本コスト削減により持続可能な漁業継続を実現するため、当該漁業者が創意工夫を凝らして行う活動への支援を行う仕組みを構築しました。

令和5（2023）年8月22日の第6回廃炉・汚染水・処理水対策関係閣僚等会議及び第6回ALPS処理水の処分に関する基本方針の着実な実行に向けた関係閣僚等会議において行動計画を改定し、「『東京電力ホール

ディングス株式会社福島第一原子力発電所における多核種除去設備等処理水の処分に関する基本方針』の実行と今後の取組について」を決定し、同月24日にALPS処理水の海洋放出を開始しました。

同年9月4日、政府は、ALPS処理水の海洋放出以降の一部の国・地域の輸入規制強化を踏まえ、1）国内消費拡大・生産持続対策、2）風評影響に対する内外での対応、3）輸出先の転換対策、4）国内加工体制の強化対策及び5）迅速かつ丁寧な賠償の5本の柱からなる「水産業を守る」政策パッケージを策定し、科学的根拠に基づかない措置の即時撤廃を求めていくとともに、全国の水産業支援に万全を期すため、前述の基金や東京電力による賠償に加え、特定国・地域への依存を分散するための緊急支援事業を創設し、早急に実行に移しました。具体的には、上述の令和3年度補正予算で措置された基金に基づき、水産物の販路拡大や一時買取・保管等を支援しました。

また、ALPS処理水海洋放出の影響のある漁業者に対し、売上高向上や基本コスト削減により持続可能な漁業継続を実現するため、当該漁業者が創意工夫を凝らして行う新たな魚種・漁場の開拓等に係る漁具等の必要経費、燃油コスト削減や魚箱等コストの削減に向けた取組、省エネルギー性能に優れた機器の導入に要する費用に対して支援を行いました。

さらに、水産関係事業者への資金繰り支援として、株式会社日本政策金融公庫の農林漁業セーフティネット資金等について、対象要件の緩和や特別相談窓口の設置等を行うとともに、漁業信用基金協会の保証付き融資について、実質無担保・無保証人化措置を講じました。

くわえて、国内加工体制を強化するため、水産加工業者等による既存の加工場のフル活用に向けた人材活用等や、加工機器の導入等を支援するとともに、輸出減少が顕著

な品目の一時買取・保管や海外も含めた新規の販路開拓を支援しました。

また、令和5（2023）年11月には、補正予算において輸出拡大に必要なHACCP等対応の施設・機器整備、加工原材料の買取・一時保管、加工原材料切替等に伴う設備の導入等の支援を措置しました。

これらの対策を含め、所要の対策を政府一体となって講ずることで、関係府省が連携を密にして被災地域の漁業の本格的な復興を目指すとともに、全国の漁業者が漁業を安心して継続できる環境を整備しました。

Ⅵ　水産に関する施策を総合的かつ計画的に推進するために必要な事項

1　関係府省等の連携による施策の効率的な推進

水産業は、漁業のほか、多様な分野の関連産業により成り立っていることから、関係府省等が連携を密にして計画的に事業を実施するとともに、施策間の連携を強化することにより、各分野の施策の相乗効果の発揮に努めました。

2　施策の進捗管理と評価

効率的かつ効果的な行政の推進及び行政の説明責任の徹底を図る観点から、施策の実施に当たっては、政策評価も活用しつつ、毎年度、進捗管理を行うとともに、効果等の検証を実施し、その結果を公表しました。さらに、これを踏まえて施策内容を見直すとともに、政策評価に関する情報公開を進めました。

3　消費者・国民のニーズを踏まえた公益的な観点からの施策の展開

水産業・漁村に対する消費者・国民のニーズを的確に捉えた上で、消費者・国民の視点を踏まえた公益的な観点から施策を展開しました。

また、施策の決定・実行過程の透明性を高める観点から、インターネット等を通じ、国民のニーズに即した情報公開を推進するとともに、施策内容や執行状況に関する分かりやすい広報活動の充実を図りました。

4　政策ニーズに対応した統計の作成と利用の推進

我が国漁業の生産構造、就業構造等を明らかにするとともに、水産物流通等の漁業を取り巻く実態と変化を把握し、水産施策の企画・立案・推進に必要な基礎資料を作成するための調査を着実に実施しました。

具体的には、2023年漁業センサスや漁業・漁村の6次産業化に向けた取組状況を的確に把握するための調査等を実施しました。

また、市場化テスト（包括的民間委託）を導入した統計調査を実施しました。

5　事業者や産地の主体性と創意工夫の発揮の促進

官と民、国と地方の役割分担の明確化と適切な連携の確保を図りつつ、漁業者等の事業者や産地の主体性・創意工夫の発揮をより一層促進しました。

具体的には、事業者や産地の主体的な取組を重点的に支援するとともに、規制の必要性・合理性について検証し、不断の見直しを行いました。

6　財政措置の効率的かつ重点的な運用

厳しい財政事情の下で予算を最大限有効に活用するため、財政措置の効率的かつ重点的な運用を推進しました。

また、施策の実施状況や水産業を取り巻く状況の変化に照らし、施策内容を機動的に見直し、翌年度以降の施策の改善に反映させました。

第2部

（参考）水産施策の主なKPI

水産施策の推進に当たっては、重要業績評価指標（KPI：Key Performance Indicator）を設定しています。水産施策の主なKPIとその進捗状況は、以下のとおりです。

分野	KPI	進捗状況 （令和5（2023）年末時点）	KPIが記載された計画等
漁業	令和12（2030）年までに、漁獲量を平成22（2010）年と同程度（444万t）まで回復させることを目指す（参考：平成30（2018）年漁獲量331万t）。	令和4（2022）年の漁獲量（海藻類及び海産ほ乳類を除く）は、292万tであり、目標の66％。	みどりの食料システム戦略（令和3（2021）年5月策定）及び資源管理の推進のための新たなロードマップ（令和6（2024）年3月策定）
養殖業	令和32（2050）年までに、ニホンウナギ、クロマグロ等の養殖において人工種苗比率100％を実現することに加え、養魚飼料の全量を配合飼料給餌に転換し、天然資源に負荷をかけない持続可能な養殖生産体制を目指す。	令和4（2022）年の人工種苗比率（ニホンウナギ、クロマグロ、カンパチ、ブリ）は4.4％。 令和4（2022）年の配合飼料比率は47％。	みどりの食料システム戦略
養殖業	戦略的養殖品目について、令和12（2030）年に以下の生産量を目指す。 ・ブリ類　24万t ・マダイ　11万t ・クロマグロ　2万t ・サケ・マス類　3〜4万t ・新魚種（ハタ類等）　1〜2万t ・ホタテガイ　21万t （・真珠　令和9（2027）年目標200億円）	令和4（2022）年の生産量は、以下のとおり（％は目標との比較）。 ・ブリ類　11万t（46％） ・マダイ　7万t（64％） ・クロマグロ　2万t（100％） ・サケ・マス類（ギンザケのみ）2万t（50％） ・ホタテガイ　17万t（81％） （・真珠　181億円（90％））	養殖業成長産業化総合戦略（令和2（2020）年7月策定、令和3（2021）年7月改訂）
輸出	水産物の輸出額を令和7（2025）年までに0.6兆円、令和12（2030）年までに1.2兆円とすることを目指す。 （うち令和12（2030）年の輸出重点品目 ・ブリ類　1,600億円 ・マダイ　600億円 ・ホタテガイ　1,150億円 ・真珠　472億円）	令和5（2023）年の水産物輸出額は、3,901億円であり、令和12（2030）年の目標の33％。	食料・農業・農村基本計画（令和2（2020）年3月閣議決定）及び経済財政運営と改革の基本方針2020・成長戦略フォローアップ（令和2（2020）年7月閣議決定）における農林水産物・食品の輸出額目標の内数並びに養殖業成長産業化戦略
水産業全体	令和14（2032）年度の水産物の自給率は、以下を目標とする。 ・食用魚介類　94％ ・魚介類全体　76％ ・海藻類　　　72％	令和4（2022）年度の水産物の自給率（概算値）は、以下のとおり。 ・食用魚介類　56％ ・魚介類全体　54％ ・海藻類　　　67％	水産基本計画（令和4（2022）年3月閣議決定）
水産業全体	令和22（2040）年までに、漁船の電化・水素化等に関する技術の確立を目指す。	技術の確立に向けて、水素燃料電池を使用する漁船の実証を計画。	みどりの食料システム戦略

令和 6 年度

水 産 施 策

第213回国会（常会）提出

令和6年度　水産施策

令和6年度に講じようとする施策

目　次

概説

1 施策の重点

　我が国の水産業は、国民に安定的に水産物を供給する機能を有するとともに、漁村地域の経済活動や国土強靭化の基礎をなし、その維持発展に寄与するという極めて重要な役割を担っています。しかし、水産資源の減少によって漁業・養殖業生産量は長期的な減少傾向にあり、漁業者数も減少しているという課題を抱えています。

　また、近年顕在化してきた海洋環境の変化を背景に、サンマ、スルメイカ、サケ等の我が国の主要な魚種の不漁が継続しています。これらの魚種の不漁の継続は、漁業者のみならず、地域の加工業者や流通業者に影響を及ぼし得るものです。

　一方、社会経済全体では、少子・高齢化と人口減少による労働力不足等が懸念されることに加え、持続的な社会の実現に向けた持続可能な開発目標（SDGs）等の様々な環境問題への国際的な取組の広がり、デジタル化の進展が人々の意識や行動を大きく変えつつあります。

　こうした水産業をめぐる状況の変化に対応するため、新たな「水産基本計画」（令和4（2022）年3月閣議決定）を策定し、①海洋環境の変化も踏まえた水産資源管理の着実な実施、②増大するリスクも踏まえた水産業の成長産業化の実現、③地域を支える漁村の活性化の推進の3点を柱と位置付けました。本計画を実行することにより、水産資源の適切な管理等を通じた水産業の成長産業化を図り、次世代を担う若い漁業者の安定的な生活の確保に向けた十分な所得の確保、年齢バランスの取れた漁業就業構造の確立を図ります。

2 財政措置

　水産施策を実施するために必要な関係予算の確保とその効率的な執行を図ることとし、令和6（2024）年度水産関係当初予算として、1,909億円を計上しています。

3 法制上の措置

　太平洋クロマグロの国内管理の強化のため、第213回国会に、「漁業法及び特定水産動植物等の国内流通の適正化等に関する法律の一部を改正する法律案」を提出したところです。

4 税制上の措置

　水産施策の推進に向け、漁船に関する軽油引取税の課税免除の適用期限を延長するとともに、漁港及び漁場の整備等に関する法律に基づく「漁港水面施設運営権」について、法人税法上の減価償却資産（無形固定資産）とする等の措置、過疎地域において事業用設備等を取得した場合の割増償却の適用期限の延長、東日本大震災により滅失・損壊した償却資産（漁船）に代わるものとして一定の被災地域内で取得等された償却資産に係る課税標準の特例措置の適用期限の延長等、税制上の所要の措置を講じます。

5 金融上の措置

　水産施策の総合的な推進を図るため、地域の水産業を支える役割を果たす漁協系統金融機関及び株式会社日本政策金融公庫による制度資金等について、所要の金融上の措置を講じます。

　また、都道府県による沿岸漁業改善資金の貸付けを促進し、省エネルギー性能に優れた漁業用機器の導入等を支援します。

　さらに、ALPS処理水の海洋放出、令和6年能登半島地震、新型コロナウイルス感染症及び原油価格・物価高騰等の影響を受けた漁業者の資金繰りに支障が生じないよう、農林漁業セーフティネット資金等の実質無利子・無担保化等の措置を講ずるとと

もに、新型コロナウイルス感染症の影響による売上げ減少が発生した水産加工業者に対しては、セーフティネット保証等の中小企業対策等の枠組みの活用も含め、ワンストップ窓口等を通じて周知を図ります。

6 政策評価

効率的かつ効果的な行政の推進及び行政の説明責任の徹底を図る観点から、「行政機関が行う政策の評価に関する法律」（平成13年法律第86号）に基づき、農林水産省政策評価基本計画（5年間計画）及び毎年度定める農林水産省政策評価実施計画により、事前評価（政策を決定する前に行う政策評価）及び事後評価（政策を決定した後に行う政策評価）を推進します。

Ⅰ 海洋環境の変化も踏まえた水産資源管理の着実な実施

1 資源調査・評価の充実

（1）資源調査・評価の高度化

これまで、令和2（2020）年12月に施行した「漁業法等の一部を改正する等の法律」（平成30年法律第95号）による改正後の「漁業法」（昭和24年法律第267号。以下「改正漁業法」という。）及び令和2（2020）年9月に策定した「新たな資源管理の推進に向けたロードマップ」に基づき、資源評価の対象種を200種程度に拡大するほか、22種38資源についてMSY（最大持続生産量）ベースの資源評価を実施し、再生産関係その他の必要な情報の収集及び第三者レビュー等を通じた資源評価の高度化を進めてきました。

令和6（2024）年3月には、これまでの取組結果を踏まえて、令和6年度以降の具体的な取組を示した、「資源管理の推進のための新たなロードマップ」（以下「新ロードマップ」という。）を策定しました。今

後は、新ロードマップに基づき、調査船調査、市場調査、漁船活用調査等に加え、迅速な漁獲データ、海洋環境データの収集・活用や電子的な漁獲報告を可能とする情報システムの構築・運用等のDXの推進や、資源評価の精度向上・更なる高度化を推進し、最新のデータを用いたタイムリーな資源評価を可能なものから順次実施するとともに、MSYベースの資源評価対象資源の拡大等を図ります。

（2）資源評価への理解の醸成

MSY等の高度な資源評価について、外部機関とも連携して動画の作成等による分かりやすい情報提供・説明を行うとともに、漁船活用調査や漁業データ収集に漁業関係者の協力を得て、漁業現場からの情報を取り入れ、資源評価への理解促進を図ります。

また、地域性が強い沿岸資源の資源評価について専門性を有する機関等の参加を促進し、さらに、資源調査から得られた科学的知見や資源評価結果については、地域の資源管理協定等の取組に活用できるよう速やかに公表・提供します。

2 改正漁業法に基づく資源管理の着実な推進

（1）資源管理の全体像

改正漁業法に基づく資源管理の推進に当たっては、関係する漁業者の理解と協力が重要であり、適切な管理が収入の安定につながることを漁業者等が実感できるよう配慮しつつ、新ロードマップに盛り込まれた工程を着実に実現していきます。その際、新ロードマップに従って数量管理の導入を進めるだけでなく、導入後の管理の実施・運用及び漁業の経営状況に関するきめ細かいフォローアップを行うとともに、数量管理のメリットを漁業者に実感してもらうため、資源回復や漁獲増大、所得向上等の成功事例の積み重ねと成果を共有します。

また、「令和12（2030）年度までに、平成22（2010）年当時と同程度（目標444万t）まで漁獲量を回復」させるという目標に向け、資源評価結果に基づき、必要に応じて、漁獲シナリオ等の管理手法を修正するとともに、資源管理を実施していく上で新たに浮かび上がった課題の解決を図りつつ、資源の維持・回復に取り組みます。

（2）MSYベースの資源評価に基づくTAC管理の推進

改正漁業法においては、MSYベースの資源評価に基づくTAC（漁獲可能量）による管理が基本とされており、令和6（2024）年3月現在、41資源を特定水産資源として指定し、TAC管理を実施しています。今後は、新ロードマップに基づき、令和7（2025）年度までに、漁獲量ベースで8割の資源でTAC管理を開始することを目指し、その後も、優先度に応じてTAC管理の導入を推進していきます。

また、TAC管理を円滑に進めるため、定置漁業の管理や混獲、資源の突発的な加入への対応を含め、対象となる水産資源の特徴や採捕の実態等を踏まえつつ、数量管理を適切に運用するための具体的な方策を漁業者等の関係者に示していきます。特に、クロマグロの資源管理の着実な実施に向け、混獲回避・放流の支援等を行うとともに、多くの漁業者が厳しい資源管理に取り組む中、不正な行為を防止するため、水産庁に漁獲監理官（管理職）を新設し、適正な漁獲報告を担保します。

さらに、TAC管理の運用面の改善や必要に応じて目標・漁獲シナリオの見直しを実施し、水産資源ごとにMSYの達成・維持を目指していきます。この見直しに当たっては、資源管理方針に関する検討会（ステークホルダー会合）を開催し、漁業者等の関係者の意見を十分かつ丁寧に聴取します。

（3）IQ管理の推進

IQ（漁獲割当て）による管理については、新ロードマップに基づき、大臣許可漁業に拡大するとともに、移転手続の簡素化等、運用面の課題解決を図ります。また、IQを有する者の漁獲は他の漁業者の漁獲状況により制限されず、IQの範囲内で漁獲する時期や場所を選択できるということや、IQが遵守される範囲であれば、漁法に関係なく資源に与える漁獲の影響が同等であることなどのIQの基本的利点を踏まえ、沿岸漁業との調整が図られるなどの条件が整った漁業種類について、船舶の規模や船型、漁法等の見直しなどIQの効果的な活用を推進します。

（4）資源管理協定に基づく自主的資源管理の推進

TAC管理等の法制度による公的規制に加え、漁業者の自主的取組の組合せによる資源管理を推進します。特に、沿岸漁業においては、関係漁業者間の話合いにより、実態に即した形で様々な自主的資源管理が行われてきており、これが重要な役割を担っていることを踏まえて、改正漁業法に基づく資源管理協定による自主的資源管理を推進します。その際、効果的な自主的管理を実現するため、資源管理協定の履行確認を行うとともに、取組の効果の検証、取組内容の改良や当該内容の公表等を行います。

また、沿岸漁業の振興には非TAC資源を適切に管理することが重要であるため、国による資源評価結果のほか、報告された漁業関連データや都道府県の水産試験場等が行う資源調査等の利用可能な最善の科学情報を用い、資源管理目標を設定し、その目標達成を目指すことにより、資源の維持・回復に効果的な取組の実践を推進します。

（5）遊漁の資源管理の推進

これまでも遊漁における資源管理は、漁

業者が行う資源管理に歩調を合わせて実施するよう求められてきましたが、水産資源管理の観点からは、魚を採捕するという点では、漁業も遊漁も変わりはないため、今後、資源管理の高度化に際しては、新ロードマップに基づき、遊漁についても漁業と一貫性のある管理を目指します。

遊漁に対する資源管理措置の導入が早急に求められ、令和3（2021）年6月から小型魚の採捕制限、大型魚の報告義務付けを試行的取組として開始したクロマグロについては、引き続き、この取組を進めるとともに、その運用状況や定着の程度を踏まえつつ、届出制導入の検討など管理の高度化を図り、TACによる数量管理の導入に向けた検討を進めます。

また、漁業における数量管理の高度化が進展し、クロマグロ以外の魚種にも遊漁の資源管理、本格的な数量管理の必要性が高まっていくことが予見されることから、アプリや遊漁関係団体の自主的取組等を活用した遊漁における採捕量の情報収集の強化に努め、遊漁者が資源管理の枠組みに参加しやすい環境整備を進めます。

（6）栽培漁業

資源造成効果や施設維持、受益者負担等に関して将来の見通しが立ち安定的な運営ができる種苗生産施設について、整備を推進します。

都道府県の区域を越えて広域を回遊し漁獲される広域種において、資源造成の目的を達成した魚種や放流量が減少しても資源の維持が可能な魚種については、種苗放流による資源造成から適切な漁獲管理措置への移行を推進します。また、資源回復の途上の広域種であって適切な漁獲管理措置と併せて種苗放流を実施している魚種についても、放流効果の高い手法や適地での放流を実施するとともに、公平な費用負担の仕組みを検討し、種苗生産施設においては、

複数県での共同利用や、状況によっては、養殖用種苗生産を行う多目的利用施設への移行を推進します。

3　漁業取締・密漁監視体制の強化等
（1）漁業取締体制の強化

現有勢力の取締能力を最大限向上させるため、代船建造計画の検討を進めるとともに、VMS（衛星船位測定送信機）の活用、訓練等による人員面での取締実践能力の向上、専属通訳の確保、監視オブザーバー等の確保・養成、用船への漁業監督官3名乗船、取締りに有効な装備品の導入等を推進します。また、漁業取締船が係留できる岸壁の整備を進めます。

（2）外国漁船等による違法操業への対応

日本海の大和堆（やまとたい）周辺水域は、我が国排他的経済水域内に位置し、いか釣り漁業、かにかご漁業、底びき網漁業の好漁場となっています。近年、この漁場を狙って、我が国排他的経済水域に進入し、違法操業を行う外国漁船等が跡を絶たず、我が国漁船の安全操業の妨げにもなっていることから重大な問題となっています。このような状況を踏まえ、特に大和堆周辺水域においては、違法操業を行う外国漁船等を我が国排他的経済水域から退去させるなどにより我が国漁船の安全操業を確保するとともに、これら外国漁船等による違法操業について関係国等に対し、繰り返し抗議するなど、関係府省が連携し、厳しい対応を図ります。

また、オホーツク海、山陰（さんいん）、九州周辺海域では、外国漁船等が、かご、刺し網、はえ縄等の漁具を違法に設置するなど、我が国漁船の操業に支障を及ぼすといった問題も発生しています。

さらに、外国漁船等が許可なく我が国排他的経済水域で操業を行うことのないよう、監視・取締りを行うとともに、外国漁船等によって違法に設置されたものとみら

れる漁具の押収を行います。

（3）密漁監視体制の強化

　近年、漁業関係法令違反の検挙件数のうち、漁業者による違反操業が減少している一方で、漁業者以外による密漁が増加し、特に組織的な密漁が悪質化・巧妙化している状況を踏まえ、以下の取組を推進します。

① 密漁を抑止するため、漁業者や一般人に向けた普及啓発、現場における密漁防止看板の設置や監視カメラの導入等

② 都道府県、警察、海上保安庁、水産庁を含めた関係機関との緊密な連携の強化や合同取締り

③ 財産上の不正な利益を得る目的で採捕されるおそれが大きく、その採捕が当該水産動植物の生育又は漁業の生産活動に深刻な影響をもたらすおそれが大きいものとして指定された特定水産動植物（あわび、なまこ、うなぎの稚魚）の許可等に基づかない採捕の取締り

（4）国際連携

　サンマ、サバ、スルメイカ等主たる分布域や漁場が我が国排他的経済水域内に存在する資源あるいは我が国排他的経済水域と公海を大きく回遊する資源であって、かつ、我が国がTACにより厳しく管理している資源が我が国排他的経済水域のすぐ外側や暫定措置水域等で無秩序に漁獲され、結果的に我が国の資源管理への取組効果が減殺されることを防ぐため、関係国間や関係する地域漁業管理機関（以下「RFMO」という。）における協議や協力を積極的に推進します。特に、我が国周辺資源の適切な管理の取組を損なうIUU（違法、無報告、無規制）漁業対策については、周辺国等との協議のほか、違法漁業防止寄港国措置協定（以下「PSM協定」という。）等のマルチの枠組みを活用した取組を推進します。

4　海洋環境の変化への適応

（1）気候変動の影響と資源管理

　気候変動の影響も検証しつつ、新たな資源管理システムによる科学的な資源評価に基づく数量管理の取組を着実に推進します。

　このため、MSYに基づく新たな資源評価を着実に進めるとともに、不漁等海洋環境の変化が資源変動に及ぼす影響に関する調査研究を進め、引き続き、これらに適応した的確なTAC等の資源管理とこれを前提とした漁業構造の構築を図ります。

　また、産官学の連携により、人工衛星による気象や海洋の状況の把握、ICTを活用したスマート水産業による海洋環境や漁獲情報の収集等、迅速かつ正確な情報収集とこれに基づく気候変動の的確な把握、これらを漁業現場に情報提供する体制の構築を図るほか、国内外の気象・海洋研究機関との幅広い知見の共有や共同研究も含めた調査研究のプラットフォームの検討、気候変動に伴う分布・回遊の変化等の資源変動等への順応に向けた漁船漁業の構造改革を進めます。

（2）新たな操業形態への転換

ア　複合的な漁業等操業形態の転換

　近年の海洋環境の変化等に対する順応性を高める観点から、資源変動に適応できる漁業経営体の育成と資源の有効利用を行っていく必要があります。このため、大臣許可漁業のIQ化の進捗を踏まえ、漁業調整に配慮しながら、漁獲対象種・漁法の複合化、複数経営体の連携による協業化や共同経営化、兼業等による事業の多角化等の複合的な漁業への転換等操業形態の見直しを段階的に推進します。

　また、海洋環境の変化の一因である地球温暖化の進行を抑えていくためには、二酸化炭素をはじめとする温室効果ガスの排出量削減を漁業分野においても推進していく必要があり、衛星利用の漁場探

索による効率化、グループ操業の取組、省エネルギー機器の導入等による燃油使用量の削減を図ります。

イ　次世代型漁船への転換推進

複合的な漁業や燃油使用量の削減等、新たな漁業の将来像に合致し、地球環境問題等の中長期的な課題に適応した次世代型の漁船を造ろうとする漁業者による漁業構造改革総合対策事業（以下「もうかる漁業事業」という。）の活用等、多目的漁船や省エネルギー型漁船の導入を推進します。

また、漁船の脱炭素化に適応する観点から、必要とする機関出力が少ない小型漁船を念頭に置いた水素燃料電池化、国際商船や作業船等の漁業以外の船舶の技術の転用・活用も視野に入れた漁船の脱炭素化の研究開発を推進します。

（3）サケに関するふ化放流と漁業構造の合理化等

ア　ふ化放流の合理化

サケはふ化放流によって資源造成されていますが、近年の海洋環境の変化により回帰率が低下し、漁獲量及び漁獲金額が減少傾向にあるため、環境変化に適応したふ化放流技術開発を進めるとともに、活用可能な既存施設において養殖用種苗を生産してサーモン養殖と連携するなど、ふ化放流施設の有効活用や再編・統合も含めた効率化を図ります。また、漁獲量及び漁獲金額が減少している現状を踏まえた持続的なふ化放流体制を検討します。

イ　さけ定置漁業の合理化等

漁獲量が増加している魚種（ブリやサバ類等）の有効活用を進めるとともに、漁具・漁船等や労働力の共有等を通じた協業化、経営体の再編や合併等による共同経営化、操業の効率化・集約化の観点からの定置漁場の移動や再配置、ICT等の最新技術の活用等による経費の削減等、経営の合理化を推進します。さらに、地域振興として新たに養殖業を始める地域における必要な機器等の導入を促進します。

II　増大するリスクも踏まえた水産業の成長産業化の実現

1　漁船漁業の構造改革等
（1）沿岸漁業
ア　沿岸漁業の持続性の確保

日々操業する現役世代を中心とした漁業者の生産活動が持続的に行われるよう、操業の効率化・生産性の向上を促進しつつ、多様な生産構造を地域ごとの漁業として活かし、持続性の確保を図ります。その際、海洋環境の変化を踏まえ、低・未利用魚の活用も含め、漁獲量が増加している魚種の有効活用を進めるとともに、地域振興として新たに養殖業を始める地域における必要な機器等の導入を促進します。

また、沿岸漁業で漁獲される多種多様な魚については、生産と消費の場が近いなどの地域の特徴を踏まえ、消費者に届ける加工・流通等を含むサプライチェーン上の関係者による高付加価値化等の取組を推進します。

さらに、養殖をはじめとする漁場の有効活用を推進します。

イ　漁村地域の存続に向けた浜プランの見直し

次世代への漁労技術の継承、漁業を生業とし日々操業する現役世代を中心とした効率的な操業・経営、漁業種類の転換や新たな養殖業の導入等による漁業所得

の向上に併せ、海業の推進や農業・加工業等の他分野との連携等漁業以外での所得を確保することが、地域の漁業と漁村地域の存続には必要であることから、浜の活力再生プラン（以下「浜プラン」という。）の見直しを踏まえ、これまで各浜で取り組んできた漁業収入向上・漁業コスト削減の取組について、PDCAサイクルの着実な実践により継続・発展させつつ、新たに海業や渚泊等の漁業外所得確保の取組や、地域の将来を支える人材の定着等の漁村の活性化に向けた幅広い取組についても位置付けた浜プランの策定・実行を推進します。

また、漁業や流通・加工等の各分野において、女性も等しく活躍できる環境が各地域で整えられる取組を推進します。

ウ　遊漁の活用

遊漁が秩序を持って、かつ、持続的に発展することは漁村地域の振興・存続にとって有益であり、漁業と一貫性のある資源管理を目指す中で、漁場利用調整に支障のない範囲で水産関連産業の一つとして遊漁を位置付けています。特に、遊漁船業は漁業者にとって地元で収入が得られる有望な兼業業種の一つであり、登録制度を通じた業の管理を適切に行うとともに、地域の実情に応じた秩序ある業の振興を図り、漁村の活性化に活用します。また、陸上からの釣りやプレジャーボート等の遊漁については、関係団体との連携によるマナー向上やルールづくり等を進めます。

また、令和6（2024）年4月1日に施行された「遊漁船業の適正化に関する法律の一部を改正する法律」（令和5年法律第39号）に基づき、遊漁船業の安全性向上等を図っていきます。

エ　海面利用制度の適切な運用

海面利用制度が適切に運用されるよう制定された「海面利用ガイドライン」を踏まえ、各都道府県で漁場を有効利用し、漁場の生産力を最大限に活用します。

① 都道府県等への助言・指導

漁業・養殖業における新規参入や規模拡大を進めるため、新たな漁業権を免許する際の手順・スケジュールの十分な周知・理解を図るとともに、漁場の活用に関する調査を行い、令和5（2023）年9月以降に行われた漁業権の一斉切替えの結果も踏まえ、都道府県に対して必要な助言・指導を行います。

また、国に設置した漁業権に関する相談窓口を通じて、現場からの疑問等に対応します。

② 漁場の有効利用

漁業権等の「見える化」のため、漁場マップの充実を図り、漁場の利用に関する情報の公開を図るほか、漁業法に基づき提出される資源管理状況や漁獲情報報告を活用した課題の分析を行い、漁場の有効活用に向けて必要な取組を促進します。

（2）沖合漁業

近年の海洋環境の変化等に対する順応性を高める観点から、資源変動に適応できる弾力性のある漁業経営体の育成と資源の有効利用を行っていく必要があります。このため、漁業調整に配慮しながら、漁獲対象種・漁法の複合化、複数経営体の連携による協業化や共同経営化、兼業等による事業の多角化等の複合的な漁業への転換を段階的に推進します。

この際、TAC/IQ対象資源の拡大が複合的な漁業において効果的に活用されるよう制度運用を行います。くわえて、許可制度についても、魚種や漁法に係る制限が歴史的な経緯で区分されていることを踏まえつ

つ、TAC/IQ制度の導入、近年の海洋環境の変化への適応や複合的な漁業の導入も見据え、変化への弾力性を備えた生産構造が構築されるよう制度運用を行います。

また、労働人口の減少により、従来どおりの乗組員の確保が困難である状況において、水産物の安定供給や加工・流通等の維持・発展の観点から、沖合漁業の生産活動の継続が重要であり、機械化による省人化やICTを活用した漁場予測システム導入等の生産性向上に資する取組を推進します。

さらに、経営安定にも資するIQ導入の推進と割当量の有効活用、透明性確保等の的確な運用を確保し、併せて、IQが遵守される範囲であれば漁法等に関係なく資源に与える漁獲の影響が同等であることを踏まえて、関係漁業者との調整を行い、船型や漁法等の見直しを図ります。

このほか、IQの導入に併せて、加工・流通業者との連携強化による付加価値向上、輸出も視野に入れた販売先の多様化等、限られた漁獲物を最大限活用する取組を推進するとともに、新たな資源管理を着実に実行し、資源の回復による生産量の増大を図っていくことに併せて、陸側のニーズに沿った水揚げ、低・未利用魚の活用等の取組を推進し、収益性向上を図ります。

（3）遠洋漁業
ア　遠洋漁業の構造改革
我が国の遠洋漁業は、近年、主要漁獲物であるマグロ類の市場の縮小や養殖・蓄養品の増加等による価格の低迷、船員の高齢化となり手不足、高船齢化、操業の国際規制や監視の強化、沿岸国への入漁コストの増大等、その経営を取り巻く状況は厳しいものとなっており、現行の操業形態・ビジネスモデルのままでは、立ち行かなくなる経営体が多数出てくることが懸念されます。

こうした状況を踏まえ、業界関係者と危機意識を共有しつつ、将来にわたって収益や乗組員の安定確保ができ、様々な国際規制等にも対応していくことができる経営体の育成・確立が求められます。このような経営体への体質強化を目指し、従来の操業モデルの変革を含め、操業の効率化・省力化、それを実現するための代船建造や海外市場を含めた販路の多様化、さらに必要な場合は経営の集約化も含め様々な改善方策を検討・展開します。

また、入漁先国のニーズやリスクを踏まえ、安定的な入漁を確保するための取組を引き続き推進します。

イ　国際交渉等
漁業交渉については、カツオ・マグロ等公海域や外国水域に分布する国際資源について、RFMOや二国間における協議において、科学的根拠に基づく適切な資源評価と、それを反映した適切な資源管理措置や操業条件等の実現を図りつつ、我が国漁船の持続的な操業を確保するとともに、太平洋島しょ国をはじめとする入漁先国のニーズを踏まえた海外漁業協力の効果的な活用等により海外漁場での安定的な操業の確保を推進します。

また、サンマ、サバ、スルメイカ等主たる分布域や漁場が我が国排他的経済水域内に存在する資源又は我が国排他的経済水域と公海を大きく回遊する資源であって、かつ、我が国がTACにより厳しく管理している資源が我が国排他的経済水域のすぐ外側や暫定措置水域等で無秩序に漁獲され、結果的に我が国の資源管理への取組効果が減殺されることを防ぐため、関係国間や関係するRFMOにおける協議や協力を積極的に推進します。特に、我が国周辺資源の適切な管理の取組を損なうIUU漁業対策については、周辺国等との協議のほか、PSM協

定等のマルチの枠組みを活用した取組を推進します。

　さらに、気候変動の影響への適応については、従来のRFMOによる取組に加え、国内外の研究機関が連携して地球規模の気候変動の水産資源への影響を解明するなど、国際的な連携により資源管理を推進します。

　くわえて、水産資源の保存及び管理、水産動植物の生育環境の保全及び改善等の必要な措置を講ずるに当たり、海洋環境の保全並びに海洋資源の将来にわたる持続的な開発及び利用を可能とすることに配慮しつつ、海洋資源の積極的な開発及び利用を目指します。

ウ　捕鯨政策

　我が国の捕鯨は、科学的根拠に基づいて海洋生物資源を持続的に利用するとの我が国の基本姿勢の下、国際法に従って、持続的に行われています。捕鯨の実施に当たっては、鯨類を含む水産資源の持続的利用という我が国の立場に対する理解の拡大を引き続き推進する必要があります。

　このため、「鯨類の持続的な利用の確保のための基本的な方針」に則り、科学的根拠に基づく鯨類の国際的な資源管理とその持続的利用を推進するべく、鯨類科学調査を継続的に実施し、精度の高いデータや科学的知見を蓄積・拡大するとともに、それらをIWC（国際捕鯨委員会：日本はオブザーバーとして参加）等の国際機関に着実に提供しながら、我が国の立場や捕鯨政策への理解と支持の拡大を図ります。

　また、鯨類をはじめとする水産資源の持続的利用の推進のため、我が国と立場を共有する国々との連携を強化しつつ、国際社会への適切な主張・発信を行うとともに必要な海外漁業協力を行うことにより、我が国の立場の理解と支持の拡大

を推進します。

　さらに、捕鯨業の安定的な実施と経営面での自立を図るため、科学的根拠に基づく適切な捕獲枠を設定するとともに、操業形態の見直し等によるコスト削減の取組や、販路開拓・高付加価値化等による売上拡大等の取組を推進します。

2　養殖業の成長産業化
（1）需要の拡大

　定時・定質・定量・定価格で生産物を提供できる養殖業の特性を最大化し、国内外の市場維持及び需要の拡大を図ります。

　また、MEL（Marine Eco-Label Japan）の普及や輸出先国が求める認証等（ASC（Aquaculture Stewardship Council）、BAP（Best Aquaculture Practices））の水産エコラベル認証、ハラール認証等の取得を促進します。

ア　国内向けの取組

　輸入品が国内のシェアを大きく占めるもの（サーモン等）については、国産品の生産の拡大を推進します。

　また、マーケットイン型養殖（国内外の需要に応じた適正な養殖）に資する高付加価値化の取組、養殖水産物の商品特性を活かせる市場への販売促進、所得向上に寄与する販路の開拓や流通の見直し、観光等を通じた高い品質をPRしたインバウンド消費等を推進します。くわえて、DtoC（ネット直販、ライブコマース等）による販路拡大や量販店における加工品等の新たな需要の掘り起こしの取組を推進します。

イ　海外向けの取組

　「農林水産物・食品の輸出拡大実行戦略」（以下「輸出戦略」という。令和5（2023）年12月改訂）において選定した輸出重点品目（ぶり、たい、ホタテ貝、

真珠、錦鯉）や「養殖業成長産業化総合戦略」（以下「養殖戦略」という。令和3（2021）年7月改訂）において選定した戦略的養殖品目（ブリ類、マダイ、クロマグロ、サケ・マス類、新魚種（ハタ類等）、ホタテガイ、真珠）を中心に、カキ等の今後の輸出拡大が期待される水産物を含め、高鮮度・高品質な我が国の養殖生産物の強みを活かしたマーケティングに必要な商流構築・プロモーションの実施や輸出産地・事業者の育成（日本ブランドの確立による市場の獲得等）を推進します。

また、輸出戦略を踏まえ、各産地は機能的なバリューチェーンを構築して物流コストの削減に取り組むとともに、品目団体は独立行政法人日本貿易振興機構（以下「JETRO」という。）、日本食品海外プロモーションセンター（以下「JFOODO」という。）と連携し、商談会の開催やプロモーション等を行い、新たな需要を創出します。

さらに、輸出先国との輸入規制の緩和・撤廃に向けた協議や、輸出先国へのインポートトレランス申請（輸入食品に課せられる薬剤残留基準値の設定に必要な申請）に必要となる試験・分析の取組等を推進します。

（2）生産性の向上

ア　漁場改善計画及び収益性の向上

漁場改善計画における過去の養殖実績に基づいた適正養殖可能数量の見直しにより柔軟な養殖生産が可能となるよう検討を進めます。

また、マーケットイン型養殖への転換を更に推進するとともに、養殖業へ転換しようとする地域の漁業者の収益性向上等の取組への支援（もうかる漁業事業等）を行います。

イ　餌・種苗

魚類養殖は、支出に占める餌代の割合が大きく、餌の主原料である魚粉は輸入に依存していることから、魚粉割合の低い配合飼料の開発、魚粉代替原料（大豆、昆虫、水素細菌等）の開発及び飼料原料の国産化を推進します。

また、持続可能な養殖業を実現するために必要な養殖用人工種苗の生産拡大に向けて、人工種苗に関する生産技術の実用化、地域の栽培漁業のための種苗生産施設や民間の施設を活用した養殖用種苗を安定的に量産する体制の構築を推進します。さらに、優良系統の保護を図るため、「水産分野における優良系統の保護等に関するガイドライン」及び「養殖業における営業秘密の保護ガイドライン」を周知します。

ウ　安全・安心な養殖生産物の安定供給及び疾病対策の推進

養殖業の生産性向上及び安定供給のため、養殖場における衛生管理の徹底、種苗の検査による疾病の侵入防止、ワクチン接種による疾病の予防等、複数の防疫措置の組合せにより、疾病の発生予防に重点を置いた総合的な対策を推進します。

また、養殖業の成長産業化に資する水産用医薬品について、研究・開発と承認申請を促進します。

さらに、普及・啓発活動の実施等により、水産用医薬品の適正使用及び抗菌剤に頼らない養殖生産体制を推進するとともに、貝毒の発生状況を注視し、二枚貝等の安全な流通の促進を図ります。

エ　ICT等の活用

養殖業においても人手不足の問題が生じてきており、省人化・省力化に向けて、AIによる最適な自動給餌システムや餌の配合割合の算出、餌代や人件費等の経

費を「見える化」する経営管理等、スマート技術を活用した養殖管理システムの高度化を推進します。

オ　海洋環境の変化への適応

温暖化に適応可能なノリ等の養殖品種の作出等の技術開発を支援・推進します。また、クロダイ等の養殖藻類の食害対策として、防除・防護技術の開発等を推進します。

（3）経営体の強化
ア　事業性評価

持続的な養殖経営の確保に向け、養殖業の経営実態の評価を容易にし、漁協系統・地方金融機関等の関係者からの期待にも応える「養殖業の事業性評価ガイドライン」を通じた養殖経営の「見える化」や経営改善・生産体制改革の実証を支援します。

イ　マーケットイン型養殖業への転換

生産・加工・流通・販売等に至る規模の大小を問わない養殖のバリューチェーンの各機能との連携の仕方を明確にして、マーケットイン型の養殖経営への転換を図ります。

（4）沖合養殖の拡大

漁場環境への負荷や赤潮被害の軽減が可能な沖合の漁場が活用できるよう、静穏水域を創出するなど沖合域を含む養殖適地の確保を進めます。また、台風等による波浪の影響を受けにくい浮沈式生簀等を普及させるとともに、大規模化による省力化や生産性の向上を推進します。

（5）陸上養殖

陸上養殖については、「内水面漁業の振興に関する法律」（平成26年法律第103号）に基づく届出制により実態を把握し持続的

かつ健全な発展を図ります。

3　経営安定対策
（1）漁業保険制度

漁船保険制度及び漁業共済制度は、自然災害や水産物の需給変動といった漁業経営上のリスクに対応して漁業の再生産を確保し、漁業経営の安定を図る重要な役割を果たしており、漁業者ニーズへの対応や国による再保険の適切な運用等を通じて、事業収支の改善を図りつつ、両制度の持続的かつ安定的な運営を確保します。

資源管理や漁場改善に取り組む漁業者の経営を支える漁業収入安定対策については、海洋環境の変化等に対応した操業形態の見直しや養殖戦略、輸出戦略等を踏まえた養殖業の生産性の向上等、資源管理や漁場改善を取り巻く状況の変化に対応しつつ、漁業者の経営安定を図るためのセーフティーネットとして効率的かつ効果的にその機能を発揮させる必要があります。このため、改正漁業法附則の規定に基づく必要な法制上の措置について、新型コロナウイルス感染症の影響や漁獲量の動向等の漁業者の経営状況に十分配慮しつつ、漁業共済制度の在り方を含めて、引き続き検討を進めます。

（2）漁業経営セーフティーネット構築事業

燃油や養殖用配合飼料の価格高騰に対応するセーフティーネット対策については、原油価格や配合飼料価格の推移等を踏まえつつ、漁業者や養殖業者の経営の安定が図られるよう適切に運営します。

（3）漁業経営に対する金融支援

意欲ある漁業者の多様な経営発展を金融面から支援するため、利子助成等の資金借入れの際の負担軽減や、実質無担保・無保証人による融資に対する信用保証を推進します。

4 輸出の拡大と水産業の成長産業化を支える漁港・漁場整備

（1）輸出拡大

生産者に裨益（ひえき）する効果を分析しながら、輸出戦略に基づき、令和12（2030）年までに水産物の輸出額を1.2兆円に拡大することを目指し、マーケットインの発想に基づき、以下の取組を展開します。

① 生産者、加工業者、輸出業者が一体となった輸出拡大の取組の促進（特に、主要な輸出先国・地域において、在外公館、JETRO海外事務所、JFOODO海外駐在員を主な構成員とする輸出支援プラットフォームを形成し、カントリーレポートの作成、オールジャパンでのプロモーション活動への支援、新たな商流の開拓等の実施）

② 輸出に取り組む事業者に対し、輸出先のニーズや規制に対応した輸出産地を形成するための生産・加工体制の構築や商品開発、生産拡大のために必要な設備投資の促進、輸出商社や現地小売業者等とのマッチングなどこれらの者へ売り込む機会創出の支援

③ 新たな輸出先・取引相手の開拓の促進とともに、事業者や業界団体では対応が困難な新たな輸出先の規則等についての計画的な撤廃協議等の実施

（2）水産業の成長産業化を支える漁港・漁場整備

水産物の生産又は流通に一体性を有する圏域において、漁協の経済事業の強化の取組とも連携し、産地市場等の漁港機能の再編・集約を推進するとともに、拠点漁港等における高度衛生管理型荷さばき所、冷凍・冷蔵施設等の整備や漁船の大型化に対応した施設整備を推進します。

また、水産物の輸出拡大を図るため、HACCP対応の市場及び加工場の整備、認定取得の支援等、ハード・ソフト両面から

の対策を推進します。

さらに、マーケットイン型養殖業に対応し、需要に応じた安定的な供給体制を構築するため、養殖水産物の生産・流通の核となる地域を「養殖生産拠点地域」として圏域計画に新たに位置付け、養殖適地の拡大のための静穏水域の確保、漁港周辺水域の活用、種苗生産施設から加工・流通施設等に至る一体的な整備を推進します。

くわえて、漁港の利用状況等に応じた用地の再編・整序による利用適正化や有効活用により、漁港での陸上養殖の展開を図ります。

5 内水面漁業・養殖業

（1）内水面漁業

ア 漁業生産の振興

関係都道府県において、浜プラン等を活用した振興が進むよう、地域水産物の付加価値を高め、所得向上に寄与する販路の開拓等の取組を推進します。また、漁業被害を与える外来魚の低密度管理等に資する技術の開発・実装・普及を推進します。漁業権に基づきオオクチバスが遊漁利用されている湖沼においては、関係機関と協力して外来種に頼らない生業の在り方の検討を進めます。

イ 漁場環境の保全

漁業生産のほか、釣り等の自然に親しむ機会を国民に提供する場として重要な役割を果たす河川等の漁場を良好に保全し、持続的に管理していくため、ウナギ等の資源回復に取り組むことに加え、より効果的な管理体制・手法の検討・実践を進めます。

また、カワウ等の野生生物による食害や災害の頻発化・大規模化等により、河川漁場の環境が悪化していることも踏まえ、関係部局と連携し、多自然川づくり等による河川環境の保全・創出、カワウ等の野

生生物管理の促進を図ります。

（2）内水面養殖業
ア　海面で養殖されるサケ・マス類の種苗生産

海面で養殖されるサケ・マス類の種苗を安定的に供給するため、ふ化放流施設等の民間の施設を活用した生産体制の構築を推進します。

イ　うなぎ養殖業

内水面養殖業の生産量・生産額の大部分を占めるうなぎ養殖業については、シラスウナギの漁獲・流通・池入れから、ウナギの養殖・出荷・販売に至る各事業者が、利用可能な情報の中で順応的にウナギ資源の管理・適正利用をすることが持続的な養殖業につながるとの認識の下、以下の対策を講じていきます。
①　シラスウナギ漁獲の知事許可制度に基づく漁業管理体制の強化、水産動植物等の国内流通及び輸出入の適正化を図るため、国内流通においては「特定水産動植物等の国内流通の適正化等に関する法律」（令和2年法律第79号。以下「水産流通適正化法」という。）に基づくシラスウナギの流通の透明化を図るシステム構築の推進、輸出入においては日台直接取引の再開の推進、シラスウナギの池入れ数量制限の着実な実施及び数量管理システムの利用普及による継ぎ目のない資源管理体制の構築
②　河川・湖沼における天然遡上ウナギの生息環境改善、内水面漁業とうなぎ養殖業の連携による内水面放流用種苗の確保・育成技術開発及び下りウナギ保護によるウナギ資源の豊度を高める取組の推進
③　天然資源に依存しない養殖業の推進のため、人工シラスウナギ大量生産シス

テムの改善とその実用化に向けた検討

ウ　錦鯉養殖業

我が国の文化の象徴として海外でも人気が高く、輸出が継続的に増加している錦鯉については、業界団体等が実施する海外マーケット調査やプロモーション等、更なる輸出拡大に向けた取組を促進します。また、輸出拡大に向け、外国産錦鯉との差別化に資する認証の取得等に向けた業界団体の取組や、各養殖場での衛生管理を推進します。

6　人材育成
（1）新規漁業者の確保・育成

他産業並みに年齢バランスの取れた活力ある漁業就業構造への転換を図るため、就業フェアや水産高校での漁業ガイダンス、インターンシップ等の取組を通じ、若者に漁業就業の魅力を伝え、就業に結び付ける取組の継続・強化を図ります。

また、新規就業者と受入先とのマッチングの改善等により、地域への定着を促進します。

さらに、漁業に必要な免許・資格の取得に加えて、経営スキルやICTの習得・学び直し等を支援します。

（2）水産教育

水産業の将来を担う人材を育成する水産に関する課程を備えた高校・大学や国立研究開発法人水産研究・教育機構水産大学校においては、水産業を担う人材育成のための水産に関する学理・技術の教授及びこれらに関連する研究を推進し、水産業が抱える課題を踏まえ、水産業の現場での実習等実学を重視した教育を引き続き実施することなどにより、水産関連分野への高い就職割合の確保に努めます。

また、水産高校においては、文部科学省と連携し、マイスター・ハイスクール事業に

おける水産高校と産業界が一体となった教育課程の開発等により、地域社会で求められる最先端の職業人材の育成を推進します。

さらに、「スマート水産業等の展開に向けたロードマップ」等に基づき、水産高校等における水産新技術の普及を推進します。

（3）海技士等の人材の確保・育成

漁船漁業の乗組員不足が深刻化し、かつ高齢に偏った年齢構成となっている中、年齢バランスの取れた漁業就業構造の確立を図るためには、次世代を担う若手の海技士の確保・育成や漁船乗組員の確保が重要となることから、水産高校や業界団体、関係府省等の関係者の連携を図り、水産高校生等に漁業の魅力を伝え就業を働きかける取組を推進するほか、海技試験の受験に必要となる乗船履歴を早期に取得できる仕組みの実践等の海技士の計画的な確保・育成のための取組を支援します。

あわせて、Wi-Fi環境の確保や居住環境の改善等、若者にとって魅力ある就業環境の整備、漁船乗組員の労働負担の軽減や効率化も推進します。

（4）外国人材の受入れ・確保

生産性向上や国内人材確保のための取組を行ってもなお不足する労働力について、特定技能制度を活用し、円滑な受入れを進めるためには、我が国の若者と同様に、外国人材にとっても日本の漁業を魅力あるものとしていくことが重要であることから、生活支援や相談対応の充実等、外国人材にとって満足度の高い受入環境の整備を進めます。

また、外国人材を安定的かつ長期的に確保するため、外国人材が日本人と同様に、漁村において幅広く水産関連業務に従事し技能を高めることや、漁業活動に必要な資格を取得し漁業現場で活かすなど、将来を見据えて、キャリアアップしながら就労できる環境の在り方について、関係団体、関係府省とともに検討を進めます。

さらに、外国人材の適正な受入れや地域への定着を促進するため、外国人材受入マニュアルの作成や日本語指導者の養成、外国人材の日本語学習の取組を支援します。

7　安全対策
（1）安全確保に向けた取組
ア　安全推進員・安全責任者の養成

漁船の労働環境改善や安全対策を行う安全推進員及びその取組を指導する安全責任者を養成するとともに、両者が講じた優良な対策事例の情報共有等を図ることで、両者の必要性の認識を広げ、養成人数の増加を促進します。

また、関係機関等と連携し、漁業に特有の事故情報の収集・分析や対策の検討・実施に加え、これらの取組の効果の検証等を行い、関係者全体でPDCAサイクルを回すことにより、漁業労働災害防止を推進します。

イ　ライフジャケットの着用徹底

漁業者の命を守るライフジャケットについては、平成30（2018）年2月からその着用が義務化され、令和4（2022）年2月から罰則が適用されたことを踏まえ、関係省庁及び関係都道府県とともに、より一層着用の徹底を図ります。

（2）安全確保に向けた技術導入

漁業では、見張りの不足や操船ミスなどの人為的要因による衝突事故等が数多く発生しているため、安全意識啓発等の取組に加え、人為的過誤等を防止・回避するための新技術の開発・実装・普及を促進します。

Ⅲ　地域を支える漁村の活性化の推進

1　浜の再生・活性化

（1）浜プラン・広域浜プラン

　浜プランの見直しを踏まえ、これまで各浜で取り組んできた漁業収入向上・漁業コスト削減の取組について、PDCAサイクルの着実な実践により継続・発展させつつ、新たに海業や渚泊等の漁業外所得確保のための取組や、地域の将来を支える人材の定着等の漁村の活性化に向けた幅広い取組についても位置付けた浜プランの策定・実行を推進します。

　また、「浜の活力再生広域プラン」（以下「広域浜プラン」という。）に基づき、複数の漁村地域が連携して行う浜の機能再編や担い手育成等の競争力を強化するための取組への支援を通じて、漁業者の所得向上や漁村の活性化を主導する漁協の事業・経営改善を図るとともに、拠点漁港等の流通機能の強化と併せて、関連する海業を含めた地域全体の付加価値の向上を図ります。

（2）海業等の振興

　漁村の人口減少や高齢化、漁業所得の減少等、地域の活力が低下する中で、地域の理解と協力の下、地域資源と既存の漁港施設を最大限に活用した海業等の取組を一層推進することで、海や漁村の地域資源の価値や魅力を活用した取組を根付かせて水産業と相互に補完し合う産業を育成し、地域の所得と雇用機会の確保を図ります。このため、地域の漁業実態に合わせ、漁港施設の再編・整理、漁港用地の整序により、漁港を海業等に利活用しやすい環境の整備を推進します。また、海業の推進や漁港の活用促進を着実に実施します。

（3）民間活力の導入

　海業等の推進に当たり、民間事業者の資金や創意工夫を活かして新たな事業活動が発展・集積するよう、漁港において長期安定的な事業運営を可能とするため、漁港施設・用地又は漁港の区域内における水域若しくは公共空地の利活用に関する新たな仕組みとして、令和6（2024）年4月1日に施行された「漁港漁場整備法及び水産業協同組合法の一部を改正する法律」（令和5年法律第34号。以下「改正法」という。）により創設された漁港施設等活用事業の推進を図ります。

　また、防災・防犯等の観点から必要となる環境を整備し、民間事業者の利用促進を図ります。

　さらに、漁業者の所得向上により漁村の活性化を目指す浜プランに基づく取組と併せて、漁村の魅力を活かした交流・関係人口の増大に資する取組を推進するとともに、地域活性化を担う人材確保のため、地域おこし協力隊等の地域外の人材を受け入れる仕組みの利用促進を図ります。

（4）漁港・漁村のグリーン化の推進

　漁港・漁村においては、環境負荷の低減や脱炭素化に向けて、改正法による改正後の漁港漁場整備法に位置付けられた発電施設において、再生可能エネルギーの更なる活用や導入促進を図るとともに、省エネルギー対策の推進、漁港や漁場利用の効率化による燃油使用量の削減、二酸化炭素の吸収源としても期待される藻場の保全・創造等を推進します。

　また、洋上風力発電については、漁業等の海域の先行利用者との協調が重要であることから、政府は、事業者等による漁業影響調査の実施や漁場の造成、洋上風力発電による電気の地域における活用等を通じた地域漁業との協調的関係の構築を進めます。

（5）水産業等への女性参画等の推進

　漁村の活性化のためには、女性が地域の担い手としてこれまで以上に活躍できるようにすべきであり、漁協経営への女性の参画については、漁協系統組織が女性役員の登用を推進するような取組を促進します。

　また、企業等との連携や地域活動の推進を通じて女性が活動しやすい環境の整備を図るとともに、女性グループの起業的取組や、経営能力の向上、加工品の開発・販売等の実践的な取組を推進します。

　さらに、年齢、性別、国籍等によらず地域の水産業を支える多様な人材が活躍できるよう、漁港・漁村において、安全で働きやすい環境と快適な生活環境の整備を推進します。

　くわえて、関係部局や関係府省と連携し、水福連携（障害者等が水産分野で活躍することを通じ、自信や生きがいを持って社会参画を実現していく取組）の優良事例を収集・横展開します。

　また、漁村の活性化等を図るため、生産者、加工・流通業者、地方公共団体その他の多様な関係者が参画する地域コンソーシアムを主体に地域が一体となってデジタル技術を活用するなどの取組を推進します。

（6）離島対策

　離島地域の漁業集落が共同で行う漁業の再生のための取組を支援するとともに、離島における新規漁業就業者の定着を図るため、漁船・漁具等のリースの取組を推進します。

　また、「有人国境離島地域の保全及び特定有人国境離島地域に係る地域社会の維持に関する特別措置法」（平成28年法律第33号）を踏まえ、特定有人国境離島地域の漁業集落の社会維持を図るため、特定有人国境離島地域において漁業・海業を新たに行う者、漁業・海業の事業拡大により雇用を創出する者の取組を推進します。

2　漁協系統組織の経営の健全化・基盤強化

　漁業就業者の減少・高齢化、水揚量の減少等、厳しい情勢の中、漁業者の所得向上を図るためには、漁協の経済事業の強化が必要であり、複数漁協間での広域合併や経済事業の連携等の実施、漁協施設の機能再編、漁協による海業の取組を進めることにより、漁業者の所得向上及び漁協の経営の健全性確保のための取組を推進します。

　また、経営不振漁協の収支改善に向けた漁協系統組織の取組を促進するとともに、信用事業実施漁協等の健全性を確保するため、公認会計士監査の円滑な導入及び監査の品質向上等に向けた取組を支援します。

　くわえて、指導監督指針や各種ガイドライン等に基づく漁協のコンプライアンス確保に向けた自主的な取組を促進します。

3　加工・流通・消費に関する施策の展開
（1）加工
ア　環境等の変化に適応可能な産業への転換

　特定魚種の不漁や漁獲される魚種の変化に適応するため、資源状態の良い魚種への原材料転換、低・未利用魚を利用した新商品開発等、海洋環境の変化等に伴う原材料不足に対処することによる環境等の変化に適応可能な産業への転換に向けた取組を促進します。

　また、環境対策としては、環境負荷低減に資する加工機器や冷蔵・冷凍機器の導入等を通じた温室効果ガスの発生抑制及び省エネルギーへの取組を推進します。

イ　国産加工原料の安定供給等

　漁業経営の安定に資するため、水産物の価格の著しい変動を緩和し、加工原料を水産加工業へ安定的に供給するなど、水産物供給の平準化の取組を推進します。

　また、国民に対する水産物の安定供給

を図るため、輸入原材料から国産原材料
へ転換する水産加工業者に対して、国産
原材料を安定的に供給する漁業者団体等
の取組を支援します。

ウ　中核的水産加工業者の育成

　地域の意欲ある経営者を中核的水産加
工業者として育成し、生産から販売を含
むサプライチェーン上の関係者が一体と
なって、それぞれの知恵やノウハウを持
ち寄り、１社ではできない新製品開発や
新規販路開拓等の経営改善に資する取組
を行うことを促進することにより、各中
核的水産加工業者の経営体力強化を図り
ます。

　また、後継者不足により廃業が見込ま
れる小規模な事業者の持つブランドや技
術を中核的水産加工業者や次世代に継承
する取組についても促進します。

エ　生産性向上と外国人材の活用

　外国人材に過度に依存しない生産体制
を構築するため、先端技術を活用した省
人化・省力化のための機械の導入等によ
り、生産性向上を図ります。

　また、機械では代替困難な業務を外国
人材が担えるよう育成するとともに、外
国人材の地域社会での円滑な受入れ及び
共生を図るための受入環境整備の取組を
行います。

（２）流通
ア　水産バリューチェーンの構築

　沿岸漁業で漁獲される多種多様な魚に
ついては、消費地に近い地域では直接届
け、消費地から遠い地域では一旦ストッ
クして加工するなど地域の特徴を踏まえ、
消費者に届ける加工・流通等を含むサプ
ライチェーン上の関係者が一体となった
付加価値向上等の取組を推進します。

　また、加工流通システムの中で健全な

バリューチェーンの構築を図るため、
マーケットインの発想に基づく「売れる
ものづくり」を促進し、生産・加工・流
通等を含むサプライチェーン上の関係者
が一体となったデジタル化等による流通
の効率化、作業自動化等を通じて人手不
足を解消し、持続的な供給体制を構築す
る取組等を推進します。

イ　産地市場の統合・重点化の推進

　我が国水産業の競争力強化を図るた
め、市場機能の集約・効率化を推進し、
漁獲物を集約すること等により価格形成
力の強化を図ります。

　また、広域浜プランとの連携の下、水
産物の流通拠点となる漁港や産地市場に
おいて、高度な衛生管理や省力化に対応
した荷さばき所、冷凍・冷蔵施設等の整
備を推進します。

　水産物の流通については、従来の多段
階流通に加え、消費者や需要者のニーズ
に直接応える形で水産物を提供するなど
様々な取組が広がっています。このため、
最も高い価値を認める需要者に商品が効
率的に届くよう、ICT等の他産業の新た
な技術や最新の冷凍技術を活用し、多様
な流通ルートの構築により取引の選択肢
の拡大等を図ります。

ウ　水産物等の健全な取引環境の整備

　水産物が違法に採捕され、それらが流
通することで水産資源の持続的な利用に
悪影響を及ぼすおそれがあります。した
がって、輸出入も含め違法に採捕された
水産物の流通を防止する必要があるとと
もに、水産物の食品表示の適正化やビジ
ネスと人権との関係等、健全な取引環境
の整備を図っていく必要があります。

　このため、IUU漁業の撲滅に向けて、
IUU漁業国際行動計画やPSM協定等に
基づく措置を適切に履行します。また、

水産流通適正化法に基づき、対象水産物についての取扱事業者間における漁獲番号等の情報の伝達や輸出入時の適法採捕を証する証明書の添付等の措置の適正な運用を推進し、違法に採捕された水産動植物の流通の防止を図ります。

さらに、水産物の産地における食品表示の適正化に向け、適切な指導を行います。

くわえて、近年、重要性がより一層増してきている人権問題に関するサプライチェーンの透明性について、サプライチェーンのビジネスと人権に関する透明性の確保を企業に促すための啓発等を行います。

（3）消費
ア　国産水産物の消費拡大

天然魚、養殖魚を問わず国産水産物の活用を促進するための取組に併せて、若年層・学校栄養士等に対する魚食普及活動等を推進します。

また、多様化する消費者ニーズに対応し、水産物の消費機運を向上させるため、民間企業の創意工夫によって行われる消費拡大の取組等と連携し、消費者に対する国産水産物の魅力の情報発信や「さかなの日」の取組を推進します。

イ　水産エコラベルの活用の推進

我が国の水産物が持続可能な漁業・養殖業由来であることを示す水産エコラベルの活用に向けて、水産加工業者・小売業者団体への働きかけを通じて、傘下の水産物加工業者・流通業者による水産エコラベル認証の活用を含めた調達方針等の策定を促進します。

また、インターナショナルシーフードショーをはじめとする国際的なイベント等において、日本産水産物の水産エコラベル認証製品を積極的に紹介し、海外での認知度向上を図るとともに、マスメディアやSNS等の媒体等を通じ、国内消費者に対し取組への理解の促進を図ります。

4　水産業・漁村の多面的機能の適切な発揮

水産業・漁村の持つ水産物の供給以外の多面的な機能が将来にわたって適切に発揮されるよう、一層の国民の理解の増進を図りつつ効率的かつ効果的に取組を促進します。また、NPO・ボランティア・海業に関わる人といった、漁業者や漁村住民以外の多様な主体の参画や、災害時の地方公共団体・災害ボランティアとの連携の強化を推進するとともに、活動組織が存在しない地域において活動組織の立ち上げを図ります。

近年、海水温上昇等の環境変化に伴う磯焼けの影響が全国各地でみられることから、藻場の保全の取組を積極的に推進します。

また、漁業者と国・地方公共団体の関係部局との協力体制の下、海の安全確保に係る取組を推進します。

5　漁場環境の保全・生態系の維持
（1）藻場・干潟等の保全・創造

効果的な藻場・干潟等の保全・創造を図るため、藻場・干潟ビジョン（令和5（2023）年12月改訂）に基づき、広域的なモニタリング体制を構築し、海域全体を対象とした広域的な藻場・干潟の分布及び衰退要因を把握し、海域ごとに有効な対策を図るとともに、漁業者等が行う藻場・干潟の保全などの水産業・漁村の多面的機能の適切な発揮に資する取組、高水温に強い藻場の造成手法等の技術開発を推進します。

また、藻場・干潟は、二酸化炭素を吸収するブルーカーボン生態系としても注目されており、藻場の二酸化炭素固定効果の評価手法の開発とともに、干潟における砕石敷設等の新技術の開発・活用、サンゴ礁の保全・回復に関する技術の開発・実証等を推進するほか、藻類・貝類の海洋環境や生

態系への影響の把握を進めます。

（2）栄養塩類管理

　瀬戸内海等の閉鎖性水域において水質浄化が進む中で、ノリの色落ちの発生やイカナゴ、アサリ等の水産資源の減少の問題が発生していることから、瀬戸内海については地方公共団体、学術機関及び漁業関係者等と連携し、水産資源の生産性の確保に向けた地域による栄養塩類管理方策の策定に貢献するため、栄養塩類も含めた水域の状況及び栄養塩類と水産資源との関係に関するデータの収集や共有等を進めます。

　また、栄養塩類の不足が懸念されている他の水域についても、地方公共団体等と協力・連携して、栄養塩類と水産資源との関係に関する調査・研究を推進します。

　さらに、栄養塩類管理と連携した藻場・干潟の創出や保全活動等により、閉鎖性水域における漁場環境改善を推進します。

（3）赤潮対策

　赤潮・貧酸素水塊による漁業被害の軽減対策のためには、早期かつ的確な赤潮等の情報の把握及び提供が重要であることから、従来とは異なる海域で赤潮が発生している状況も踏まえて、地方公共団体及び研究機関等と連携し、赤潮発生のモニタリング、発生メカニズムの解明、発生の予測手法及び防除技術等の開発に取り組みます。

（4）野生生物による漁業被害対策

　都道府県の区域を越えて広く分布・回遊し、漁業に被害を与えるトド、ヨーロッパザラボヤ、大型クラゲ等の生物で、広域的な対策により漁業被害の防止・軽減に効果が見通せるなど一定の要件を満たすものについて、国と地方公共団体との役割分担を踏まえ、出現状況に関する調査、漁業関係者への情報提供、被害を効率的かつ効果的に軽減するための技術の開発・実証、駆除・

処理活動への支援等に取り組みます。

　特に、トドについては、漁業被害の軽減及び絶滅回避の両立を図るため、「トド管理基本方針」に基づく管理を継続するとともに、令和6（2024）年度末までに科学的知見に基づき同方針を見直します。

（5）生物多様性に配慮した漁業の推進

　漁業は、自然の生態系に依存し、その一部の海洋生物資源を採捕することにより成り立つ産業であることから、漁業活動を持続的に行うため、海洋保護区やOECM（Other Effective Area-based Conservation Measures：保護地域以外で生物多様性保全に資する地域）の考え方をもとに、海洋環境や海洋生態系を健全に保ち、生物多様性の保全と漁業の振興との両立を図る取組について検討を進めます。

　海洋生態系のバランスを維持しつつ、持続的な漁業を行うため、国際的な議論も踏まえ、サメ、ウミガメ、ウナギ等に関する国内管理措置等の検討・普及等を進めます。

（6）海洋環境の保全（海洋プラスチックごみ、油濁）

　環境省や都道府県等と連携し、漁業者による海洋ごみの持ち帰りの取組や廃棄物処理に関する施策の周知及び処理の促進に加え、漁業・養殖業用の漁具や資機材について、実用性を確保しつつ、環境にも配慮した生分解性素材を用いた漁具開発への支援等に取り組みます。

　また、マイクロプラスチックが水産生物に与える影響等についての科学的調査を行い、その結果について情報発信を行います。

　漁場の油濁被害防止については、海上の船舶等からの油流出により海面及び内水面において漁業被害が発生していることから、国、都道府県及び民間事業者が連携して、引き続き専門家の派遣や防除・清掃活動を支援するほか、講習会等を通じ、事故対応

策について漁業者等への普及を図ります。

（7）環境変化に適応した漁場生産力の強化

海水温の上昇等、海洋環境の変化による漁場変動や魚種の変化が顕在化してきている中、持続可能な漁業生産を確保するため、環境変化等に伴う漁獲対象種の多様化に適応した漁場整備、海域環境を的確に把握するための海域環境モニタリング、都道府県等の研究機関との連携体制の構築、調査・実証の強化等、海洋環境の変化に適応した漁場整備を推進します。

また、新たな資源管理の着実な推進の方針の下、沖合におけるフロンティア漁場整備、水産生物の生活史に配慮した広域的な水産環境整備、資源回復を促進するための種苗生産施設の整備等を推進します。

6　防災・減災、国土強靱化への対応

漁業地域において、「国土強靱化基本計画」（令和5（2023）年7月閣議決定）等を踏まえ、災害発生に備えた事前の防災・減災対策、災害発生後の円滑な初動対応や漁業活動の継続に向けた支援等を推進するとともに、老朽化が進む漁港施設等の機能を確保するため、以下の対策に取り組みます。

（1）事前の防災・減災対策

漁業地域の安全・安心の確保のため、今後発生が危惧される大規模地震・津波の被害想定や気候変動による水位上昇の影響等を踏まえた設計条件の点検・見直しを推進し、持続的な水産物の安定供給に資する漁港施設の耐震化・耐津波化・耐浪化や浸水対策を推進します。

また、緊急物資輸送等の災害時の救援活動等の拠点となる漁港や離島等の生活航路を有する漁港の耐震・耐津波対策を推進します。

さらに、漁港の就労者や来訪者、漁村の生活者等の安全確保のため、避難路や避難施設の整備、避難・安全情報伝達体制の構築等の避難対策を推進します。

くわえて、漁港海岸について、大規模地震による津波やゼロメートル地帯の高潮等に対し、沿岸域における安全性向上を図る津波・高潮対策を推進します。

（2）災害からの早期復旧・復興に向けた対応

災害発生後の迅速な被害状況把握のため、国と地方公共団体、関係団体との情報連絡体制の強化、ドローンをはじめとするICT等の新技術の活用を図るとともに、災害時の円滑な初動対応に向け、漁港管理者と建設関係団体の間、更には、漁協等漁業関係者も含めた災害協定締結を促進します。

災害復旧要員が不足している市町村をはじめとした地方公共団体を支援するため、災害時のニーズに応じて積極的にMAFF-SAT（農林水産省・サポート・アドバイス・チーム）を派遣します。さらに、災害復旧の早期化を図るとともに、改良復旧についても推進します。

また、復旧・復興に当たっては、災害復旧事業等関連事業を幅広く活用し、漁業地域の将来を見据えた復旧・復興を推進します。

さらに、災害時に地域の水産業の早期再開を図るため、漁場から陸揚げ、加工・流通に至る漁業地域を対象とした広域的な事業継続計画の策定を推進します。

くわえて、水産業従事者の経営再開支援に向け、災害の発生状況及び地域の被害状況に応じて、支援策の充実や柔軟的な運用を行うなど、きめ細かい総合的な支援に努めます。

また、令和6年能登半島地震により被害を受けた漁業地域においては、漁業の1日も早い再開に向けて、復旧・復興対策を推進します。

（3）持続可能なインフラ管理

　老朽化により機能低下が懸念される漁港施設等のインフラは、水産業や漁村の振興を図る上で必要不可欠であることから、これら施設の機能の維持・保全が図られるよう、「水産庁インフラ長寿命化計画」（令和3（2021）年3月改定）に基づき、これまでの事後保全型の老朽化対策から、損傷が軽微である早期段階に予防的な修繕等を実施する予防保全型の老朽化対策に転換を図るとともに、新技術を積極的に活用したライフサイクルコストを縮減する取組を支援するなどにより、総合的かつ計画的に長寿命化対策を推進します。

Ⅳ　水産業の持続的な発展に向けて横断的に推進すべき施策

1　みどりの食料システム戦略と水産政策

　「みどりの食料システム戦略」に基づき、令和12（2030）年までに漁獲量を平成22（2010）年と同程度（444万t）まで回復させるための施策を講ずることや、令和32（2050）年までにニホンウナギ、クロマグロ等の養殖において人工種苗比率100％を実現することに加え、養魚飼料の全量を環境負荷が少なく給餌効率の高い配合飼料に転換し、天然資源に負荷をかけない持続可能な養殖体制を構築することを推進します。また、令和22（2040）年までに漁船の電化・水素化等に関する技術を確立すべく引き続き検討を進めます。さらに、水産関係の上場企業における気候関連非財務情報の開示等も含め、気候変動への適応が円滑に行われるよう必要な取組を実施します。

　具体的には、これらの取組について、今後の技術開発や新ロードマップ等を踏まえ、関係者の理解を得ながら、食料・農林水産業の生産力向上と持続性の両立に向けて着実に実行します。

（1）調達面での取組
ア　養殖業における持続的な飼料及び種苗

　魚類養殖は、支出に占める餌代の割合が大きいため、価格の不安定な輸入魚粉に依存しない飼料効率が高く魚粉割合の低い配合飼料の開発、魚粉代替原料（大豆、昆虫、水素細菌等）の開発等を推進します。

　また、持続可能な養殖業を実現するために必要な養殖用人工種苗の生産拡大に向けて、人工種苗に関する生産技術の実用化、地域の栽培漁業のための種苗生産施設や民間の施設を活用した養殖用種苗を安定的に量産する体制の構築を推進します。

　さらに、優良系統の保護を図るため、「水産分野における優良系統の保護等に関するガイドライン」及び「養殖業における営業秘密の保護ガイドライン」を周知します。

イ　漁具のリサイクル

　漁業者、地方公共団体、企業等が連携した廃漁網のリサイクルの取組に係る情報発信等に取り組みます。

（2）生産面での取組
ア　資源管理の推進

　改正漁業法に基づく資源管理の推進に当たっては、関係する漁業者の理解と協力が重要であり、適切な管理が収入の安定につながることを漁業者等が実感できるよう配慮しつつ、新ロードマップに盛り込まれた工程を着実に実現します。その際、新ロードマップに従って数量管理の導入を進めるだけでなく、導入後の管理の実施・運用及び漁業の経営状況に関するきめ細かいフォローアップを行うとともに、数量管理のメリットを漁業者に実感してもらうため、資源回復や漁獲増

大、所得向上等の成功事例の積み重ねと成果を共有します。

また、「令和12（2030）年度までに、平成22（2010）年当時と同程度（目標444万t）まで漁獲量を回復」させるという目標に向け、資源評価結果に基づき、必要に応じて、漁獲シナリオ等の管理手法を修正するとともに、資源管理を実施していく上で新たに浮かび上がった課題の解決を図りつつ、資源の維持・回復に取り組みます。

イ　養殖業における環境負荷低減

漁場環境への負荷軽減が可能な沖合の漁場が活用できるよう、静穏水域の創出等沖合域を含む養殖適地の確保を進め、また、台風等による波浪の影響を受けにくい浮沈式生簀等を普及させるとともに、大規模化による省力化や生産性の向上を推進します。

（3）加工・流通での取組（IUU漁業の撲滅）

水産物が違法に採捕され、それらが流通することで水産資源の持続的な利用に悪影響を及ぼすおそれがあり、輸出入も含め違法に採捕された水産物の流通を防止する必要があります。

このため、IUU漁業の撲滅に向けて、IUU漁業国際行動計画やPSM協定等に基づく措置を適切に履行します。

また、水産流通適正化法に基づき、対象水産物についての取扱事業者間における漁獲番号等の情報の伝達や適法採捕を証する証明書の輸出入時の添付等の措置の適正な運用を推進し、違法に採捕された水産動植物の流通の防止を図ります。

（4）消費での取組（水産エコラベルの活用の推進）

我が国の水産物が持続可能な漁業・養殖業由来であることを示す水産エコラベルの活用に向けて、水産加工業者・小売業者団体への働きかけを通じて、傘下の水産加工業者・流通業者による水産エコラベル認証の活用を含めた調達方針等の策定を促進します。

また、インターナショナルシーフードショーをはじめとする国際的なイベント等において、日本産水産物の水産エコラベル認証製品を積極的に紹介し、海外での認知度向上を図るとともに、マスメディアやSNS等の媒体等を通じ、国内消費者に対し取組への理解の促進を図ります。

2　スマート水産技術の活用

ICTを活用して漁業活動や漁場環境の情報を収集し、適切な資源評価・管理を促進するとともに、生産活動の省力化や効率化、漁獲物の高付加価値化により、生産性を向上させる「スマート水産技術」を活用するため、以下の施策を推進します。

また、漁村や洋上における通信環境等の充実やデジタル人材の確保・育成等を推進します。

（1）資源評価・管理に資する技術開発と現場実装

従来の調査船調査、市場調査、漁船活用調査等に加え、迅速な漁獲データ、海洋環境データの収集・活用や電子的な漁獲報告を可能とする情報システムの構築・運用等のDXを推進します。この中で、国は、主要な漁協・市場（400か所以上）でのデータ収集体制を活用し、漁獲量データの収集・蓄積を推進します。

また、これらの取組から得られたデータに基づく資源評価の高度化や適切な資源管理の実施等を行います。

（2）成長産業化に資する技術開発と現場実装

漁労作業の省人化・省力化、海流や水温

分布等の漁場環境データの提供、養殖における成長データや給餌量データの分析・活用といった漁業者・養殖業者からのニーズの把握を進めます。また、開発企業等が共同で新技術の開発・実証・導入に取り組む試験・開発プラットフォームにより、民間活力を活用した技術開発を引き続き推進します。

（3）水産加工・流通に資する技術開発と現場実装

マーケットインの発想に基づく「売れるものづくり」を促進するため、生産・加工・流通が連携し、ICT等の活用による荷さばき、加工現場の自動化等の低コスト化、鮮度情報の消費者へのPR等の高付加価値化等の生産性向上のための取組を全国の主要産地等に展開します。

また、水産流通適正化法の義務履行に当たり、関係事業者の負担軽減を図りつつ、制度の円滑な実施を行うため、漁獲番号等を迅速かつ正確・簡便に伝達するための情報システムを整備するなど、電子化を推進します。

3　カーボンニュートラルへの対応
（1）漁船の電化・燃料電池化

水産業に影響を及ぼす海洋環境の変化の一因である地球温暖化の進行を抑えていくためには、二酸化炭素をはじめとする温室効果ガス排出量削減を漁業分野においても推進していく必要があることから、衛星利用による漁場探索の効率化、グループ操業の取組、省エネルギー機器の導入等による燃油使用量の削減を図ります。

また、漁船の脱炭素化に適応する観点から、必要とする機関出力が少ない小型漁船を念頭に置いた水素燃料電池化、国際商船や作業船等の漁業以外の船舶の技術の転用・活用も視野に入れた漁船の脱炭素化の研究開発を引き続き推進します。

（2）漁港・漁村のグリーン化の推進

漁場において藻場・干潟等は豊かな生態系を育む機能を有し、水産資源の増殖に大きな役割を果たしていることから、藻場・干潟ビジョンに基づき、効果的な藻場・干潟等の保全・創造を図ります。

また、近年では、ブルーカーボンの吸収源としても注目が高まっていることから、海藻類を対象として藻場の二酸化炭素固定効果の評価手法の開発、ブルーカーボン・クレジットを活用した藻場の維持・保全体制の構築に向けた社会実装を推進します。

さらに、漁港・漁場において、環境負荷の低減や脱炭素化に向けて、流通拠点漁港のCO_2排出量を見える化し、これに基づいて漁港管理者や地元漁業者等が一体となって、再生可能エネルギーの導入促進や省エネルギー対策、漁港や漁場利用の効率化による燃油使用量の削減などのCO_2排出抑制対策とブルーカーボンにも資する藻場の保全・創造等の吸収源対策を一体的に推進します。

Ⅴ　東日本大震災からの復旧・復興及びALPS処理水の海洋放出に係る水産業支援

1　地震・津波被災地域における着実な復旧・復興

地震・津波被災地域では、漁港施設、水産加工施設等の水産関係インフラの復旧はおおむね完了していますが、サケ、サンマ及びスルメイカといった被災地域において依存度の高い魚種の長期的な不漁もあり、被災地域の中核産業である漁業の水揚げの回復や水産加工業の売上げの回復が今後の課題となっています。

そのため、漁場のがれき撤去等による水揚げの回復や水産加工業における販路の回復・開拓、加工原料の転換や水産資源造成・

回復等の取組を引き続き支援します。また、官民合同チーム（はまどおり）において、福島県浜通り地域等の水産仲買・加工業者への個別訪問・支援を引き続き行います。

2　ALPS処理水の海洋放出の影響及び水産業支援

　原子力災害被災地域である福島県の沿岸漁業及び沖合底びき網漁業の水揚量は、震災前と比較し依然として低水準の状況にあり、水揚量の増加とそのための流通・消費の拡大が課題となっています。

　こうした中で、多核種除去設備（ALPS：Advanced Liquid Processing System）等により浄化処理した水（以下「ALPS処理水」という。）の海洋放出について、風評対策が重要な課題となっていることを受け、「東京電力ホールディングス株式会社福島第一原子力発電所におけるALPS処理水の処分に伴う当面の対策の取りまとめ」及び「ALPS処理水の処分に関する基本方針の着実な実行に向けた行動計画」を踏まえ、生産・加工・流通・消費の各段階における徹底した対策等に取り組みます。

　具体的には、風評を生じさせないための取組として、水産物の信頼確保のため、トリチウム（三重水素）を対象とするモニタリングや食品中の放射性セシウムのモニタリング検査を継続的に行い、これらの調査の結果やQ&Aを日本語にくわえて英語等の他言語でWebサイトに掲載し、正確で分かりやすい情報提供を実施します。また、一般消費者向けのなじみやすいパンフレットも作成し、消費者等への説明に活用するとともに、漁業者、加工業者、消費者等様々な関係者に対して、引き続き、説明を実施します。

　さらに、風評に打ち克ち、安心して事業を継続・拡大するための取組として、生産段階においては、福島県並びに青森県、岩手県、宮城県、茨城県及び千葉県（以下「近隣県」という。）の太平洋側の漁業者等が新船の導入又は既存船の活用により水揚量の回復を図る取組や、養殖業者等が収益性の高い操業・生産体制への転換等を推進し、より厳しい環境下でも養殖業を継続できる経営体の効率的かつ効果的な育成のため実施する取組を支援するほか、福島県及び近隣県の漁業を高収益・環境対応型漁業へ転換させるべく、生産性向上、省力化・省コスト化に資する漁業用機器設備の導入を支援します。

　くわえて、次世代の担い手となる新規漁業就業者の確保・育成を強化するため、漁家子弟を含めた新規漁業就業者への長期研修等や就業に必要な漁船・漁具のリース方式による導入について、福島県に加え近隣県において実施できるよう支援します。

　また、不漁の影響を克服するため、複数経営体の連携による協業化や共同経営化又は多目的船の導入等、操業・生産体制の改革による水揚量の回復及び収益性の向上を図るほか、養殖業への転換や水産資源造成・回復に取り組みます。加工・流通・消費段階では、福島県をはじめとした被災地域の水産物を販売促進する取組や水産加工業の販路回復に必要な取組等を支援し、販売力の強化の取組を推進します。

　さらに、ALPS処理水の海洋放出を受けた一部の国・地域による輸入規制の強化が課題となっていることから、1）国内消費拡大・生産持続対策、2）風評影響に対する内外での対応、3）輸出先の転換対策、4）国内加工体制の強化対策及び5）迅速かつ丁寧な賠償の5本の柱からなる「水産業を守る」政策パッケージに基づき、引き続き科学的根拠に基づかない措置の即時撤廃を求めていくとともに、全国の水産業支援に万全を期していきます。

　具体的には、令和3年度補正予算で措置された基金に基づき、水産物の販路拡大や一時買取・保管等を支援します。

また、ALPS処理水海洋放出の影響のある漁業者に対し、売上高向上や基本コスト削減により持続可能な漁業継続を実現するため、当該漁業者が創意工夫を凝らして行う新たな魚種・漁場の開拓等に係る漁具等の必要経費、燃油コスト削減や魚箱等コストの削減に向けた取組、省エネルギー性能に優れた機器の導入に要する費用に対して支援を行います。

さらに、水産関係事業者への資金繰り支援として、株式会社日本政策金融公庫の農林漁業セーフティネット資金等について、対象要件の緩和や特別相談窓口の設置等を行うとともに、漁業信用基金協会の保証付き融資について、実質無担保・無保証人化措置を行います。

くわえて、国内加工体制を強化するため、水産加工業者等による既存の加工場のフル活用に向けた人材活用や加工機器の導入等を支援するとともに、輸出減少が顕著な品目の一時買取・保管、海外も含めた新規の販路拡大、輸出拡大に必要なHACCP等対応の施設整備等の支援をします。

これらの対策を含め、所要の対策を政府一体となって講ずることで、関係府省が連携を密にして被災地域の漁業の本格的な復興を目指してまいります。

Ⅵ　水産に関する施策を総合的かつ計画的に推進するために必要な事項

1　関係府省等の連携による施策の効率的な推進

水産業は、漁業のほか、多様な分野の関連産業により成り立っていることから、関係府省等が連携を密にして計画的に事業を実施するとともに、施策間の連携を強化することにより、各分野の施策の相乗効果の発揮に努めます。

2　施策の進捗管理と評価

効率的かつ効果的な行政の推進及び行政の説明責任の徹底を図る観点から、施策の実施に当たっては、政策評価も活用しつつ、毎年度、進捗管理を行うとともに、効果等の検証を実施し、その結果を公表します。さらに、これを踏まえて施策内容を見直すとともに、政策評価に関する情報公開を進めます。

3　消費者・国民のニーズを踏まえた公益的な観点からの施策の展開

水産業・漁村に対する消費者・国民のニーズを的確に捉えた上で、消費者・国民の視点を踏まえた公益的な観点から施策を展開します。

また、施策の決定・実行過程の透明性を高める観点から、インターネット等を通じ、国民のニーズに即した情報公開を推進するとともに、施策内容や執行状況に関する分かりやすい広報活動の充実を図ります。

4　政策ニーズに対応した統計の作成と利用の推進

我が国漁業の生産構造、就業構造等を明らかにするとともに、水産物流通等の漁業を取り巻く実態と変化を把握し、水産施策の企画・立案・推進に必要な基礎資料を作成するための調査を着実に実施します。

具体的には、令和5（2023）年度に実施した2023年漁業センサスの結果を公表するとともに、漁業・漁村の6次産業化に向けた取組状況を的確に把握するための調査等を実施します。

また、市場化テスト（包括的民間委託）を導入した統計調査を引き続き実施します。

5　事業者や産地の主体性と創意工夫の発揮の促進

官と民、国と地方の役割分担の明確化と適切な連携の確保を図りつつ、漁業者等の

事業者や産地の主体性・創意工夫の発揮を
より一層促進します。

　具体的には、事業者や産地の主体的な取
組を重点的に支援するとともに、規制の必
要性・合理性について検証し、不断の見直
しを行います。

6　財政措置の効率的かつ重点的な運用

　厳しい財政事情の下で予算を最大限有効
に活用するため、財政措置の効率的かつ重
点的な運用を推進します。

　また、施策の実施状況や水産業を取り巻
く状況の変化に照らし、施策内容を機動的
に見直し、翌年度以降の施策の改善に反映
させます。

参 考 図 表

目　次

1 水産基本指標

	項 目	データ	備 考
経済指標	排他的経済水域等	447万km²	国土面積37.8万km²、国土面積の約12倍
	国内総生産（名目GDP）	水産業は6,270億円（令和4年）	総生産は560兆円
水産物需給	自給率	・食用魚介類：56%（令和4年度概算値） ・魚介類全体：54%（令和4年度概算値） ・海 藻 類：67%（令和4年度概算値）	・食用魚介類自給率目標（水産基本計画、重量ベース） 　令和14年度　94% ・食用魚介類自給率ピーク 　昭和39年度　113%
	漁業・養殖業生産量	392万t（令和4年）	生産量ピーク　1,282万t（昭和59年）
	漁業生産額	1兆6,001億円（令和4年）	生産額ピーク　2兆9,772億円（昭和57年）
	漁業産出額	1兆5,747億円（令和4年）	
	種苗の生産額	254億円（令和4年）	
	生産漁業所得	7,364億円（令和4年）	
貿易	輸入額	2兆160億円（令和5年）	農林水産合計12兆7,776億円
	輸出額	3,901億円（令和5年）	農林水産合計1兆3,586億円
漁業経営	沿岸漁家の漁労所得	378万円（令和4年）	
	沿岸漁船漁家	252万円（令和4年）	
	海面養殖業漁家	1,062万円（令和4年）	
生産構造	漁業経営体数	6.1万経営体（令和4年）	昭和38年は26.7万経営体
	漁業就業者数	12.3万人（令和4年）	昭和36年は69.9万人
	漁業協同組合数	1,743組合（沿海地区漁協は864組合）（令和4年度末）	昭和41年は2,476組合 （漁業協同組合合併助成法の施行直前の沿海地区漁協数）
	漁船数	108,660隻（令和4年）	昭和43年は345,606隻
	漁港数	2,777港（令和5年4月1日）	平均すると海岸線約12.7kmごとに存在
	漁業集落数	6,298集落（平成30年）	平均すると海岸線約5.6kmごとに存在

注：1）漁業生産額は、漁業産出額（漁業・養殖業の生産量に産地市場卸売価格等を乗じて推計したもの。）に種苗の生産額を加算したもの。
　　2）生産漁業所得とは、漁業産出額から物的経費（減価償却費及び間接税を含む。）を控除し、経常補助金を加算したもの。

2 水産物需給

2−1 漁業・養殖業部門別生産量及び生産額の推移

数量：千t／金額：億円

		平成24年 (2012)	30 (2018)	令和元 (2019)	2 (2020)	3 (2021)	4 (2022)	増減率（％） 令和4／平成24 (2022/2012)	増減率（％） 令和4／3 (2022/2021)
生産量	合　　計	4,853	4,427	4,204	4,236	4,158	3,917	▲19.3	▲5.8
	海　　面	4,786	4,371	4,151	4,185	4,106	3,863	▲19.3	▲5.9
	漁　　業	3,747	3,366	3,235	3,215	3,179	2,951	▲21.2	▲7.2
	遠洋漁業	458	349	329	298	279	262	▲42.9	▲6.1
	沖合漁業	2,198	2,048	1,977	2,046	1,963	1,804	▲17.9	▲8.1
	沿岸漁業	1,090	969	930	871	937	886	▲18.8	▲5.5
	養　殖　業	1,040	1,005	915	970	927	912	▲12.3	▲1.6
	内　水　面	67	57	53	51	52	54	▲19.0	4.6
	漁　　業	33	27	22	22	19	23	▲31.2	19.6
	養　殖　業	34	30	31	29	33	32	▲7.2	▲4.1
生産額	合　　計	14,165	15,642	14,921	13,397	13,943	16,001	13.0	14.8
	海　　面	13,276	14,429	13,700	12,269	12,704	14,594	9.9	14.9
	漁　　業	9,144	9,369	8,693	7,721	8,020	9,161	0.2	14.2
	養　殖　業	4,132	5,060	5,007	4,549	4,684	5,433	31.5	16.0
	（うち種苗）	178	199	205	191	178	222	24.6	24.6
	内　水　面	889	1,213	1,220	1,128	1,240	1,407	58.3	13.5
	漁　　業	179	185	164	165	154	155	▲13.0	1.0
	養　殖　業	710	1,028	1,057	963	1,086	1,252	76.2	15.3
	（うち種苗）	36	46	30	28	29	32	▲9.3	10.4

資料：農林水産省「漁業・養殖業生産統計」及び「漁業産出額」

注：1）生産量は、令和6（2024）年3月31日時点の数値。
　　2）遠洋漁業とは、平成25（2013）～30（2018）年は遠洋底びき網漁業、以西底びき網漁業、大中型1そうまき網遠洋かつお・まぐろまき網漁業、太平洋底刺し網等漁業、遠洋まぐろはえ縄漁業、大西洋等はえ縄等漁業、遠洋かつお一本釣漁業及び遠洋いか釣漁業、令和元（2019）年以降は遠洋底びき網漁業、以西底びき網漁業、大中型1そうまき遠洋かつお・まぐろまき網漁業、太平洋底刺し網等漁業、遠洋まぐろはえ縄漁業、大西洋等はえ縄等漁業、遠洋かつお一本釣漁業及び沖合いか釣漁業（沖合漁業に属するものを除く。）をいう。
　　3）沖合漁業とは、平成25（2013）～30（2018）年は沖合底びき網1そうびき漁業、沖合底びき網2そうびき漁業、小型底びき網漁業、大中型1そうまき網近海かつお・まぐろまき網漁業、大中型1そうまき網その他のまき網漁業、大中型2そうまき網漁業、中・小型まき網漁業、さけ・ます流し網漁業、かじき等流し網漁業、さんま棒受網漁業、近海まぐろはえ縄漁業、沿岸まぐろはえ縄漁業、東シナ海はえ縄漁業、近海かつお一本釣漁業、沿岸かつお一本釣漁業、近海いか釣漁業、沿岸いか釣漁業、日本海べにずわいがに漁業及びずわいがに漁業、令和元（2019）年以降は沖合底びき網漁業、小型底びき網漁業、大中型1そうまきその他のまき網漁業、大中型2そうまき網漁業、中・小型まき網漁業、さけ・ます流し網漁業、かじき等流し網漁業、さんま棒受網漁業、近海まぐろはえ縄漁業、沿岸まぐろはえ縄漁業、東シナ海はえ縄漁業、近海かつお一本釣漁業、沿岸かつお一本釣漁業、沖合いか釣漁業（遠洋漁業に属するものを除く。）、沿岸いか釣漁業、日本海べにずわいがに漁業をいう。
　　4）沿岸漁業とは、平成25（2013）～30（2018）年は船びき網漁業、その他の刺網漁業（遠洋漁業に属するものを除く。）、大型定置網漁業、さけ定置網漁業、小型定置網漁業、その他の網漁業、その他のはえ縄漁業（遠洋漁業又は沖合漁業に属するものを除く。）、ひき縄釣漁業、その他の釣漁業、採貝・採藻漁業及びその他の漁業（遠洋漁業又は沖合漁業に属するものを除く。）、令和元（2019）年以降は船びき網漁業、その他の刺網漁業（遠洋漁業に属するものを除く。）、大型定置網漁業、さけ定置網漁業、小型定置網漁業、その他の網漁業、その他のはえ縄漁業（遠洋漁業又は沖合漁業に属するものを除く。）、ひき縄釣漁業、その他の釣漁業及びその他の漁業（遠洋漁業又は沖合漁業に属するものを除く。）をいう。
　　5）海面養殖業とは、海面又は陸上に設けられた施設において、海水を使用して水産動植物を集約的に育成し、収獲する事業をいう。なお、海面養殖業には、海面において、魚類を除く水産動植物の採苗を行う事業を含む。
　　6）内水面漁業とは、公共の内水面において、水産動植物を採捕する事業をいう。
　　7）内水面養殖業とは、一定区画の内水面又は陸上において、淡水を使用して水産動植物（種苗を含む。）を集約的に育成し、収獲する事業をいう。
　　8）海面漁業生産額の合計には、捕鯨業を含む。
　　9）内水面漁業・養殖業生産量は、平成25（2013）年は主要108河川24湖沼、平成30（2018）年は主要112河川24湖沼、令和元（2019）年以降は主要113河川24湖沼の値である。内水面養殖業収獲量は、平成25（2013）～30（2018）年はます類、あゆ、こい及びうなぎの4魚種、令和元（2019）年以降はます類、あゆ、こい、うなぎ及びにしきごいの5魚種である。また、収獲量には、琵琶湖、霞ヶ浦及び北浦において養殖されたその他の収獲量を含む。
　　10）生産額は、種苗の生産額を含む。

2－2　海面漁業主要魚種別生産量及び産出額の推移

〔単位 数量：千t／金額：億円〕

		平成24年(2012)	30(2018)	令和元(2019)	2(2020)	3(2021)	4(2022)	増減率（％）令和4/平成24(2022/2012)	令和4/3(2022/2021)
生産量	合　　　　計	3,747	3,366	3,235	3,215	3,179	2,951	▲21.2	▲7.2
	ま　ぐ　ろ　類	208	165	161	177	148	122	▲41.3	▲17.1
	か　じ　き　類	17	12	11	10	9	8	▲55.3	▲17.1
	か　つ　お　類	315	260	237	196	239	197	▲37.4	▲17.5
	さ　け・ま　す　類	134	95	60	63	61	91	▲32.2	50.4
	い　わ　し　類	527	741	812	945	901	871	65.5	▲3.2
	うち、まいわし	135	524	561	698	640	642	374.6	0.3
	うち、かたくちいわし	245	111	130	144	119	123	▲49.6	3.6
	あ　じ　類	158	135	114	110	106	115	▲27.3	7.9
	さ　ば　類	438	545	452	390	442	320	▲27.0	▲27.6
	さ　ん　ま	221	129	46	30	20	18	▲91.7	▲5.8
	ぶ　り　類	102	100	109	106	95	93	▲8.6	▲1.6
	ひらめ・かれい類	53	48	48	46	41	41	▲21.6	0.3
	た　ら　類	281	178	207	217	231	218	▲22.3	▲5.8
	うち、すけとうだら	230	127	154	160	175	160	▲30.2	▲8.1
	ほ　っ　け	69	34	34	41	45	35	▲48.7	▲22.4
	た　い　類	26	25	25	23	24	24	▲7.5	▲1.8
	い　か　類	216	84	73	82	64	59	▲72.5	▲7.1
	うち、するめいか	168	48	40	48	32	31	▲81.7	▲5.3
	ほ　た　て　が　い	315	305	339	346	356	340	7.8	▲4.5
	上 記 以 外 の 魚 種	667	508	505	432	398	397	▲40.5	▲0.1
産出額	合　　　　計	9,144	9,369	8,693	7,721	8,020	9,161	0.2	14.2
	ま　ぐ　ろ　類	1,213	1,237	1,292	1,169	1,224	1,387	14.3	13.4
	か　じ　き　類	103	96	84	76	73	72	▲29.7	▲1.2
	か　つ　お　類	737	608	520	462	490	628	▲14.7	28.3
	さ　け・ま　す　類	630	601	354	434	503	699	10.8	38.8
	い　わ　し　類	616	761	713	716	645	682	10.7	5.7
	うち、まいわし	80	237	273	312	265	274	240.4	3.3
	うち、かたくちいわし	168	112	123	122	98	130	▲22.6	32.5
	あ　じ　類	354	279	276	266	227	256	▲27.7	12.6
	さ　ば　類	371	505	447	396	444	356	▲4.1	▲19.9
	さ　ん　ま	171	251	130	143	122	106	▲37.9	▲13.2
	ぶ　り　類	244	298	314	245	226	302	23.9	33.6
	ひらめ・かれい類	260	233	237	197	178	192	▲26.0	8.2
	た　ら　類	252	225	215	181	193	235	▲6.5	21.9
	うち、すけとうだら	135	98	97	76	84	110	▲18.6	30.7
	ほ　っ　け	58	39	31	26	32	29	▲50.9	▲11.4
	た　い　類	162	156	152	119	107	126	▲21.9	17.8
	い　か　類	651	551	509	518	430	499	▲23.3	16.0
	うち、するめいか	392	277	267	286	203	250	▲36.2	23.1
	ほ　た　て　が　い	391	556	573	393	718	877	124.3	22.1
	上 記 以 外 の 魚 種	2,931	2,974	2,846	2,381	2,406	2,713	▲7.4	12.8

資料：農林水産省「漁業・養殖業生産統計」及び「漁業産出額」

注：生産量は、令和6（2024）年3月31日時点の数値。

2－3　海面養殖業主要魚種別生産量及び生産額の推移

〔単位 数量：千t／金額：億円〕

		平成24年(2012)	30(2018)	令和元(2019)	2(2020)	3(2021)	4(2022)	増減率（%）令和4/平成24(2022/2012)	令和4/3(2022/2021)
生産量	合計	1,040	1,005	915	970	927	912	▲12.3	▲1.6
	ぶり類	160	138	136	138	134	114	▲28.9	▲14.8
	まだい	57	61	62	66	69	68	20.2	▲1.9
	ほたてがい	184	174	144	149	165	172	▲6.6	4.6
	かき類	161	177	162	159	159	166	2.8	4.3
	こんぶ類	34	34	33	30	32	30	▲12.8	▲6.0
	わかめ類	48	51	45	54	44	47	▲2.9	6.7
	のり類	342	284	251	289	237	232	▲31.9	▲2.0
	上記以外の魚種	53	87	81	85	87	83	56.2	▲4.9
生産額	合計	4,132(178)	5,060(199)	5,007(205)	4,549(191)	4,684(178)	5,433(222)	31.5	16.0
	ぶり類	1,095(24)	1,269(29)	1,323(35)	1,099(34)	1,186(22)	1,387(49)	26.7	17.0
	まだい	524(42)	633(42)	582(46)	476(33)	638(39)	693(41)	32.3	8.7
	ほたてがい	338(81)	520(95)	388(93)	340(98)	464(87)	623(104)	84.2	34.3
	かき類	310(6)	341(6)	357(6)	331(6)	339(9)	395(6)	27.5	16.7
	こんぶ類	79(-)	102(-)	104(-)	91(-)	74(-)	76(-)	▲3.9	3.1
	わかめ類	98(1)	102(1)	122(1)	107(1)	82(1)	98(1)	0.5	19.8
	のり類	950(5)	949(5)	947(5)	1,048(5)	746(7)	826(7)	▲13.0	10.8
	上記以外の魚種	737(20)	1,143(22)	1,184(19)	1,055(14)	1,155(14)	1,333(14)	80.8	15.4

資料：農林水産省「漁業・養殖業生産統計」及び「漁業産出額」
注：1）生産量は、令和6（2024）年3月31日時点の数値。
　　2）生産量の海藻類は生重量、貝類は殻付き重量である。
　　3）海面養殖業の生産額は、種苗の生産額も含む。なお、（　）内は、種苗の生産額である。

2－4　内水面漁業・養殖業主要魚種別生産量及び産出額の推移

〔単位 数量：千t／金額：億円〕

		平成24年(2012)	30(2018)	令和元(2019)	2(2020)	3(2021)	4(2022)	増減率（%）令和4/平成24(2022/2012)	令和4/3(2022/2021)
生産量	合計	67	57	53	51	52	54	▲19.0	4.6
	内水面漁業	33	27	22	22	19	23	▲31.2	19.6
	さけ・ます類	14	8	7	7	5	10	▲27.5	88.7
	あゆ	3	2	2	2	2	2	▲29.5	▲4.2
	しじみ	8	10	10	9	9	8	6.0	▲7.6
	上記以外の魚種	9	7	4	3	3	3	▲70.4	▲6.5
	内水面養殖業	34	30	31	29	33	32	▲7.2	▲4.1
	ます類	8	7	7	6	6	7	▲19.9	6.4
	あゆ	5	4	4	4	4	4	▲29.1	▲5.8
	こい	3	3	3	2	2	2	▲31.6	▲1.8
	うなぎ	17	15	17	17	21	19	10.3	▲7.3
産出額	合計	853	1,167	1,190	1,100	1,210	1,375	61.1	13.6
	内水面漁業	179	185	164	165	154	155	▲13.0	1.0
	さけ・ます類	22	15	13	16	14	25	13.5	79.6
	あゆ	61	81	78	74	64	61	▲0.7	▲5.1
	しじみ	50	50	46	51	56	51	0.6	▲9.3
	上記以外の魚種	45	39	27	24	20	19	▲57.7	▲4.9
	内水面養殖業	675	982	1,027	935	1,056	1,219	80.7	15.4
	ます類	71	87	83	70	78	90	26.4	15.6
	あゆ	61	65	62	62	63	66	7.2	5.2
	こい	13	14	13	10	9	10	▲23.8	7.2
	うなぎ	497	670	742	661	758	893	79.8	17.7
	上記以外の魚種	32	146	128	131	148	161	399.4	8.5
	（参考）種苗生産額	36	46	30	28	29	32	▲9.3	10.4

資料：農林水産省「漁業・養殖業生産統計」及び「漁業産出額」
注：1）生産量は、令和6（2024）年3月31日時点の数値。
　　2）内水面漁業・養殖業生産量は、2－1の注9）に同じ。
　　3）内水面養殖業の産出額には、種苗の生産額を含まない。

2－5　漁業・養殖業都道府県別生産量及び産出額（令和4（2022）年）

| | 生産量（t） | | | | | | | | | 産出額（百万円） | | | |
| | 合計 | 海面 | | | | 内水面 | | | | 海面 | | | |
		計	漁業	順位	養殖業	計	漁業	順位	養殖業	計	漁業	順位	養殖業
全国	3,916,946	3,862,831	2,950,992	順位	911,839	54,115	22,612	順位	31,503	1,434,690	913,592	順位	521,098
北海道	994,950	985,112	870,286	1	114,826	9,838	9,711	1	127	313,505	273,006	1	40,499
青森	145,871	143,149	63,514	13	79,635	2,722	2,655	3	67	53,543	35,824	5	17,719
岩手	107,612	107,261	74,815	9	32,446	351	117	16	234	38,968	29,092	6	9,876
宮城	276,367	276,065	187,176	4	88,889	302	90	18	212	92,220	62,964	3	29,256
秋田	5,921	5,669	5,527	37	142	252	217	12	35	2,849	2,828	35	21
山形	3,510	3,154	3,154	38	－	356	265	9	91	1,790	1,790	36	－
福島	59,167	58,075	57,900	14	175	1,092	5	35	1,087	10,186	10,113	23	74
茨城	x	x	285,164	2	x	2,698	1,836	4	862	21,552	x	…	x
栃木	1,033	…	…	…	…	1,033	304	7	729	…	…	…	…
群馬	308	…	…	…	…	308	2	38	306	…	…	…	…
埼玉	x	…	…	…	…	x	0	41	x	…	…	…	…
千葉	108,378	108,251	103,222	6	5,029	127	23	27	104	21,495	19,579	12	1,917
東京	x	x	28,229	21	x	207	172	14	35	12,645	x	…	x
神奈川	29,910	29,648	28,824	20	824	262	225	11	37	14,585	14,220	17	365
新潟	27,861	27,362	26,020	22	1,342	499	324	6	175	13,075	12,261	20	814
富山	25,870	25,745	25,725	23	20	125	81	20	44	14,086	14,059	18	27
石川	48,261	48,251	47,401	16	850	10	3	37	7	16,598	16,336	16	262
福井	8,947	8,923	8,616	35	307	24	20	29	4	8,001	7,451	27	549
山梨	954	…	…	…	…	954	6	33	948	…	…	…	…
長野	1,353	…	…	…	…	1,353	36	24	1,317	…	…	…	…
岐阜	1,455	…	…	…	…	1,455	253	10	1,202	…	…	…	…
静岡	153,038	149,617	147,231	5	2,386	3,421	1	40	3,420	43,896	41,243	4	2,653
愛知	50,908	45,472	37,581	19	7,891	5,436	2	38	5,434	14,379	11,708	22	2,672
三重	82,996	82,624	64,919	12	17,705	372	86	19	286	37,974	20,327	10	17,647
滋賀	1,156	…	…	…	…	1,156	798	5	358	…	…	…	…
京都	12,271	12,248	11,416	32	832	23	13	30	10	5,318	3,651	34	1,667
大阪	x	20,913	20,453	25	460	x	－	－	x	4,936	4,798	32	138
兵庫	104,762	104,723	41,661	17	63,062	39	6	33	33	48,768	27,109	8	21,659
奈良	13	…	…	…	…	13	0	41	13	…	…	…	…
和歌山	19,052	18,434	14,536	29	3,898	618	10	32	608	14,786	7,200	28	7,586
鳥取	84,200	83,785	82,290	8	1,495	415	270	8	145	21,422	19,816	11	1,605
島根	102,940	98,555	97,843	7	712	4,385	4,372	2	13	19,571	18,321	15	1,250
岡山	22,254	21,983	2,555	39	19,428	271	208	13	63	5,656	1,590	37	4,066
広島	116,315	116,234	16,890	28	99,344	81	21	28	60	26,041	7,767	26	18,274
山口	20,686	20,638	19,757	26	881	48	13	30	35	13,909	12,064	21	1,845
徳島	19,163	18,713	9,663	34	9,050	450	35	25	415	11,613	5,132	31	6,481
香川	28,935	28,919	13,354	30	15,565	16	－	－	16	15,659	5,379	30	10,280
愛媛	129,424	129,276	65,018	11	64,258	148	95	17	53	97,863	18,600	14	79,263
高知	63,399	63,020	48,458	15	14,562	379	122	15	257	49,453	28,288	7	21,165
福岡	62,472	62,191	20,954	24	41,237	281	68	22	213	29,190	12,486	19	16,703
佐賀	62,904	62,886	6,836	36	56,050	18	5	35	13	27,209	5,435	29	21,774
長崎	285,024	285,016	262,233	3	22,783	8	－	－	8	110,872	65,273	2	45,599
熊本	66,046	65,654	13,070	31	52,584	392	38	23	354	37,218	4,788	33	32,429
大分	38,774	38,549	18,985	27	19,564	225	72	21	153	38,478	8,680	25	29,798
宮崎	85,413	81,440	68,406	10	13,034	3,973	31	26	3,942	31,162	21,179	9	9,983
鹿児島	92,300	84,324	40,621	18	43,703	7,976	0	41	7,976	76,988	19,021	13	57,967
沖縄	27,554	27,554	10,689	33	16,865	－	－	－	－	17,232	10,021	24	7,210

資料：農林水産省「漁業・養殖業生産統計」及び「漁業産出額」
　注：1）海面養殖業生産量には種苗養殖は含まない。
　　　2）都道府県別に取りまとめを行っていない捕鯨業は含まない。

参考図表

２－６　水産物の主要品目別輸入数量及び金額の推移

〔単位〔数量：千 t　金額：億円〕

		平成25年 (2013)	令和3 (2021)	4 (2022)	5 (2023)	増減率（％） 令和5／平成25 (2023/2013)	増減率（％） 令和5／4 (2023/2022)
数	水　産　物　合　計	2,488	2,202	2,222	2,156	▲ 13.3	▲ 2.9
	さ　け・ま　す　類	249	245	230	202	▲ 18.9	▲ 12.1
	か　つ　お・ま　ぐ　ろ　類	227	199	202	198	▲ 12.8	▲ 1.9
	え　　　　　び	192	159	157	141	▲ 26.6	▲ 9.9
	え　び　調　製　品	73	63	68	60	▲ 17.3	▲ 12.3
	い　　　　　か	106	103	118	108	1.6	▲ 8.2
	真　　珠　　（ t ）	70	38	43	51	▲ 28.0	16.3
	た　ら　類（すり身含む）	138	136	133	144	3.8	8.0
	か　　　　　に	45	22	23	26	▲ 41.8	17.0
	う　な　ぎ　調　製　品	8	21	18	18	123.0	▲ 0.9
	た　　　　　こ	58	26	34	31	▲ 46.2	▲ 7.9
	魚　　　　　粉	195	146	160	178	▲ 8.4	11.5
量	た　ら　の　卵	36	35	38	36	▲ 0.2	▲ 4.2
	い　か　調　製　品	47	47	48	48	2.4	▲ 0.0
	う　な　ぎ　（活）	5	7	8	9	82.1	5.5
	う　　　　　に	12	11	11	11	▲ 6.1	▲ 1.3
	さ　　　　　ば	55	74	63	77	39.5	23.7
	そ　　の　　他	1,041	908	912	868	▲ 16.6	▲ 4.8
金	水　産　物　合　計　（A）	15,797	16,099	20,711	20,160	27.6	▲ 2.7
	さ　け・ま　す　類	1,617	2,200	2,783	2,582	59.6	▲ 7.2
	か　つ　お・ま　ぐ　ろ　類	1,779	1,861	2,317	2,092	17.6	▲ 9.7
	え　　　　　び	2,231	1,784	2,213	1,932	▲ 13.4	▲ 12.7
	え　び　調　製　品	757	722	977	867	14.6	▲ 11.3
	い　　　　　か	505	536	760	791	56.7	4.0
	真　　　　　珠	372	228	342	716	92.3	109.1
	た　ら　類（すり身含む）	381	554	709	625	63.8	▲ 11.9
	か　　　　　に	497	673	749	569	14.4	▲ 24.1
	う　な　ぎ　調　製　品	238	438	483	444	86.4	▲ 8.0
	た　　　　　こ	351	318	486	434	23.7	▲ 10.6
	魚　　　　　粉	300	232	334	408	36.2	22.4
	た　ら　の　卵	329	253	390	377	14.5	▲ 3.3
額	い　か　調　製　品	233	299	363	373	59.9	2.6
	う　な　ぎ　（活）	179	151	266	290	62.2	9.1
	う　　　　　に	167	207	310	273	63.6	▲ 11.7
	さ　　　　　ば	126	167	191	260	106.3	36.1
	そ　　の　　他	5,733	5,477	7,037	7,127	24.3	1.3
	我が国の総輸入額（B）	812,425	848,750	1,185,032	1,101,956	35.6	▲ 7.0
	（A）／（B）（％）	1.9	1.9	1.7	1.8		

資料：財務省「貿易統計」に基づき水産庁で作成
注：１）数量は、通関時の形態による重量である（以下「貿易統計」においては同じ。）。
　　２）かににについては、このほかにかに調製品が含まれている。

２－７　輸入金額の上位３か国からの主要輸入品目の金額

（単位：億円）

	令和4年 (2022)	5 (2023)	増減率（％） 令和5／4 (2023/2022)
中　　国　（香港、マカオ除く）	3,641	3,563	▲ 2.1
うなぎ調整品	478	440	▲ 8.0
いか（冷凍）	365	371	1.6
いか調整品	337	331	▲ 1.8
チ　　リ	1,970	1,903	▲ 3.4
さけ・ます類（生鮮冷蔵・冷凍）	1,608	1,514	▲ 5.8
うに（生鮮冷蔵・冷凍）	160	122	▲ 23.6
魚粉	49	62	26.8
米　　国	1,716	1,540	▲ 10.3
たら類（すり身含む、冷凍）	454	431	▲ 5.2
たらの卵（冷凍・塩蔵・乾燥・くん製品）	149	154	3.7
ぎんだら（冷凍）	116	117	1.3

資料：財務省「貿易統計」に基づき水産庁で作成

参考図表

2−8　水産物の主要品目別輸出数量及び金額の推移

〔単位〕数量：千 t／金額：億円

		平成25年(2013)	3(2021)	4(2022)	5(2023)	増減率（％）令和5／平成25(2023/2013)	令和5／4(2023/2022)
数	水産物合計	552	659	634	476	▲ 13.7	▲ 24.9
	ほたてがい	57	116	128	81	41.3	▲ 36.6
	真珠（t）	23	17	25	32	38.3	30.2
	ぶり	6	45	33	33	411.2	0.6
	かつお・まぐろ類	74	58	23	36	▲ 50.9	58.3
	ほたてがい調製品（t）	3,204	1,525	4,224	3,974	24.0	▲ 5.9
	なまこ調製品（t）	848	400	393	344	▲ 59.4	▲ 12.3
	さば	113	177	125	75	▲ 33.5	▲ 39.9
	水産練り製品	8	13	13	11	34.0	▲ 19.6
	いわし	55	90	133	93	69.3	▲ 30.2
	さけ・ます類	33	8	13	13	▲ 61.3	▲ 0.5
	錦鯉（t）	…	348	322	322	…	▲ 0.2
量	たい	2	8	10	7	259.8	▲ 27.2
	すけとうたら	56	14	24	12	▲ 77.6	▲ 48.7
	貝柱調製品（t）	782	994	454	55	▲ 93.0	▲ 87.9
	さんま	18	2	1	1	▲ 96.6	▲ 7.8
	その他	124	125	126	109	▲ 11.9	▲ 13.4
金	水産物合計（A）	2,216	3,015	3,873	3,901	76.0	0.7
	ほたてがい	399	639	911	689	72.8	▲ 24.4
	真珠	188	171	238	456	142.4	92.0
	ぶり	87	246	363	418	378.1	15.2
	かつお・まぐろ類	174	204	178	227	30.1	27.0
	ほたてがい調製品	142	81	168	210	48.1	25.0
	なまこ調製品	228	155	184	169	▲ 25.6	▲ 8.0
	さば	120	220	188	122	1.9	▲ 35.2
	水産練り製品	59	113	123	104	75.4	▲ 15.0
	いわし	41	74	116	99	140.1	▲ 15.0
	さけ・ます類	84	35	67	68	▲ 19.3	1.2
	錦鯉	…	59	63	67	…	6.2
額	たい	17	50	75	66	283.5	▲ 11.8
	すけとうたら	50	20	31	18	▲ 64.0	▲ 41.3
	貝柱調製品	21	60	39	4	▲ 81.0	▲ 89.6
	さんま	17	6	3	2	▲ 86.2	▲ 18.4
	その他	589	880	1,128	1,183	100.7	4.9
	我が国の総輸出額（B）	697,742	830,914	981,736	1,008,738	44.6	2.8
	（A）／（B）（％）	0.3	0.4	0.4	0.4		

資料：財務省「貿易統計」に基づき水産庁で作成
注：1）なまこについては、このほかになまこ（調製品以外）が輸出されている。
　　2）真珠は、各種製品を除く。

2−9　輸出金額の上位3か国（地域）への主要輸出品目の金額

（単位：億円）

	令和4年(2022)	5(2023)	増減率（％）令和5／4(2023/2022)
香港	755	1,016	34.7
真珠（天然・養殖）	173	384	122.3
ほたてがい調整品	94	141	50.5
なまこ調整品	85	90	6.1
米国	539	613	13.6
ぶり（生鮮冷蔵・冷凍）	222	243	9.5
ほたてがい（活魚・生鮮冷蔵・冷凍）	78	119	52.5
水産練り製品	42	31	▲ 25.9
中国（香港、マカオ除く）	871	610	▲ 29.9
ほたてがい（活魚・生鮮冷蔵・冷凍）	467	259	▲ 44.6
なまこ調整品	79	63	▲ 19.8
かつお・まぐろ類（生鮮冷蔵・冷凍）	40	31	▲ 22.9

資料：財務省「貿易統計」に基づき水産庁で作成
注：なまこ調製品は、干しなまこを含む。

参考図表

2－10　主要品目別産地価格の推移

（単位：円／kg）

		平成25年 (2013)	令和3 (2021)	4 (2022)	5 (2023)	増減率（%） 令和5/平成25 (2023/2013)	増減率（%） 令和5/4 (2023/2022)
水産物平均（下記加重平均）		177	149	180	211	19.4	17.4
ま　ぐ　ろ	生　鮮	1,793	－	－	－	－	－
	冷　凍	2,241	－	－	－	－	－
くろまぐろ	生　鮮	－	2,045	2,700	2,754	－	2.0
みなみまぐろ	冷　凍	－	1,870	2,483	1,954	－	▲ 21.3
び　ん　な　が	生　鮮	270	362	534	457	69.0	▲ 14.4
	冷　凍	261	401	507	394	50.8	▲ 22.4
め　ば　ち	生　鮮	1,418	1,401	1,732	1,727	21.8	▲ 0.3
	冷　凍	866	994	1,243	999	15.4	▲ 19.6
き　は　だ	生　鮮	816	932	1,143	1,027	25.9	▲ 10.1
	冷　凍	409	513	630	563	37.6	▲ 10.7
か　つ　お	生　鮮	329	221	416	382	15.9	▲ 8.2
	冷　凍	200	185	268	315	57.3	17.6
ま　い　わ　し		56	38	45	72	27.8	60.8
うるめいわし		59	61	67	99	69.6	48.5
かたくちいわし		47	46	58	89	87.8	53.5
ま　あ　じ		194	218	209	274	41.3	31.4
む　ろ　あ　じ		109	95	104	142	30.1	35.7
さ　ば　類		108	109	117	138	27.2	17.8
さ　ん　ま		155	621	552	425	174.9	▲ 23.0
ほ　っ　け		83	66	65	111	34.3	70.9
するめいか	生　鮮	283	618	752	935	230.7	24.4
	冷　凍	351	687	1,079	1,618	360.2	49.9
うち（冷凍、近海）		354	－	－	－	－	－
うち（冷凍、遠洋）		237	－	－	－	－	－

資料：水産庁「水産物流通調査」に基づき水産庁で作成
注：1）特に表示のない品目は、生鮮品・冷凍品の分類を行っていない。
　　2）平成25（2013）年は211漁港、令和3（2021）及び4（2022）年は147漁港、令和5（2023）年は48漁港の価格。
　　3）主要品目のうち、平成25（2013）年の「まぐろ」は「くろまぐろ及びみなみまぐろ（いんどまぐろを含む。）」を示していたが、令和3（2021）年以降は分類の整理により「くろまぐろ」と「みなみまぐろ」に分別した。
　　4）令和5（2023）年の価格は概算値。

2－11　魚介類国内消費仕向量及び自給率の推移

（単位：千t）

	平成24年度 (2012)	令和2 (2020)	3 (2021)	4 (2022)	増減率（%） 令和4/平成24 (2022/2012)	増減率（%） 令和4/3 (2022/2021)
合　　　　　　計	8,297	6,838	6,562	6,425	▲ 22.6	▲ 2.1
食　用　魚　介　類	6,606	5,283	5,188	5,050	▲ 23.6	▲ 2.7
生　鮮　・　冷　凍	2,757	1,797	1,787	1,528	▲ 44.6	▲ 14.5
塩干・くん製・その他	3,514	3,161	3,101	3,222	▲ 8.3	3.9
か　　ん　　詰	335	325	300	300	▲ 10.4	0.0
非　食　用（飼肥料）	1,691	1,555	1,374	1,375	▲ 18.7	0.1
国民1人1年当たり供給純食料（kg）	28.8	23.6	22.7	22.0	▲ 23.9	▲ 3.1
食用魚介類自給率（%）	57	57	59	56	▲ 1.7	▲ 5.4
（参考）非食用を含む自給率（%）	52	55	58	54	3.8	▲ 5.9

資料：農林水産省「食料需給表」
注：1）自給率（%）＝（国内生産量÷国内消費仕向量）×100。
　　2）数値は原魚換算したものであり（国民1人1年当たり供給純食料を除く。）、海藻類、捕鯨業により捕獲されたもの及び鯨類科学調査の副産物を含まない。
　　3）原魚換算とは、輸入量、輸出量等、製品形態が品目別に異なるものを、製品形態ごとに所定の係数により原魚に相当する量に換算すること。
　　4）粗食料とは、廃棄される部分も含んだ食用魚介類の数量であり、純食料とは、粗食料から通常の食習慣において廃棄される部分（魚の頭、内臓、骨等）を除いた可食部分のみの数量。
　　5）令和4（2022）年度の数値は概算値。

2−12 年間1人当たりの魚介類品目別家計消費の推移（全国）

単位 ｛数量：g 金額：円｝

		平成25年(2013)	令和3(2021)	4(2022)	5(2023)	増減率（%）令和5/平成25(2023/2013)	令和5/4(2023/2022)
数量	生鮮魚介計	10,027	7,838	6,707	6,368	▲36.5	▲5.0
	鮮魚小計	9,117	7,087	6,192	5,872	▲35.6	▲5.2
	まぐろ	777	681	555	548	▲29.5	▲1.3
	あじ	356	265	238	229	▲35.7	▲3.7
	いわし	242	151	130	146	▲39.6	12.6
	かつお	329	330	268	292	▲11.2	9.0
	かれい	340	234	229	209	▲38.6	▲8.8
	さけ	1,003	933	786	713	▲28.9	▲9.3
	さば	388	278	243	221	▲43.1	▲9.2
	さんま	440	113	91	81	▲81.6	▲10.7
	たい	166	204	162	147	▲11.1	▲8.8
	ぶり	711	553	466	451	▲36.6	▲3.2
	いか	756	394	369	301	▲60.2	▲18.6
	たこ	259	178	145	147	▲43.1	1.8
	えび	558	497	424	444	▲20.5	4.7
	かに	203	130	101	128	▲37.1	26.6
	貝類小計	907	738	511	493	▲45.6	▲3.4
	あさり	347	220	101	101	▲70.8	0.0
	しじみ	92	64	61	67	▲27.5	8.8
	かき	162	177	145	130	▲19.9	▲10.4
	ほたてがい	209	191	137	129	▲38.2	▲5.7
	塩干魚介計	2,910	2,258	2,114	2,009	▲31.0	▲5.0
	塩さけ	542	464	398	415	▲23.4	4.3
	（参考）生鮮肉計	14,841	17,825	17,556	17,308	16.6	▲1.4
	牛肉	2,261	2,300	2,131	2,018	▲10.7	▲5.3
	豚肉	6,382	7,698	7,662	7,600	19.1	▲0.8
金額	魚介類支出計	25,816	25,609	25,133	25,854	0.1	2.9
	生鮮魚介計	14,792	14,543	13,812	14,158	▲4.3	2.5
	鮮魚小計	13,499	13,346	12,819	13,128	▲2.8	2.4
	まぐろ	1,759	1,896	1,713	1,779	1.1	3.8
	あじ	381	340	338	344	▲9.7	2.0
	いわし	183	132	130	146	▲20.2	12.6
	かつお	504	518	504	599	18.9	18.8
	かれい	397	303	308	317	▲20.1	3.1
	さけ	1,381	1,736	1,719	1,686	22.1	▲1.9
	さば	347	288	282	279	▲19.7	▲1.1
	さんま	360	152	141	137	▲61.9	▲2.8
	たい	323	417	381	367	13.6	▲3.7
	ぶり	1,091	1,005	934	992	▲9.1	6.2
	いか	770	626	639	579	▲24.8	▲9.4
	たこ	458	422	379	402	▲12.3	5.9
	えび	1,001	1,073	1,005	1,027	2.5	2.1
	かに	604	594	505	566	▲6.4	12.0
	貝類小計	1,293	1,197	992	1,030	▲20.3	3.8
	あさり	337	235	132	143	▲57.5	8.7
	しじみ	132	99	105	109	▲17.7	4.0
	かき	292	295	277	259	▲11.5	▲6.6
	ほたてがい	382	421	355	379	▲0.7	6.8
	塩干魚介計	4,766	4,483	4,476	4,712	▲1.1	5.3
	塩さけ	666	721	742	825	23.9	11.3
	魚肉練製品	2,803	2,915	3,061	3,143	12.1	2.7
	他の魚介加工品	3,455	3,668	3,784	3,841	11.2	1.5
	（参考）生鮮肉計	20,317	26,699	26,893	27,521	35.5	2.3
	牛肉	6,412	7,922	7,682	7,396	15.3	▲3.7
	豚肉	8,193	10,885	11,164	11,570	41.2	3.6

資料：総務省「家計調査」に基づき水産庁で作成
注：1）対象は二人以上の世帯。
　　2）平成30（2018）年1月に行った調査で使用する家計簿の改正の影響による変動を含むため、時系列比較をする際には注意が必要。

参考図表

3 国際

3-1 世界の漁業・養殖業生産量の推移

（単位：万 t）

国名		昭和35年 （1960）	55 （1980）	平成12 （2000）	令和2 （2020）	3 （2021）	4 （2022）	増減率（%）	
								令和4/平成12 （2022/2000）	令和4/3 （2022/2021）
世界計		3,687	7,598	13,769	21,374	21,899	22,322	62.1	1.9
	漁業	3,476	6,819	9,468	9,095	9,277	9,230	▲ 2.5	▲ 0.5
	養殖業	211	779	4,302	12,279	12,623	13,092	204.4	3.7
日本		619	1,112	638	424	416	392	▲ 38.6	▲ 5.8
	漁業	589	1,004	509	324	320	297	▲ 41.6	▲ 7.0
	養殖業	30	109	129	100	96	94	▲ 27.0	▲ 1.7
中国		317	625	4,457	8,393	8,595	8,857	98.7	3.0
	漁業	222	315	1,482	1,345	1,314	1,318	▲ 11.1	0.3
	養殖業	96	311	2,975	7,048	7,281	7,539	153.4	3.5
インドネシア		76	188	515	2,183	2,172	2,203	327.6	1.4
	漁業	68	165	416	699	722	740	77.9	2.4
	養殖業	8	23	99	1,485	1,449	1,463	1,372.6	1.0
インド		116	245	567	1,330	1,443	1,577	178.3	9.3
	漁業	112	208	373	466	502	554	48.6	10.2
	養殖業	4	37	194	864	941	1,024	426.9	8.8
ベトナム		47	56	214	819	829	876	308.8	5.7
	漁業	44	46	163	351	354	359	120.3	1.4
	養殖業	4	10	51	468	475	517	906.9	8.8
EU・英国		582	853	825	595	576	560	▲ 32.2	▲ 2.7
	漁業	556	781	685	462	437	427	▲ 37.6	▲ 2.2
	養殖業	26	72	141	132	139	132	▲ 5.9	▲ 4.4
ペルー		350	271	1,067	582	673	551	▲ 48.3	▲ 18.1
	漁業	350	271	1,066	568	658	537	▲ 49.6	▲ 18.4
	養殖業	0	0	1	14	15	14	2,036.6	▲ 6.6
ロシア		…	…	410	537	549	534	30.1	▲ 2.7
	漁業	…	…	403	508	517	499	23.9	▲ 3.4
	養殖業	…	…	8	29	32	35	351.4	9.0
バングラデシュ		40	65	166	450	462	476	186.4	3.0
	漁業	35	56	100	192	198	203	101.9	2.3
	養殖業	5	9	66	258	264	273	315.6	3.5
米国		282	387	525	472	477	474	▲ 9.6	▲ 0.6
	漁業	271	370	479	427	431	426	▲ 11.0	▲ 1.0
	養殖業	10	17	46	45	46	48	4.8	3.7
ノルウェー		139	254	338	412	424	426	26.0	0.4
	漁業	139	253	289	263	258	261	▲ 9.6	1.3
	養殖業	0	1	49	149	167	165	235.5	▲ 1.0

資料：FAO「Fishstat（Global caputure production、Global aquaculture production）」（日本以外）及び農林水産省「漁業・養殖業生産統計」
（日本）に基づき水産庁で作成

3−2　国民１人１年あたりの食用魚介類の消費量の推移

（単位：kg/人年）

	昭和36年 （1961）	55 （1980）	平成12 （2000）	令和2 （2020）	3 （2021）	増減率（％） 令和3/昭和36 （2021/1961）	増減率（％） 令和3/2 （2021/2020）
世 界 平 均	9.0	11.5	16.0	20.3	20.2	123.5	▲ 0.8
インドネシア	10.3	12.1	20.6	44.7	44.4	331.9	▲ 0.7
日　　　本	50.4	65.5	67.2	41.9	41.3	▲ 18.1	▲ 1.4
中　　　国	4.3	4.4	24.4	39.9	39.9	829.8	▲ 0.1
ＥＵ・英国	14.6	16.6	20.8	22.7	22.7	56.2	▲ 0.0
米　　　国	13.0	15.5	22.0	22.4	22.4	71.7	▲ 0.3
イ ン ド	1.9	3.1	4.5	8.0	8.0	328.0	▲ 0.9

資料：FAO「FAOSTAT（Food Balance Sheets）」（日本以外）及び農林水産省「食料需給表」（日本）に基づき水産庁で作成
注：中国は香港、マカオ及び台湾を除く数値。

3−3　マグロ類に関する情報
（1）国・地域別漁獲量

（単位：t）

	昭和35年 （1960）	55 （1980）	平成12 （2000）	令和2 （2020）	3 （2021）	4 （2022）	増減率（％） 令和4/昭和35 （2022/1960）	増減率（％） 令和4/3 （2022/2021）
インドネシア	2,837	27,827	199,616	323,645	343,480	345,347	12,073.0	0.5
ＥＵ・英国	78,047	156,869	269,713	189,862	199,059	196,729	152.1	▲ 1.2
台　　　湾	8,200	109,618	238,410	138,136	132,031	146,810	1,690.4	11.2
メ キ シ コ	3,500	21,118	105,708	111,287	117,671	121,575	3,373.6	3.3
日　　　本	381,365	361,340	275,474	176,236	146,599	121,342	▲ 68.2	▲ 17.2
フィリピン	13,579	47,298	116,334	92,277	87,038	65,157	379.8	▲ 25.1
そ の 他	151,116	346,873	811,547	1,262,775	1,190,374	1,222,726	709.1	2.7
合　　　計	638,644	1,070,943	2,016,802	2,294,219	2,216,252	2,219,686	247.6	0.2

資料：FAO「Fishstat（Global capture production）」（日本以外）及び農林水産省「漁業・養殖業生産統計」（日本）に基づき水産庁で作成
注：数値はクロマグロ、ミナミマグロ、キハダ、メバチ及びビンナガの合計値。

（2）魚種別漁獲量

（単位：t）

	昭和35年 （1960）	55 （1980）	平成12 （2000）	令和2 （2020）	3 （2021）	4 （2022）	増減率（％） 令和4/昭和35 （2022/1960）	増減率（％） 令和4/3 （2022/2021）
キ ハ ダ	296,867	564,301	1,255,365	1,605,654	1,575,076	1,568,130	428.2	▲ 0.4
メ バ チ	81,032	232,737	469,967	387,237	358,704	355,329	338.5	▲ 0.9
ビ ン ナ ガ	161,276	195,189	220,196	235,564	213,929	225,452	39.8	5.4
ク ロ マ グ ロ	95,924	67,309	55,630	50,150	51,562	53,864	▲ 43.8	4.5
ミナミマグロ	3,545	11,407	15,644	15,615	16,980	16,911	377.0	▲ 0.4
合　　　計	638,644	1,070,943	2,016,802	2,294,219	2,216,252	2,219,686	247.6	0.2

資料：FAO「Fishstat（Global capture production）」（日本以外）及び農林水産省「漁業・養殖業生産統計」（日本）に基づき水産庁で作成
注：我が国のミナミマグロは、平成7（1995）年にクロマグロから分離されたため、昭和55（1980）年まではクロマグロの漁獲量に含まれる。

参考図表

（3）我が国への供給量の推移

（単位：万 t）

	平成24年 (2012)	令和２ (2020)	3 (2021)	4 (2022)	増減率（％）	
					令和４/平成24 (2022/2012)	令和４/３ (2022/2021)
国内供給量　計	40.7	37.2	33.9	31.2	▲ 23.4	▲ 7.9
国内生産量	21.7	19.4	16.8	14.2	▲ 34.6	▲ 15.6
輸　入　量	19.0	17.8	17.0	17.0	▲ 10.5	▲ 0.2

資料：農林水産省「漁業・養殖業生産統計」及び財務省「貿易統計」に基づき水産庁で作成
注：1）数値はクロマグロ、ミナミマグロ、キハダ、メバチ及びビンナガの合計値。
　　2）輸入量は、生鮮冷蔵・冷凍の製品重量。

参考図表

4　漁業経営・生産構造

4－1　漁業経営体数の推移

（単位：経営体）

		平成10年（1998）	15（2003）	20（2008）	25（2013）	30（2018）	増減率（%）平成30/10（2018/1998）	平成30/25（2018/2013）
合	計	150,586	132,417	115,196	94,507	79,067	▲ 47.5	▲ 16.3
海面漁業	計	122,980	109,350	95,550	79,563	65,117	▲ 47.1	▲ 18.2
	漁船非使用	4,365	3,883	3,694	3,032	2,595	▲ 40.5	▲ 14.4
	無動力漁船	285	198	157	97	47	▲ 83.5	▲ 51.5
	船外機付漁船	…	…	24,161	20,709	17,364	…	▲ 16.2
	動力漁船計	111,999	99,692	62,877	51,606	41,875	▲ 62.6	▲ 18.9
	1トン未満	34,460	30,951	3,448	2,770	2,002	▲ 94.2	▲ 27.7
	1～3	26,255	22,254	18,077	14,109	10,652	▲ 59.4	▲ 24.5
	3～5	32,169	29,010	25,628	21,080	16,810	▲ 47.7	▲ 20.3
	5～10	11,207	10,494	9,550	8,247	7,495	▲ 33.1	▲ 9.1
	10～20	5,071	4,602	4,200	3,643	3,339	▲ 34.2	▲ 8.3
	20～30	769	661	610	559	494	▲ 35.8	▲ 11.6
	30～50	561	537	485	466	430	▲ 23.4	▲ 7.7
	50～100	555	455	351	293	252	▲ 54.6	▲ 14.0
	100～200	380	313	275	252	233	▲ 38.7	▲ 7.5
	200～500	283	197	115	76	64	▲ 77.4	▲ 15.8
	500～1,000	150	107	67	55	50	▲ 66.7	▲ 9.1
	1,000～3,000	131	104	68	53	52	▲ 60.3	▲ 1.9
	3,000トン以上	8	7	3	3	2	▲ 75.0	▲ 33.3
	大型定置網	1,068	969	1,086	1,252	943	▲ 11.7	▲ 24.7
	小型定置網	5,042	4,457	3,575	2,867	2,293	▲ 54.5	▲ 20.0
	地びき網	221	151	…	…	…	…	…
海面養殖業	計	27,606	23,067	19,646	14,944	13,950	▲ 49.5	▲ 6.7
	のり	7,733	6,065	4,868	3,819	3,214	▲ 58.4	▲ 15.8
	かき	3,352	3,308	2,879	2,018	2,067	▲ 38.3	2.4
	真珠	1,699	1,358	971	680	594	▲ 65.0	▲ 12.6
	真珠母貝	1,143	683	448	276	248	▲ 78.3	▲ 10.1
	わかめ	3,205	2,383	2,356	2,029	1,835	▲ 42.7	▲ 9.6
	ぶり	1,284	1,023	839	632	520	▲ 59.5	▲ 17.7
	ほたてがい	4,363	3,859	3,411	2,466	2,496	▲ 42.8	1.2
	まだい	1,258	1,009	753	535	445	▲ 64.6	▲ 16.8
	まぐろ類	…	…	39	63	69	…	9.5
	その他	3,569	3,379	3,082	2,426	2,462	▲ 31.0	1.5
沿岸漁業経営体計		142,678	125,434	109,022	89,107	74,151	▲ 48.0	▲ 16.8
中小漁業経営体計		7,769	6,872	6,103	5,344	4,862	▲ 37.4	▲ 9.0
大規模漁業経営体計		139	111	71	56	54	▲ 61.2	▲ 3.6

資料：農林水産省「漁業センサス」
注：1）漁業経営体とは、過去1年間に利潤又は生活の資を得るために、生産物を販売することを目的として、海面において水産動植物の採捕又は養殖の事業を行った世帯又は事業所をいう（ただし、過去1年間における漁業の海上作業従事日数が30日未満の個人経営体は除く。）。
　　2）大型定置網には、さけ定置網を含める。
　　3）沿岸漁業経営体とは、漁船非使用、無動力漁船、船外機付漁船、使用動力漁船10トン未満、定置網、地びき網及び海面養殖業の漁業経営体をいい、中小漁業経営体とは、使用動力漁船10トン以上1,000トン未満の漁業経営体をいい、大規模漁業経営体とは、使用動力漁船1,000トン以上の漁業経営体をいう。
　　4）平成15（2003）年以前については、船外機付漁船は1トン未満の動力漁船に含まれ、海面養殖業のまぐろ類はその他に含まれる。
　　5）平成20（2008）年以降については、地びき網は経営体階層から除外し、使用した漁船の種類及び動力漁船のトン数から判断し振り分け、海面養殖におけるまぐろ類はその他から分離した（平成30（2018）年にまぐろ類からくろまぐろに名称を変更。）。

参考図表

4-2 経営組織別漁業経営体数の推移

(単位：経営体)

	平成25年 (2013)	30 (2018)	令和元 (2019)	2 (2020)	3 (2021)	4 (2022)	増減率（%） 令和4/平成25 (2022/2013)	増減率（%） 令和4/3 (2022/2021)
計	94,507	79,067	73,270	69,560	64,900	61,360	▲ 35.1	▲ 5.5
個 人 経 営 体	89,470	74,526	68,900	65,310	60,790	57,440	▲ 35.8	▲ 5.5
団 体 経 営 体	5,037	4,541	4,370	4,250	4,110	3,930	▲ 22.0	▲ 4.4
会 社	2,534	2,548	…	…	…	…	…	…
漁業協同組合	211	163	…	…	…	…	…	…
漁業生産組合	110	94	…	…	…	…	…	…
共 同 経 営	2,147	1,700	…	…	…	…	…	…
そ の 他	35	36	…	…	…	…	…	…

資料：農林水産省「漁業センサス」（平成25（2013）及び30（2018）年）、及び「漁業構造動態調査」（それ以外の年）
注：1）漁業経営体とは、4-1の注1）に同じ。
　　2）漁業協同組合には、漁業協同組合と漁業協同組合の支所等を含む。

4-3 沿岸漁家の漁労所得の推移

(単位：万円)

	平成25年 (2013)	30 (2018)	令和元 (2019)	2 (2020)	3 (2021)	4 (2022)
沿岸漁家平均	278.9	308.5	269.9	296.2	297.7	377.7
沿岸漁船漁家	222.4	208.2	203.4	206.8	196.4	252.2
海面養殖業漁家	579.0	882.6	657.7	786.3	833.6	1,061.6

資料：農林水産省「漁業経営統計調査報告」及び「漁業センサス」に基づき水産庁で作成
注：1）沿岸漁家平均は、「漁業経営統計調査報告」の個人経営体調査の結果を基に、「漁業センサス」の個人経営体の船外機付漁船及び10トン未満の動力漁船を用いる漁業、小型定置網漁業並びに海面養殖業の経営体数で加重平均した。
　　2）沿岸漁船漁家は、「漁業経営統計調査報告」の個人経営体調査の漁船漁業の結果を基に、「漁業センサス」の個人経営体の船外機付漁船及び10トン未満の動力漁船を用いる経営体数で加重平均した。
　　3）海面養殖業漁家は、「漁業経営統計調査報告」の個人経営体調査の結果を基に、「漁業センサス」の養殖種類ごとの経営体数で加重平均した。
　　4）令和2（2020）年以前は、東日本大震災により漁業が行えなかったこと等から、福島県の漁船漁業の経営体を除く結果である。
　　5）平成28（2016）年調査において、調査体系の見直しが行われたため、平成28（2016）年以降海面養殖業漁家からわかめ類養殖と真珠養殖が除かれている。

4-4 沿岸漁船漁家の漁業経営状況の推移

(単位：千円)

	平成25年 (2013)	30 (2018)	令和元 (2019)	2 (2020)	3 (2021)	4 (2022)
漁 労 収 入	6,284	6,012	6,009	6,065	6,235	7,138
うち制度受取金	329	218	345	944	823	1,166
漁 労 支 出	4,060 (100.0)	3,930 (100.0)	3,975 (100.0)	3,997 (100.0)	4,271 (100.0)	4,616 (100.0)
雇 用 労 賃	503 (12.4)	557 (14.2)	532 (13.4)	499 (12.5)	531 (12.4)	608 (13.2)
漁船・漁具費	299 (7.4)	298 (7.6)	311 (7.8)	345 (8.6)	339 (7.9)	373 (8.1)
修 繕 費	302 (7.4)	350 (8.9)	326 (8.2)	355 (8.9)	397 (9.3)	434 (9.4)
油 費	820 (20.2)	675 (17.2)	693 (17.4)	575 (14.4)	668 (15.6)	748 (16.2)
販 売 手 数 料	375 (9.2)	382 (9.7)	382 (9.6)	365 (9.1)	375 (8.8)	442 (9.6)
減 価 償 却 費	576 (14.2)	541 (13.8)	570 (14.3)	645 (16.1)	678 (15.9)	676 (14.6)
そ の 他	1,186 (29.2)	1,127 (28.7)	1,161 (29.2)	1,213 (30.3)	1,282 (30.0)	1,335 (28.9)
漁 労 所 得	2,224	2,082	2,034	2,068	1,964	2,522
漁労外事業所得	187	233	217	236	204	256
事 業 所 得	2,411	2,315	2,251	2,304	2,168	2,778

資料：農林水産省「漁業経営統計調査報告」及び「漁業センサス」に基づき水産庁で作成
注：1）「漁業経営統計調査報告」の個人経営体調査の漁船漁業の結果を基に、「漁業センサス」の個人経営体の船外機付漁船及び10トン未満の動力漁船を用いる経営体数で加重平均した。（ ）内は漁労支出の構成割合（%）。
　　2）「漁労外事業所得」とは、漁労外事業収入から漁労外事業支出を差し引いたものである。漁労外事業収入は、漁業経営以外に経営体が兼営する水産加工、遊漁船業、民宿及び農業等の事業によって得られた収入のほか、漁業用生産手段の一時賃貸料のような漁業経営にとって付随的な収入を含んでおり、漁労外事業支出はこれらに係る経費である。
　　3）令和2（2020）年以前は、東日本大震災により漁業が行えなかったこと等から、福島県の経営体を除く結果である。
　　4）漁家の所得には、事業所得のほか、漁業世帯構成員の事業外の給与所得や年金等の事業外所得が加わる。

4－5　海面養殖業漁家の経営状況の推移

（単位：千円）

	平成25年 （2013）	30 （2018）	令和元 （2019）	2 （2020）	3 （2021）	4 （2022）
漁　労　収　入	24,048	33,702	32,007	33,485	35,142	40,299
うち制度受取金	732	1,195	1,670	2,594	3,376	2,198
漁　労　支　出	18,258　(100.0)	24,875　(100.0)	25,429　(100.0)	25,622　(100.0)	26,806　(100.0)	29,683　(100.0)
雇　用　労　賃	2,793　(15.3)	3,331　(13.4)	3,615　(14.2)	3,741　(14.6)	3,860　(14.4)	3,818　(12.9)
油　　　　　費	1,240　(6.8)	1,317　(5.3)	1,278　(5.0)	1,253　(4.9)	1,472　(5.5)	1,754　(5.9)
販　売　手　数　料	691　(3.8)	1,157　(4.7)	987　(3.9)	1,079　(4.2)	1,357　(5.1)	1,708　(5.8)
減　価　償　却　費	2,019　(11.1)	2,874　(11.6)	3,324　(13.1)	3,395　(13.3)	3,645　(13.6)	3,815　(12.9)
そ　　の　　他	11,515　(63.1)	16,195　(65.1)	16,225　(63.8)	16,155　(63.1)	16,470　(61.4)	18,588　(62.6)
漁　労　所　得	5,790	8,826	6,577	7,863	8,336	10,616

資料：農林水産省「漁業経営統計調査報告」及び「漁業センサス」に基づき水産庁で作成
注：1）「漁業経営統計調査報告」の個人経営体調査の結果を基に、「漁業センサス」の養殖種類ごとの経営体数で加重平均した。（　）内は漁労支出の構成割合（％）。
　　2）平成28（2016）年調査において、調査体系の見直しが行われたため、平成28（2016）年以降海面養殖業漁家からわかめ類養殖と真珠養殖が除かれている。

4－6　会社経営体（漁船漁業）の漁労収益の状況（令和4（2022）年度）

（単位：千円）

	漁労収入 （漁労売上高）	漁労支出				漁労利益		経常 利益	売上利益率（％）	
		合計	雇用労賃 （労務費）	油費	減価償却費	減価 償却前	減価 償却後		減価 償却前	減価 償却後
平均	300,006	348,241	102,382　(29.4)	55,608　(16.0)	42,079　(12.1)	▲ 6,156	▲ 48,235	22,072	▲ 2.1	▲ 16.1
10～ 20トン未満	60,571	70,508	19,638　(27.9)	9,912　(14.1)	6,037　(8.6)	▲ 3,900	▲ 9,937	4,926	▲ 6.4	▲ 16.4
20～ 50トン未満	48,402	74,647	23,033　(30.9)	10,842　(14.5)	8,229　(11.0)	▲ 18,016	▲ 26,245	2,044	▲ 37.2	▲ 54.2
50～100トン未満	134,334	148,725	49,866　(33.5)	19,355　(13.0)	12,223　(8.2)	▲ 2,168	▲ 14,391	11,370	▲ 1.6	▲ 10.7
100～200トン未満	292,367	328,175	107,670　(32.8)	50,858　(15.5)	29,435　(9.0)	▲ 6,373	▲ 35,808	19,980	▲ 2.2	▲ 12.2
200～500トン未満	666,917	691,498	209,229　(30.3)	137,272　(19.9)	57,302　(8.3)	32,721	▲ 24,581	68,094	4.9	▲ 3.7
500トン以上	1,794,941	2,114,548	582,564　(27.6)	347,194　(16.4)	298,095　(14.1)	▲ 21,512	▲ 319,607	124,046	▲ 1.2	▲ 17.8

資料：農林水産省「漁業経営統計調査報告」に基づき水産庁で作成
注：1）トン数階層は、経営体が使用した動力漁船の合計トン数である。
　　2）漁労支出＝漁労売上原価＋漁労販売費及び一般管理費
　　3）漁労利益＝漁労収入－漁労支出
　　4）売上利益率＝（漁労利益÷漁労収入）×100
　　5）表頭の（　）内は、単位を除き、「漁業経営統計調査報告」の会社経営体調査の項目名である。
　　6）表中の（　）内は、漁労支出の構成割合（％）である。

4-7　会社経営体（漁船漁業）の財務状況等の推移

（単位：千円）

	項目	平成25年度(2013)	30(2018)	令和元(2019)	2(2020)	3(2021)	4(2022)
規模	使用動力船総トン数（トン）	213.8	219.9	218.2	223.1	221.3	220.8
	最盛期の従事者数（人）	20.0	19.4	19.2	19.2	19.0	18.5
	漁獲量（t）	1,523	2,048	1,846	1,879	1,753	1,579
漁業損益	漁労収入（漁労売上高）	281,446	331,956	295,549	292,934	273,225	300,006
	漁労支出	300,050	359,622	329,994	335,051	329,340	348,241
	雇用労賃（労務費）	89,355	111,054	101,204	102,874	101,491	102,382
	漁船・漁具費	13,778	21,398	17,046	17,146	16,994	15,517
	油費	61,745	54,639	54,110	46,433	45,402	55,608
	販売手数料	11,889	14,011	13,859	13,497	12,468	12,622
	その他の漁労支出	96,713	124,707	110,956	116,457	116,905	120,033
	減価償却費	26,570	33,813	32,819	38,644	36,080	42,079
	漁労利益	▲ 18,604	▲ 27,666	▲ 34,445	▲ 42,117	▲ 56,115	▲ 48,235
	経常利益	1,698	13,206	2,926	3,929	7,611	22,072
	償却前経常利益	28,268	47,019	35,745	42,573	43,691	64,151
財産	総資産（負債・純資産）	405,633	460,084	456,071	470,076	483,563	484,937
	固定資産	191,265	230,528	236,018	243,268	261,215	241,710
	流動資産	212,630	228,726	218,994	225,773	221,617	242,957
	負債	358,722	330,001	332,280	355,651	372,699	367,784
	固定負債	191,032	180,258	193,107	211,787	220,260	219,636
	流動負債	167,690	149,743	139,173	143,864	152,439	148,148
	自己資本	46,911	130,083	123,791	114,425	110,864	117,153
分析指標	売上高利益率（％）	0.6	4.0	1.0	1.3	2.8	7.4
	売上高償却前利益率（％）	10.0	14.2	12.1	14.5	16.0	21.4
	1人当たり労賃	4,468	5,724	5,271	5,358	5,342	5,534
	1人当たり売上高	14,072	17,111	15,393	15,257	14,380	16,217
	固定資産比率（％）	47.2	50.1	51.8	51.8	54.0	49.8
	固定比率（％）	407.7	177.2	190.7	212.6	235.6	206.3
	流動比率（％）	126.8	152.7	157.4	156.9	145.4	164.0
	自己資本比率（％）	11.6	28.3	27.1	24.3	22.9	24.2
	総資本経常利益率（％）	0.4	2.9	0.6	0.8	1.6	4.6
	総資本回転率（回）	0.8	0.9	0.8	0.8	0.7	0.8

資料：農林水産省「漁業経営統計調査報告」に基づき水産庁で作成
注：1）漁労支出＝漁労売上原価＋漁労販売費及び一般管理費
　　2）漁労利益＝漁労収入－漁労支出
　　3）経常利益＝漁労利益＋漁労外売上高－（漁労外売上原価＋漁労外販売費及び一般管理費）＋営業外収益－営業外費用
　　4）償却前経常利益＝経常利益＋減価償却費
　　5）売上高利益率＝（経常利益÷漁労収入）×100
　　6）売上高償却前利益率＝（償却前経常利益÷漁労収入）×100
　　7）1人当たり労賃＝雇用労賃÷最盛期の従事者数
　　8）1人当たり売上高＝漁労収入÷最盛期の従事者数
　　9）固定資産比率＝（固定資産÷負債・純資産合計）×100
　　10）固定比率＝（固定資産÷自己資本）×100
　　11）流動比率＝（流動資産÷流動負債）×100
　　12）自己資本比率＝（自己資本÷負債・純資産合計）×100
　　13）総資本経常利益率＝（経常利益÷負債・純資産合計）×100
　　14）総資本回転率＝売上高合計÷負債・純資産合計
　　15）（　）内は、単位及び年度を除き、「漁業経営統計調査報告」の項目名。

４－８　漁協（沿海地区出資漁協）の事業規模（全国）の推移

（単位：億円）

項　目		平成25年度 （2013）	30 （2018）	令和元 （2019）	2 （2020）	3 （2021）	4 （2022）
信用	貯　金　総　額	8,663	7,758	7,634	7,518	8,006	8,322
	貸　付　総　額	1,957	1,354	1,326	1,280	1,145	1,046
購買	供　給　取　扱　高	2,050	1,743	1,648	1,496	1,682	1,699
	うち　石　油　類	1,115	864	774	647	795	836
	うち　資　材　類	829	732	728	776	787	787
	うち　生　活　用　品	106	146	146	72	100	76
販　　　　　売		10,483	10,326	9,597	8,545	8,907	9,964
共済	長期共済契約保有高	25,689	23,083	22,539	22,038	21,334	20,711
	短期共済掛金	43	40	39	39	39	39

資料：水産庁「水産業協同組合統計表」及び全国共済水産業協同組合連合会調べ
注：共済の長期契約保有高は普通厚生共済、生活総合共済及び漁業者老齢福祉共済の保障共済金額の合計。また、短期共済掛金は乗組員厚生共済、団体信用厚生共済及び火災共済の受入共済掛金の合計。

４－９　沿岸及び沖合・遠洋漁業別就業者数の推移

（単位：人）

	平成25年 （2013）	30 （2018）	令和元 （2019）	2 （2020）	3 （2021）	4 （2022）	増減率（％）	
							令和4/平成25年 （2022/2013）	令和4/3年 （2022/2021）
計	180,985	151,701	144,740	135,660	129,320	123,100	▲ 32.0	▲ 4.8
自家漁業のみ	109,247	86,943	80,290	75,810	71,830	67,720	▲ 38.0	▲ 5.7
（うち女性）	(19,823)	(14,011)	(13,500)	(12,310)	(11,880)	(11,140)	▲ (43.8)	▲ (6.2)
うち 沿岸漁業就業者	103,974	84,122	78,520	73,980	70,000	65,910	▲ 36.6	▲ 5.8
（うち女性）	(19,274)	(13,802)	(13,470)	(12,260)	(11,840)	(11,100)	▲ (42.4)	▲ (6.3)
うち沖合・ 遠洋漁業就業者	5,273	2,821	1,770	1,840	1,830	1,820	▲ 65.5	▲ 0.5
（うち女性）	(549)	(209)	(30)	(40)	(40)	(40)	▲ (92.7)	(0.0)
漁業雇われ	71,738	64,758	64,450	59,850	57,500	55,370	▲ 22.8	▲ 3.7
（うち女性）	(4,045)	(3,504)	(3,690)	(3,220)	(2,520)	(2,360)	▲ (41.7)	▲ (6.3)

資料：農林水産省「漁業センサス」（平成25（2013）及び30（2018）年）及び「漁業構造動態調査」（組替集計）（令和元（2019）年以降）
注：1）漁業就業者とは、満15歳以上で過去1年間に漁業の海上作業に30日以上従事した者をいう。
　　2）自家漁業のみとは、漁業就業者のうち、自家漁業のみに従事し、共同経営の漁業又は雇われての漁業には従事していない者をいう（漁業以外の仕事に従事したか否かは問わない。）。
　　3）漁業雇われとは、漁業就業者のうち、「個人経営体の自家漁業のみ」以外の者をいう（漁業以外の仕事に従事したか否かは問わない。）。
　　4）沿岸漁業就業者とは、平成25（2013）年は、漁船非使用漁業、10トン未満の漁船（無動力漁船及び船外機付漁船を含む。）を使用する漁業、定置網漁業及び海面養殖業に従事した漁業就業者をいう。平成30（2018）年以降の沿岸漁業就業者は、漁船非使用漁業、使用した漁船（無動力漁船及び船外機付漁船を含む。）の最も大きなものが10トン未満であった漁業経営体に属する就業者並びに海上作業従事日数が最も多かった漁業種類が定置網漁業及び海面養殖業である漁業就業者をいう。
　　5）沖合・遠洋漁業就業者とは、沿岸漁業就業者以外の漁業就業者をいう。

４－１０　新規漁業就業者数の推移

	平成25年度 （2013）	30 （2018）	令和元 （2019）	2 （2020）	3 （2021）	4 （2022）
新規漁業就業者数（人）	1,790	1,943	1,729	1,707	1,744	1,691
新規学卒就業者（％）	23.7	23.3	22.9	25.4	24.0	21.5
離職転入者（％）	65.9	65.6	65.4	67.1	67.7	71.5

資料：都道府県が実施している新規漁業就業者に関する調査から水産庁で推計
注：1）新規学卒就業者は、学校等を卒業し他産業に主として従事することなく当該年次に新たに漁業に就業した者である。
　　2）離職転入者は、他産業に主として従事していた者で当該年次に新たに漁業に主として従事した者である。
　　3）新規学卒就業者及び離職転入者の比率は、新規漁業就業者のうち回答のあった者における割合である。

4－11　我が国の漁船勢力の推移

（単位：隻）

	昭和43年 (1968)	53 (1978)	63 (1988)	平成10 (1998)	20 (2008)	30 (2018)
計	345,606	320,972	293,934	236,484	185,465	132,201
無 動 力 漁 船	95,701	30,474	16,815	7,840	5,327	3,080
船 外 機 付 漁 船	74,115	111,860	114,914	98,109	81,076	59,201
動 力 漁 船	175,790	178,638	162,205	130,535	99,062	69,920

資料：農林水産省「漁業センサス」
注：海面漁業で過去１年間に、自営漁業のために使用されたものであって、調査日時点に保有しているもの。

参考図表

5 漁 村

5－1 漁港数の推移

（単位：港）

漁　港　数		平成25年 （2013）	令和3 （2021）	4 （2022）	5 （2023）
漁　港　数		2,909	2,785	2,780	2,777
第1種	その利用範囲が地元の漁業を主とするもの。	2,179	2,047	2,042	2,039
第2種	その利用範囲が第1種漁港よりも広く、第3種漁港に属しないもの。	517	525	525	525
第3種	その利用範囲が全国的なもの。	101	101	101	101
特定第3種	第3種漁港のうち水産業の振興上特に重要な漁港で政令で定めるもの。	13	13	13	13
第4種	離島その他辺地にあって漁場の開発又は漁船の避難上特に必要なもの。	99	99	99	99

資料：水産庁調べ
注：各年4月1日時点の漁港数。

5－2 漁港登録漁船隻数の推移

（単位：隻）

	平成23年 （2011）	令和元 （2019）	2 （2020）	3 （2021）
漁港登録動力漁船隻数	187,402	155,848	152,473	148,137

資料：水産庁調べ
注：各年12月31日時点の隻数。

6 水産物の栄養

1人1日当たりの食品群別栄養素等摂取量（令和元（2019）年）

	摂取量 （g）	エネルギー （kcal）	たんぱく質 （g）	脂質 （g）	カリウム （mg）	カルシウム （mg）	マグネシウム （mg）	鉄 （mg）	ビタミンD （μg）	ビタミンE （mg）	ビタミンB₁₂ （μg）
総摂取量	1,979.9	1,903.0	71.4	61.3	2,299.4	504.9	247.1	7.6	6.9	6.7	6.3
うち魚介類	64.1	101.8	12.2	4.8	179.6	37.1	20.2	0.7	5.3	0.9	4.2
うち肉　類	103.0	237.0	17.6	17.2	259.0	5.7	19.0	0.8	0.2	0.3	0.9
うち卵　類	40.4	61.1	5.2	4.1	52.2	20.6	4.4	0.7	0.7	0.4	0.4
うち乳　類	131.2	104.2	5.1	5.1	190.8	161.5	15.1	0.0	0.2	0.2	0.4
魚介類からの摂取量の割合	3.2%	5.3%	17.1%	7.8%	7.8%	7.3%	8.2%	9.2%	76.8%	13.4%	66.7%

資料：厚生労働省「国民健康・栄養調査」（令和元（2019）年）
注：新型コロナウイルス感染症の影響により、令和2（2020）及び3（2021）年調査は中止されたため、令和元（2019）年調査のデータに基づき資料を作成した。

「水産白書」についてのご意見等は、下記までお願いします。
水産庁 漁政部 企画課 動向分析班
　　電話：03-6744-2344（直通）

令和6年版 水産白書

令和6年7月19日　印刷
令和6年7月30日　発行　　　　　　　　　　　定価は表紙に表示してあります。

編集　水産庁
〒100-8907　東京都千代田区霞が関1-2-1
http://www.jfa.maff.go.jp/

発行　一般財団法人　農林統計協会
〒141-0022　東京都品川区東五反田5-27-10 野村ビル7階
http://www.aafs.or.jp/
電話　03-6450-2851（出版事業推進部）
振替　00190-5-70255

ISBN978-4-541-04460-0 C0062